Literatur.

Die vorliegende Exkursionsflora schließt die selteneren Arten aus, nicht nur der größeren Handlichkeit wegen, sondern auch, um die Bestimmung der verbreiteteren und wichtigeren Arten möglichst leicht zu machen. Wer sich eingehender mit der deutschen Flora beschäftigen will, sei auf folgende Werke verwiesen:

Garcke, Flora von Deutschland.

Thomé, Flora von Deutschland, Österreich und der Schweiz. 4 Bde.

Gebrauch des Schlüssels.

Bei der Abfassung des Schlüssels zur Bestimmung der Gattungen ist das natürliche System zugrunde gelegt worden. Die hier gewählte sogenannte dichotome Form der Bestimmungstabelle bringt unter jeder fortlaufenden Zahl zwei Gegensätze, von denen man den auf die zu bestimmende Pflanze passenden wählt, die am Ende desselben stehende Zahl in dem Schlüssel aufsucht und damit so lange fortfährt, bis man auf den **fett gedruckten** Gattungsnamen kommt. Die hinter dem Gattungsnamen stehende Zahl zeigt die Seitenzahl an, auf welcher die Beschreibung der Pflanze zu finden ist.

Schlüssel zur Bestimmung der Gattungen nach dem natürlichen System.

1. Pflanzen ohne echte Blüten, Vermehrung durch Sporen. Sporenpflanzen, **Kryptogamen** 2.
   Pflanzen mit echten Blüten, Vermehrung durch Samen. Blütenpflanzen, **Phanerogamen** 22.
2. (Farnpflanzen, Pteridophyta) Laubblätter im Verhältnis zum Stamm groß, **Filicales Farne** 3.
   Laubblätter im Verhältnis zum Stamm klein oder wenn groß an verkürztem zwiebelartigen Stamm 19.
3. Sporen von zweierlei Form, Makro- und Mikrosporen. Hydropterides, Wasserfarne 4.
   Sporen nur von einerlei Gestalt (echte Farne, Filices) 6.
4. Sporangienkapsel, gleichzeitig Makro- und Mikrosporen enthaltend (Marsiliaceae) 5.
   Sporenkapseln zweierlei Art, entweder nur Makrosporen oder nur Mikrosporen enthaltend (Salviniaceae) **Salvinia** 47.
5. Blätter grasartig, **Pilularia** 48.
   Blätter vierkleeartig, **Marsilia** 48.
6. Sporenbehälter auf der Unterseite gewöhnlicher, meist nicht veränderter Blätter (Polypodiaceae) 7.
   Sporenbehälter in rispen-, ähren- oder traubenförmigen Ständen 17.
7. Fruchthäufchen in der Jugend von einem Schleier bedeckt 8.
   Fruchthäufchen auch in der Jugend ohne Schleier 13.
8. Fruchthäufchen rundlich 9.
   Fruchthäufchen lineal oder hufeisenförmig 10.
9. Schleier schildförmig, gestielt, **Aspidium** 37.
   Schleier am Rande angeheftet, **Cystopteris** 40.

10. Fruchthäufchen randständig, **Pteridium** 44.
Fruchthäufchen nicht am Rande 11.
11. Laub ungeteilt, **Scolopendrium** 44.
Laub fiederspaltig bis mehrfach gefiedert 12.
12. Fruchtbare Blätter mit schmäleren Abschnitten, **Blechnum** 44.
Fruchtbare Blätter den unfruchtbaren gleich, **Asplenium** 41.
13. Fruchthäufchen durch den zurückgerollten Rand der Fiedern bedeckt 14.
Fruchthäufchen nicht vom Rande der Fiedern bedeckt 15.
14. Sterile Blätter 3 fach gefiedert, **Cryptogramme** 44.
Sterile Blätter doppelt fiederspaltig, **Struthiopteris** 45.
15. Unter den Fruchthäufchen eine tellerartig gefranste Hülle, **Woodsia** 37.
Keine Hülle unter den Fruchthäufchen 16.
16. Blätter fiederteilig, **Polypodium** 35.
Blätter wiederholt geteilt, **Phegopteris** 36.
17. Sporenbehälter ohne Ring (Ophioglossaceae) 18.
Sporenbehälter mit unvollkommenem Ring (Osmundaceae) **Osmunda** 45.
18. Sporenbehälter in endständiger, kolbiger Ähre, **Ophioglossum** 46.
Sporenbehälter in endständiger, zusammengesetzter Traube, **Botrychium** 46.
19. Stengel gegliedert, mit kleinen, quirligen, am Grunde scheidig verwachsenen Blättern (Equisetaceae) **Equisetum** 48.
Stengel nicht gegliedert, Blätter nicht scheidig verwachsen 20.
20. Sporen gleichartig (Lycopodiaceae) **Lycopodium** 52.
Sporen von zweierlei Art, Makro- und Mikrosporen 21.
21. Sporenbehälter in endständigen, ährenförmigen Ständen, Blätter klein (Selaginellaceae) **Selaginella** 54.
Sporen nicht in endständiger Ähre, Blätter groß, grasartig (Isoetaceae) **Isoetes** 55.
22. (Phanerogamae) Samenknospen nicht in einen Fruchtknoten eingeschlossen. Blätter nadel- oder schuppenförmig (Gymnospermae) 23.
Samen in einen Fruchtknoten eingeschlossen (Angiospermae) 28.
23. (Gymnospermae) Blätter im Herbst abfallend, **Larix** 59.
Blätter im Herbst nicht abfallend 24.
24. Blätter nadelartig, zu 2—5, **Pinus** 57.
Blätter einzelstehend 25.

25. Blätter nadelartig oder schuppenförmig in meist dreizähligen Quirlen, **Juniperus** 56.
Blätter nadelartig, abwechselnd 26.
26. Nadeln oberseits und an den Seiten des Zweiges dicht bürstenförmig stehend, im Querschnitt vierkantig-rhombisch, **Picea** 59.
Nadeln fast zweireihig am Zweig stehend, im Querschnitt flach länglich 27.
27. Nadeln mit Spitze, Frucht eine rote Scheinbeere, **Taxus** 56.
Nadeln an der Spitze fein eingeschnitten, Frucht zapfenförmig, **Abies** 59.
28. (Angiospermae) Samen mit 1 Keimblatt keimend, Blätter (mit Ausnahme von Paris quadrifolia und der Aroideen) parallelnervig, Blütenkreise meist 3zählig (Monocotyledoneae) 29.
Samen mit 2 Keimblättern keimend, Blätter netz-, fieder- oder handnervig, Blütenkreise 4- oder 5zählig (Dicotyledoneae) 152.
29. (Monocotyledoneae) Pflanzen ohne Gliederung in Stamm und Blätter, klein, blattartig, schwimmend (Fam. Lemnaceae) **Lemna** 30.
Pflanzen in Stamm und Blätter gegliedert 30.
30. Weibliche, oft auch männliche Blüten in Kolben oder kugeligen Köpfchen, an deren Grunde ein großes, zuweilen auffallend gestaltetes oder gefärbtes Hochblatt (Spatha) steht 31.
Blüten nicht in Kolben oder falls in Kolben, doch ohne großes auffallendes Hochblatt am Grunde desselben 37.
31. Blütenkolben kugelig (Fam. Sparganiaceae) **Sparganium** 60.
Blütenkolben länglich bis zylindrisch 32.
32. Nur weibliche Blüten in Kolben, männliche in Rispen (Gramineae) **Zea** 74.
Männliche und weibliche Blüten in Kolben 33.
33. Kolbenachse flach, mit der Spatha verwachsen (Potamogetonaceae) **Zostera** 66.
Kolbenachse zylindrisch, frei 34.
34. Kolben von scheidenartigem Hochblatt umgeben (Araceae) 35.
Kolben ohne scheidenartiges Hochblatt 36.
35. Wasser- resp. Sumpfpflanze, **Calla** 129.
Landpflanze, **Arum** 129.
36. Kolben scheinbar seitenständig (Araceae) **Acorus** 130.
Kolben endständig (Typhaceae) **Typha** 60.

37. Blüten mit schuppenartigen Deckblättern (Spelzen), ohne deutliche Blütenhülle, Frucht einsamig 38.
Blüten ohne Spelzen, meist mit Blütenhülle, Frucht meist mehrsamig 95.
38. Stengel mit Knoten: Gräser (Gramineae) 39.
Stengel ohne Knoten: Riedgräser (Cyperaceae) 89.
39. Griffel und Narbe 1, **Nardus** 110.
2 Griffel 40.
40. Ährchen in Ähren 41.
Ährchen in Rispen 52.
41. Ährchen in einfacher Ähre 42.
Ährchen in fingerförmig gestellten Ähren 50.
42. Ährchen stets einblütig, **Mibora** 80.
Ährchen ein- bis mehrblütig 43.
43. Ährchen 1—2 blütig, **Lepturus** 110.
Ährchen zwei- bis mehrblütig 44.
44. Nur das endständige Ährchen mit 2, die andern mit 1 Hüllspelze, **Lolium** 109.
Alle Ährchen mit 2 Hüllspelzen 45.
45. Ährchen meist einzeln 46.
Ährchen zu 2—6 49.
46. Ährchen sitzend 47.
Ährchen kurz gestielt, **Brachypodium** 103.
47. Deckspelzen mit aus dem Rücken entspringender Granne **Gaudinia.**
Deckspelzen unbegrannt oder an der Spitze begrannt 48.
48. Hüllspelzen mehrnervig, **Triticum** 106.
Hüllspelzen einnervig, **Secale** 107.
49. Ähre ohne Gipfelährchen, **Herdeum** 108.
Ähre mit Gipfelährchen, **Elymus** 107.
50. Ährchen von der Seite zusammengedrückt, **Cynodon** 81.
Ährchen vom Rücken zusammengedrückt 51.
51. Deckspelze begrannt, **Andropogon** 74.
Deckspelze nicht begrannt, **Panicum** (Subg. Digitaria) 75.
52. Ährchen einblütig 53.
Ährchen zwei- bis vielblütig 66.
53. Ährchen stielrundlich 54.
Ährchen zusammengedrückt 55.

54. Deckspelze unbegrannt, **Milium** 84.
Deckspelze mit langer Granne, **Stipa** 85.
55. Ährchen vom Rücken zusammengedrückt 56.
Ährchen von der Seite zusammengedrückt 57.
56. Alle Verzweigungen des Blütenstandes Ährchen tragend, **Panicum** 75.
Einzelne Verzweigungen borstenförmig, ohne Ährchen, **Setaria** 76.
57. Hüllspelzen sehr klein, **Oryza** 81.
Hüllspelzen groß 58.
58. Hüllspelzen 4 59.
Hüllspelzen 2 60.
59. Narben sprengwedelförmig, **Phalaris** 77.
Narben fadenförmig, Staubblätter 2, **Anthoxanthum** 77
60. Narben fadenförmig 61.
Narben federig 62.
61. Deckspelze begrannt, **Alopecurus** 78.
Deckspelze nicht begrannt, **Phleum** 79.
62. Untere Hüllspelze größer als die obere 63.
Untere Hüllspelze kleiner als die obere 65.
63. Deckspelze nicht oder nur sehr kurz behaart, **Agrostis** 81.
Deckspelze lang behaart 64.
64. Deckspelze am Grunde lang behaart, **Calamagrostis** 83.
Deckspelze auf dem Rücken lang behaart, **Lasiagrostis** 86.
65. Deckspelzen kahl, **Apera** 82.
Deckspelzen am Grunde behaart, **Ammophila** 84.
66. Hüllspelzen so groß oder größer als die nächsten Deckspelzen 67.
Hüllspelzen kürzer als die nächsten Deckspelzen 77.
67. Narben fadenförmig 68.
Narben federig 69.
68. Ährchen kurz gestielt, meist 2 blütig, **Sesleria** 86.
Ährchen lang gestielt, 3 blütig, **Hierochloa** 77.
69. Deckspelzen wenigstens teilweise auf dem Rücken begrannt 70.
Deckspelzen unbegrannt oder an der Spitze begrannt 73.
70. Eine Blüte des Ährchens 2 geschlechtig, unbegrannt, die andere männlich, begrannt 71.
Alle Blüten 2 geschlechtig 72.
71. Untere Blüte 2 geschlechtig, **Holcus** 88.
Untere Blüte männlich, **Arrhenaterum** 89.
72. Ährchen zwei- bis mehrblütig 73.
Ährchen 2 blütig 74.

73. Fruchtknoten oberwärts behaart, **Avena** 89.
Fruchtknoten kahl, **Trisetum** 91.
74. Deckspelze 4 zähnig, **Aira** 87.
Deckspelze ganzrandig, **Weingärtneria** 88.
75. Frucht innen gefurcht, **Melica** 92.
Frucht nicht gefurcht 76.
76. Frucht vom Rücken zusammengedrückt, **Sieglingia** 92.
Frucht von der Seite zusammengedrückt, **Koeleria** 87
77. Narben sprengwedelförmig, **Phragmites** 86.
Narben federig 78.
78. Neben jedem blütentragenden ein kammförmiges steriles Ährchen, **Cynosurus** 99.
Sämtliche Ährchen mit Blüten 79.
79. Deckspelzen auf dem Rücken zusammengedrückt, gekielt 80.
Deckspelzen auf dem Rücken abgerundet 83.
80. Deckspelze begrannt oder stachelspitzig, **Dactylis** 99.
Deckspelze nicht begrannt oder stachelspitzig 81.
81. Hüllspelzen ungleich, **Sclerochloa** 95.
Hüllspelzen gleich 82.
82. Ährenspindel gliederweise abfallend, **Poa** 95.
Ährenspindel stehenbleibend, **Eragrostis** 94.
83. Narben purpurn, **Molinia** 99.
Narben ungefärbt 84.
84. Rispe zweiseitswendig, **Bromus** 104.
Rispe einseitswendig 85.
85. Narben unterhalb des Fruchtknotenscheitels entspringend, **Briza** 94.
Narben auf dem Fruchtknotenscheitel entspringend 86.
86. Deckspelze stumpf oder abgerundet 87.
Deckspelzen spitz oder begrannt 88.
87. Ährchen 2 blütig, **Catabrosa** 98.
Ährchen 4—11 blütig, **Glyceria** 97.
88. Deckspelze undeutlich 5 nervig, **Festuca** 99.
Deckspelze 5—7 nervig, **Scolochloa** 103.
89. (Cyperaceae) Ährchen sämtlich 1 geschlechtig, **Carex** 116.
Ährchen 2 geschlechtig 90.
90. Ährchen allseitig dachziegelig 91.
Ährchen 2 reihig 92.

91. Spelzen zahlreich, sämtlich fruchtbar oder die beiden untersten leer, **Cyperus** 110.
Spelzen 6—9, die 3—6 untersten kleiner, nicht fruchtbar, **Schoenus** 111.
92. Die 3—4 unteren Spelzen kleiner und unfruchtbar 93.
Die 1—2 unteren Spelzen größer oder gleich groß, unfruchtbar 92.
93. Griffelgrund bleibend, ungegliedert, Blütenborsten fehlen, **Cladium** 111.
Griffelgrund bleibend, gegliedert, Blütenborsten sehr kurz, **Rhynchospora** 112.
94. Blütenborsten kurz oder fehlend, **Scirpus** 112.
Blütenborsten bei der Reife sehr lang, seidig, wollig, **Eriophorum** 115.
95. Schwimmende oder flutende Wasserpflanzen 96.
Landpflanzen oder aufrecht wachsende, nichtflutende Wasserpflanzen 103.
96. Blütenhülle in Kelch und Krone gegliedert, **Hydrocharitaceae.**
Blütenhülle einfach oder fehlend 100.
97. (Hydrocharitaceae) Blätter gesägt 98.
Blätter nicht gesägt 99.
98. Stamm kurz, Blätter groß, schwertförmig, **Stratiotes** 72.
Stamm lang, dünn, Blätter klein, lineal-lanzettlich, **Hydrilla** 71.
99. Stengel lang, untergetaucht, Blätter länglich bis lineal-lanzettlich, **Elodea** 71.
Stengel verkürzt, schwimmend, Blätter kreisrund, **Hydrocharis** 73.
100. Blätter spitz- oder stachelzähnig, Najadaceae, **Najas** 67.
Blätter glattrandig oder nur fein gezähnelt (Potamogetonaceae) 99.
101. Blüten zwitterig 102.
Blüten einhäusig, **Zanichellia** 66.
102. Blätter länglich bis lineal, gitternervig, **Potamogeton** 62.
Blätter fädlich, **Ruppia** 66.
103. Fruchtblätter frei 104.
Fruchtblätter zu einem Fruchtknoten verwachsen 106.
104. Fruchtblätter 6 (Butomaceae) **Butomus** 71.
Fruchtblätter zahlreich, (Alismataceae) 105.
105. Blüten zwitterig, **Alisma** 69.
Blüten 1 geschlechtig, **Sagittaria** 70.

106. Fruchtblätter bei der Reife sich von dem Mittelsäulchen ablösend (Juncaginaceae) 107.
Fruchtblätter auch bei der Reife verwachsen bleibend 108.
107. Blütenhülle bleibend, **Scheuchzeria** 68.
Blütenhülle abfallend, **Triglochin** 68.
108. Fruchtknoten oberständig 109.
Fruchtknoten unterständig 129.
109. Blütenhülle kelchblattartig, Narben lang federig (Juncaceae) 110.
Blütenhülle blumenblattartig, Narben meist 3 lappig oder rund, (Liliaceae) 111.
110. Kapsel 1 fächerig, 3 klappig, 3 samig, **Luzula** 132.
Kapsel unvollkommen 3 fächerig, Fächer mehrsamig, **Juncus** 132.
111. (Liliaceae.)
8 Staubblätter, **Paris** 146.
6 Staubblätter 112.
112. 3 Griffel 113.
1 Griffel oder Narben sitzend 115.
113. Blütenhülle verwachsenblättrig, **Colchicum** 146
Blüttenhülle getrenntblättrig 114.
114. Blätter lineal, **Tofieldia** 147.
Blätter eilanzettlich, **Veratrum** 147.
115. Blütenhülle verwachsenblättrig 116.
Blätter der Blütenhülle getrennt 120.
116. Blüten zwitterig 117.
Blüten zweihäusig, **Asparagus** 143.
117. Frucht eine Kapsel, **Muscari** 142.
Frucht eine Beere 118.
118. Griffel fadenförmig, **Polygonatum** 145.
Griffel kurz und dick 119.
119. Blütenhülle tief, 4—6 teilig, **Majanthemum** 144.
Blütenhülle 6 zähnig, **Convallaria** 143.
120. Griffel an der Spitze 3 spaltig, **Fritillaria** 136.
Griffel ungeteilt oder fehlend 121.
121. Frucht eine Beere, **Streptopus** 146.
Frucht eine Kapsel 122.
122. Blütenhüllblätter mit Honiggrube 123.
Blütenhüllblätter ohne Honiggrube 124.
123. Blütenhülle bleibend, **Gagea** 137.
Blütenhülle abfallend, **Lilium** 136.

124. Blütenstand doldenförmig-kopfig, **Allium** 139.
Blüten nicht kopfig gehäuft 125.
125. Griffel fehlend, **Tulipa** 136.
Griffel vorhanden 126.
126. Griffel fadenförmig, **Anthericum** 139.
Griffel 3 kantig 127.
127. Staubfäden bärtig, **Narthecium** 143.
Staubfäden kahl 128.
128. Staubfäden flach, nicht mit den Hüllblättern verwachsen, **Ornithogalum** 138.
Staubblätter pfriemförmig, am Grunde mit den Hüllblättern verwachsen, **Scilla** 139.
129. Blüten meist stark zygomorph-2 lippig, Samenanlagen randständig (Orchidaceae) 130.
Blüten regelmäßig oder doch nicht 2 lippig, Samenanlagen zentralwinkelständig 147.
130. (Orchidaceae) Staubbeutel 2, **Cypripedium** 160.
1 Staubbeutel 131.
131. Staubbeutel ganz angewachsen 132.
Staubbeutel frei, beweglich 138.
132. Lippe gespornt 133.
Lippe nicht gespornt 137.
133. Fächer des Staubbeutels untereinanderliegend 134.
Zwischen den Fächern des Staubbeutels schiebt sich am Grunde ein Teil des Schnäbelchens ein, **Platanthera** 154.
134. Lippe gedreht, **Himantoglossum** 156.
Lippe nicht gedreht 135.
135. Stieldrüsen der Pollenmassen von einem Beutelchen bedeckt 136.
Stieldrüsen der Pollenmassen ohne Beutelchen, **Gymnadenia** 150.
136. Beide Pollenmassen mit gemeinschaftlicher Stieldrüse, **Anacamptis** 156.
Jede Pollenmasse mit besonderer Stieldrüse, **Orchis** 150.
137. Stieldrüsen der Pollenmassen mit Beutelchen, **Ophrys** 155.
Stieldrüsen ohne Beutelchen, **Herminium** 156.
138. Lippe gespornt, **Epipogon** 156.
Lippe nicht gespornt 139.
139. Lippe 2 gliederig mit ausgehöhltem unteren Glied 140.
Lippe nicht gegliedert 141.

140. Fruchtknoten sitzend, gedreht, **Cephalanthera** 157.
Fuchtknoten nicht gedreht, auf gedrehtem Stiel, **Epipactis** 157.
141. Pollenmassen wachsartig 142.
Pollenmassen staubartig 144.
142. Wurzelstock korallenartig, **Coralliorrhiza** 159.
Stengel am Grunde knollig, nicht korallenartig 143.
143. Lippe stumpf, **Liparis** 160
Lippe spitz, **Malaxis** 160.
144. Lippe ganzrandig 145.
Lippe 2 lappig 146.
145. Wurzeln knollig, **Spiranthes** 159.
Wurzeln dickfaserig, **Goodyera** 159.
146. Pflanze bräunlich mit Schuppenblättern, **Neottia** 159.
Pflanze grün, mit Laubblättern, **Listera** 158.
147. Staubblätter 6 (Amaryllidaceae) 148.
Staubblätter 3 (Iridaceae) 150.
148. Blütenhülle ausgebreitet mit Nebenkrone, **Narcissus** 147.
Blütenhülle glockenförmig ohne Nebenkrone 149.
149. Alle Zipfel der Blütenhülle gleichlang, **Leucoium** 147.
Innere Zipfel kürzer als die äußeren, **Galanthus** 148.
150. Blütenhülle unregelmäßig, **Gladiolus** 148.
Blütenhülle regelmäßig 151.
151. Blätter schwertförmig, **Iris** 149.
Blätter lineal, rinnig, **Crocu** 148.
152. (Dicotyledoneae) Blütenhülle fehlend oder getrenntblättrig (Archichlamideae) 153.
Blütenhülle verwachsenblättrig (Sympetalae) 381.
153. (Archichlamydeae) Blüten ohne Hülle oder Hülle nicht in Kelch und Krone gegliedert 154.
Blütenhülle in Kelch und Krone gegliedert 199.
154. Holzgewächse 155.
Kräuter 171.
155. Männliche Blüten in Kätzchen 156.
Männliche Blüten nicht in Kätzchen 167.
156. Blüten 2 häusig (Salicaceae) 157.
Blüten 1 häusig 158.
157. Tragblätter der Blüten ungeteilt, **Salix** 161.
Tragblätter der Blüten zerschlitzt, **Populus** 164.
158. Blätter beim Reiben stark riechend 159.
Blätter beim Reiben nicht stark riechend 160.

159. Blätter gefiedert (Juglandaceae) **Juglans** 161.
Blätter ungeteilt (Myricaceae) **Myrica** 161.
160. Frucht eine einsamige Nuß 161.
Frucht eine fleischige Scheinbeere (Moraceae) **Morus** 170.
161. Nuß von einem Fruchtbecher (Cupula) umgeben (Cupuliferae) 162.
Nuß ohne Cupula Betulaceae 164.
162. Männliche Kätzchen fast kugelig, **Fagus** 168.
Männliche Kätzchen verlängert 163.
163. Männliche Kätzchen aufrecht, **Castanea** 169.
Männliche Kätzchen hängend, **Quercus** 169.
164. Staubblätter 4, **Alnus** 166.
Staubblätter 5 oder mehr 165.
165. Nur die männlichen Blüten in Kätzchen, **Corylus** 167.
Männliche und weibliche Blüten in Kätzchen 166.
166. Staubbeutelhälften an der Spitze mit Haarbüscheln, **Carpinus** 167.
Staubbeutelhälften ohne Haarbüschel, **Betula** 166.
167. Blütenhülle fehlend (Oleaceae) **Fraxinus** 282.
Blütenhülle vorhanden 168.
168. Blütenhülle unterständig 169.
Blütenhülle nicht unterständig 170.
169. Immergrüne Sträucher (Buxaceae) **Buxus.**
Blattabwerfende Bäume (Ulmaceae) **Ulmus** 169.
170. Auf Bäumen schmarotzende Pflanzen (Loranthaceae) **Viscum** 172.
Nichtschmarotzende Pflanzen (Thymelaeaceae) **Daphne** 263.
171. Blütenhülle fehlend 172.
Blütenhülle vorhanden, nicht in Kelch und Krone gegliedert 173.
172. Frucht aus 3 Spaltnüßchen gebildet, 3 Griffel, **Euphorbia** 252.
Frucht aus 4 Nüßchen bestehend, 2 Griffel (Callitrichaceae) **Callitriche** 253.
173. Blütenhülle unterständig 174.
Blütenhülle nicht unterständig 191.
174. Blattgrund von einer später durchwachsenen Hülle (Ochrea) gebildet (Polygonaceae) 175.
Blattgrund keine Ochrea bildend 177.
175. Blütenhülle 6 teilig, **Rumex** 177.
Blütenhülle 4—5 teilig 176.
176. Frucht aus der Hülle hervorragend, **Fagopyrum** 174.
Frucht von der Blütenhülle eingeschlossen, **Polygonum** 175

177. Blattgrund mit 2 Nebenblättern 178.
Blattgrund ohne Nebenblätter 181.
178. Blätter handförmig oder handförmig geteilt (Cannabaceae) 179.
Blätter nicht handförmig 180.
179. Stamm aufrecht nicht windend, **Cannabis** 171.
Stamm windend, **Humulus** 171.
180. Fruchtknotenfächer 3 (Euphorbiaceae) **Mercurialis** 253.
Fruchtknotenfächer weniger als 3 (Urticaceae) **Urtica** 172.
181. Fruchtblätter 1 oder mehrere bis zahlreiche unter sich freie Fruchtblätter 182.
Fruchtblätter 2—5 zu einem Fruchtknoten verwachsen 183.
182. 1 Fruchtblatt (Ceratophyllaceae) **Ceratophyllum** 198.
Zahlreiche Fruchtblätter (Ranunculaceae) 204.
183. Staubblätter auf der Blattachse sitzend (Amarantaceae) 184.
Staubbeutel der Blütenhülle angewachsen (Chenopodiaceae) 186.
184. Blüten zwitterig, **Polycnemum** 184.
Blüten einhäusig 185.
185. Stengel kahl, **Albersia** 184.
Stengel kurzhaarig, **Amarantus** 184.
186. Staubblätter 2, **Salicornia** 179.
Mehr als 2 Staubblätter 187.
187. Blätter pfriemlich, an der Spitze dornig, **Salsola** 179
Blätter an der Spitze nicht dornig 188.
188. Narben 4, **Spinacia** 182.
2 Narben 189.
189. Blätter breitlaubig, Frucht sich mit Deckel öffnend, **Beta** 182.
Blätter schmaler Frucht geschlossen bleibend 190.
190. Blüten sämtlich zwitterig, **Chenopodium** 180.
Blüten meist eingeschlechtig, **Atriplex** 182.
191. Blätter fingernervig 192.
Blätter nicht fingernervig 193.
192. Frucht ein Nüßchen (Rosaceae) **Alchemilla** 235.
Fruchtknoten mit zahlreichen Samen (Saxifragaceae) **Chrysosplenium** 223.
193. Fruchtknoten mehrfächerig 194.
Fruchtknoten einfächerig 196.
194. Blätter mehrfach geteilt (Caprifoliaceae) **Adoxa** 311.
Blätter ungeteilt (Aristolochiaceae) 195.

195. Staubblätter 6, **Aristolochia** 174.
Staubblätter 12, **Asarum** 174.
196. Wasserpflanze mit quirligen Blättern (Halorrhagidaceae) **Hippuris** 266.
Landpflanzen 197.
197. Blätter groß, eine Grundrosette bildend (Chenopodiaceae) **Beta** 182.
Blätter klein, lineal 198.
198. Blätter gegenständig (Caryophyllaceae) **Scleranthus** 197.
Blätter wechselständig (Santalaceae) **Thesium** 173.
199. Fruchtblätter 1 oder wenn mehrere, unter sich frei oder nur ganz am Grunde verwachsen 200.
Fruchtblätter 2 oder mehr zu einem Fruchtknoten verwachsen 253.
200. Blätter dickfleischig (Crassulaceae) 201.
Blätter dünn, laubartig 202.
201. Kelch und Krone 5 teilig, **Sedum** 221.
Kelch und Krone 6—20 teilig, **Sempervivum** 222.
202. Blütenhülle unterständig 203.
Blütenhülle auf verbreiteter oder ausgehöhlter Blütenachse umständig oder oberständig 217.
203. Holzgewächse (Berberidaceae) **Berberis** 207.
Kräuter (Ranunculaceae) 204.
204. Staubblätter 5—10, **Myosurus** 202.
Staubblätter zahlreich 205.
205. Griffel 2—5 206.
Griffel zahlreich 207.
206. Blüten unregelmäßig, **Delphinium** 206.
Blüten regelmäßig, **Nigella** 206.
207. Fruchtknoten mehrsamig 208.
Fruchtknoten einsamig 210.
208. Kronblätter flach oder fehlend, **Caltha** 205.
Kronblätter röhrig 209.
209. Kelch bleibend, **Helleborus** 206.
Kelch abfallend, **Isopyrum** 206.
210. Blätter gegenständig, **Clematis** 199.
Blätter abwechselnd 211.
211. Blütenhülle nicht in Kelch und Krone gegliedert 212.
Blütenhülle in Kelch und Krone gegliedert 215.

212. Blüten ohne Außenhülle, **Thalictrum** 199.
Blüten mit Außenhülle 213.
213. Außenhülle 3 blättrig, vielteilig gefingert, **Pulsatilla** 200.
Außenhülle nicht vielteilig gefingert 214.
214. Außenhülle kelchartig, der Blütenhülle genähert, **Hepatica** 200.
Außenhülle stengelblattartig, entfernt, **Anemone** 201.
215. Kronblätter ohne Honiggrube, **Adonis** 201.
Kronblätter mit Honiggrube am Grunde 216.
216. Kelch meist 3 blättrig, **Ficaria** 205.
Kelch 5 blättrig, **Ranunculus** 212.
217. Blüten schmetterlingsförmig (Leguminosae) 218.
Blüten regelmäßig 236.
218. (Leguminosae) Staubfäden in ein Bündel verwachsen 219.
Staubfäden zu 9 verwachsen, 1 frei 224.
219. Kelch deutlich 2 lippig 220.
Kelch undeutlich 2 lippig bis 5 zähnig 223.
220. Blätter einfach 221.
Blätter 3 zählig 222.
221. Hülse kaum aus dem Kelch hervorragend, **Ulex** 238.
Hülse viel länger als der Kelch, **Genista** 238.
222. Griffel kreisförmig zusammengerollt, **Sarothamnus** 239.
Griffel pfriemförmig aufsteigend, **Cytisus** 239.
223. Schiffchen pfriemlich geschnäbelt, **Ononis** 240.
Schiffchen stumpf oder kurz zugespitzt, **Anthyllis** 243.
224. Hülse in Querglieder zerfallend 225.
Hülse nicht in Querglieder zerfallend 226.
225. Schiffchen geschnäbelt, **Coronilla** 244.
Schiffchen ungeschnäbelt, **Ornithopus** 244.
226. Griffel kahl 227.
Griffel behaart 232.
227. Schiffchen geschnäbelt, **Lotus** 248.
Schiffchen nicht geschnäbelt, aber oft spitz 228.
228. Staubfadenbündel der Blumenkrone angewachsen, **Trifolium.** 241.
Staubfadenbündel nicht der Blumenkrone angewachsen 229.
229. Hülse mehr oder weniger 2 fächerig, **Astragalus** 244.
Hülse 1 fächerig 230.
230. Blätter 3 zählig 231.
Blätter gefiedert, **Onobrychis** 244.

231. Hülse sichel- oder schneckenförmig gekrümmt, **Medicago** 340.
Hülse gerade, **Melilotus** 241.

232. Blätter 3 zählig, **Phaseolus** 248.
Blätter gefiedert 233.

233. Staubfadenröhre schief abgeschnitten 234.
Staubfadenröhre gerade abgeschnitten 235.

234. Hülse 1—2 samig, **Lens** 248.
Hülse zwei- bis mehrsamig, **Vicia** 245.

235. Griffel 3 kantig, unterseits rinnig, **Pisum** 246.
Griffel flach, **Lathyrus** 247.

236. Staubblätter doppelt soviel als Kronblätter (Saxifragaceae) 237.
Staubblätter zahlreich (Rosaceae) 240.

237. (Saxifragaceae) Holzgewächse, **Ribes** 223.
Kräuter 238.

238. Fruchtblätter 4, **Parnassia** 223.
Fruchtblätter 2 239.

239. Blüten 5 zählig, Kronblätter vorhanden, **Saxifraga** 222.
Blüten 4 zählig, Kronblätter fehlen, **Chrysosplenium** 223.

240. (Rosaceae) Ohne Nebenblätter, **Aruncus** 224.
Mit Nebenblättern 241.

241. Blumenkrone fehlend 242.
Blumenkrone vorhanden 243.

242. Ohne Außenkelch, **Sanguisorba** 236.
Außenkelch 4 blättrig, **Alchemilla** 235.

243. Frucht eine einzige Steinfrucht, **Prunus** 237.
Frucht keine einzige Steinfrucht 244.

244. Staubblätter 6—18, **Agrimonia** 236.
Staubblätter 20 und mehr 245.

245. Griffel 2—5 246.
Griffel 6 und mehr 249.

246. Blumenkrone halb unterständig, **Filipendula** 236.
Blumenkrone oberständig 247.

247. Kerngehäuse häutig-papierartig, **Pirus** 225.
Kerngehäuse getrennt, steinartig hart 248.

248. Blätter gelappt, **Crataegus** 225.
Blätter einfach, **Mespilus** 224.

249. Kelch ohne Außenkelch 250.
Kelch mit 4—5 spaltigem Außenkelch 251.

250. Früchtchen von der fleischig werdenden Kelchröhre umschlossen, **Rosa.**
Früchtchen dem Blütenboden eingefügt, nicht eingeschlossen, **Rubus.**

251. Griffel zuletzt abfallend, **Geum.**
Griffel bleibend 252.

252. Fruchtboden zuletzt fleischig, beerenartig, **Fragaria.**
Fruchtboden nicht fleischig, **Potentilla.**

253. Fruchtknoten deutlich oberständig 254.
Fruchtknoten mittelständig oder mehr oder weniger unterständig 336.

254. Samenanlagen in den Winkeln an der Fruchtknotenachse (zentralwinkelständig) 255.
Samenanlagen nicht zentralwinkelständig 270.

255. Knospendeckung des Kelches klappig 256.
Knospendeckung des Kelches dachig oder offen 257.

256. Holzgewächse (Tiliaceae) **Tilia.**
Kräuter (Malvaceae) **Malva.**

257. Kronblätter in Honigblätter umgewandelt (Ranunculaceae) **Nigella.**
Kronblätter normal entwickelt 258.

258. Staubbeutel mit Längsrissen sich öffnend 259.
Staubbeutel mit Gipfelporen aufspringend 266.

259. Staubblätter zahlreich, vielbrüderig (Hypericaceae) **Hypericum.**
Staubblätter soviel oder doppelt soviel als Kronblätter, mitunter einzelne fehlend oder unfruchtbar 260.

260. Holzgewächse (Aceraceae) **Acer.**
Kräuter 261.

261. Blüten regelmäßig 262.
Blüten zygomorph (Balsaminaceae) **Impatiens.**

262. Staubblätter und Griffel frei 264.
Staubblätter einbrüderig, Griffel verwachsen (Geraniaceae) 253.

263. Staubblätter 10 fruchtbar, **Geranium** 258.
Staubblätter 5 fruchtbar, **Erodium** 250.

264. Blätter kleeartig, 3 zählig (Oxalidaceae) **Oxalis** 250.
Blätter einfach (Linaceae) 265.

265. Blüten 4 zählig, **Radiola** 251.
Blüten 5 zählig, **Linum** 250.
266. Holzgewächse (Ericaceae).
Kräuter 267.
267. Blüten regelmäßig (Pirolaceae) 268.
Blüten fast schmetterlingsförmig (Polygalaceae) **Polygala** 251.
268. Pflanzen chlorophyllfrei, **Monotropa** 278.
Pflanzen mit Chlorophyll 269.
269. Griffel kurz, dick, Narben schildförmig, **Chimaphila** 278.
Griffel verlängert, Narben 5 zähnig, **Pirola** 277.
270. Wasserpflanzen mit breiten, ungeteilten, schwimmenden Blättern (Nymphaeaceae) 271.
Landpflanzen oder, wenn im Wasser wachsend, nicht mit ungeteilten breiten Schwimmblättern 272.
271. Kronblätter ohne Honigbehälter, **Nymphaea** 197.
Kronblätter auf dem Rücken mit Honigbehältern, **Nuphar** 198.
272. Blätter durchscheinend punktiert (Hypericaceae) **Hypericum** 259.
Blätter nicht durchscheinend punktiert 273.
273. Staubblätter 6, 4 lange, 2 kurze (Cruciferae) 274.
Staubblätter nicht, 4 lange, 2 kurze 302.
274. (Cruciferae) Längendurchmesser der Frucht kaum größer als der Querdurchmesser (Siliculosae) 275.
Längendurchmesser der Frucht viel größer als der Querdurchmesser (Siliquosae) 289.
275. Schötchen fast kugelig oder vom Rücken zusammengedrückt 276.
Schötchen von der Seite zusammengedrückt 282.
276. Staubblätter am Grunde mit schwieligem Anhängsel 277.
Staubbeutel ohne Anhängsel 278.
277. Fächer der Schote 1—4 samig, **Alyssum** 215.
Fächer sechs- bis mehrsamig, **Berteroa** 215.
278. Klappen flach 279.
Klappen gewölbt 281.
279. Kronblätter gespalten, **Erophila** 216.
Kronblätter ganz 280.
280. Blüten gelb oder weiß, **Draba** 216.
Blüten violett, **Lunaria** 215.
281. Krone weiß, **Cochlearia** 216.
Krone gelb, **Camelina** 216.

282. Schötchen nicht aufspringend 283.
Schötchen aufspringend 284.
283. Schötchen 2 fächerig, 2 samig, **Coronopus** 211.
Schötchen 1 fächerig, 1 samig 285
284. Schötchen länglich, **Isatis** 219.
Schötchen fast kugelig, **Neslea** 219.
285. Staubblätter am Grunde mit Anhängsel, **Teesdalia** 217.
Staubblätter ohne Anhängsel 286.
286. Fächer 1 samig 287.
Fächer mehrsamig 288.
287. Äußere Kronblätter größer als die inneren, **Iberis** 217.
Kronblätter gleichgroß, **Lepidium** 218.
288. Klappen geflügelt, **Thlaspi** 217.
Klappen nicht geflügelt, **Capsella** 218.
289. Schoten nicht aufspringend, **Rhaphanus** 219.
Schoten 2 klappig aufspringend 290.
290. Klappen nervenlos 291.
Klappen 1—5 nervig 293.
291. Samen 1 reihig 292.
Samen in jedem Fach unregelmäßig mehrreihig, **Nasturtium.** 209.
292. Wurzelstock fleischig, **Dentaria** 211.
Wurzelstock faserig, **Cardamine** 211.
293. Samen in jedem Fache 2 reihig, **Diplotaxis** 214.
Samen in jedem Fache 1 reihig 294.
294. Blumenkrone weiß oder lila 295.
Blumenkrone gelb oder gelblichweiß 297.
295. Klappen 1 nervig 296.
Klappen 3 nervig, **Alliaria** 212.
296. Schote lineal, zusammengedrückt, **Arabis** 210.
Schote lineal, stielrund, **Stenophragma** 212.
297. Keimblätter im Samen flach nebeneinanderliegend 285.
Keimblätter im Samen gefaltet 300.
298. Klappen 1 nervig 299.
Klappen meist 3 nervig, **Sisymbrium** 212.
299. Blätter länglich-lanzettlich, geschweift, gezähnt, **Erysimum** 212.
Unterste Blätter leierförmig, **Barbaraea** 210.
300. Samen oval bis länglich, **Erucastrum** 214.
Samen kugelig 301.

301. Schoten kurz geschnabelt, **Brassica** 213.
Schoten lang geschnäbelt, **Sinapis** 214.

302. Fruchtblätter nach der Blüte keinen ganz geschlossenen Fruchtknoten bildend (Resedaceae) **Reseda** 219.
Fruchtblätter stets einen geschlossenen Fruchtknoten bildend 302.

303. Blüten regelmäßig 304.
Blüten unregelmäßig 334.

304. Samenanlagen grundständig 305.
Samenanlagen wandständig 330.

305. Kelchblätter 2 (Portulaccaceae) 206.
Kelchblätter 4—5 (Caryophyllaceae) 307.

306. Staubblätter 3, **Montia** 185.
Staubblätter 8—15, **Portulacca** 184.

307. (Caryophyllaceae) Kelchblätter verwachsen 308.
Kelchblätter frei 317.

308. 2 Griffel 308.
Mehr als 2 Griffel 312.

309. Kelchblätter am Rande durch breite häutige Streifen verbunden 310.
Kelchblätter ganz krautig ohne häutige Randstreifen 311.

310. Samen nierenförmig-kugelig, **Gypsophila** 185.
Samen mit vorspringendem Kiel, **Tunica** 186.

311. Kelch am Grunde mit Deckblättern, **Dianthus** 186
Kelch ohne Deckblätter, **Saponaria** 187.

312. 3 Griffel 313.
5 Griffel 314.

313. Frucht beerenartig, **Cucubalus** 187.
Frucht eine Kapsel, **Silene** 188.

314. Krone mit Nebenkrone 315.
Krone ohne Nebenkrone, **Agrostemma** 190.

315. Kapsel mit 10 Zähnen aufspringend, **Melandryum** 190.
Kapsel mit 5 Zähnen aufspringend 316.

316. Kapsel 1 fächerig, **Coronaria** 190.
Kapsel am Grunde 5 fächerig, **Viscaria** 189.

317. Blütenhülle einfach kelchartig, **Scleranthus** 197.
Blütenhülle in Kelch und Krone geschieden 318.

318. Frucht eine mit Zähnen aufspringende Kapsel 319.
Frucht ein 1 samiges Nüßchen 329.

319. 3 Griffel 320.
Mehr als 3 Griffel 325.

320. Kapsel 3 klappig aufspringend 321.
Kapsel 6 klappig aufspringend 322.

321. Samen 3 eckig, **Spergularia** 196.
Samen nicht 3 eckig, **Alsine** 191.

322. Kronblätter 2 spaltig, **Stellaria** 192.
Kronblätter ungeteilt, nur ausgerandet 323.

323. Kronblätter gezähnelt, **Holosteum** 192.
Kronblätter nicht gezähnelt 324.

324. Samen mit Anhängsel, **Moehringia** 192.
Samen ohne Anhängsel, **Arenaria** 192.

325. Griffel meist 4, **Moenchia** 194.
Griffel 5 326.

326. Kronblätter ungeteilt oder doch nur leicht ausgerandet 327.
Kronblätter tief ausgerandet oder 2 spaltig 328.

327. Samen nierenförmig, ungeflügelt, **Sagina** 191.
Samen kreisrund, geflügelt, **Spergula** 195.

328. Kapsel 5 klappig, **Malachium** 194.
Kapsel mit 10 Zähnen aufspringend, **Cerastium** 194.

329. Kelchbätter flach, stumpf, **Herniaria** 196.
Kelchblätter dick, sehr spitz, **Illecebrum** 196.

330. Narben gabelästig (Droseraceae) 331.
Narben einfach 332.

331. Untergetaucht schwimmende Wasserpflanze, **Aldrovandia** 220.
Sumpfpflanzen mit sitzender Blattrosette, **Drosera** 220.

332. Blütenhülle aus 3 Kreisen bestehend, Krone 4 zählig (Papaveraceae) 333.
Blütenhülle aus 2 Kreisen bestehend, Krone 5 zählig (Cistaceae) **Helianthemum** 261.

333. Mit gelbem Milchsaft, **Chelidonium** 208.
Mit weißem Milchsaft, **Papaver** 207.

334. Staubblätter 4 (Fumariaceae) 335.
Staubblätter 5 (Violaceae) **Viola** 261.

335. Frucht eine 1 samige Nuß, **Fumaria** 209.
Frucht eine vielsamige Kapsel, **Corydalis** 208.

336. Samenanlagen wandständig (Saxifragaceae) 237.
Samenanlagen zentralwinkelständig 337.

337. Staubblätter mit Gipfelporen aufspringend (Ericaceae) **Vaccinium Oxycoccus** 279.
Staubblätter mit Längsriß sich öffnend 338.

338. Staubblätter zahlreich (Rosaceae) 240.
Staubblätter soviel oder doppelt soviel als Kronblätter 339.

339. Diskus fehlend 340.
Diskus vorhanden 345.

340. Narben sitzend, Wasserpflanze, **Myriophyllum** 266.
Narben nicht sitzend, Landpflanzen 341.

341. Blütenhülle 5zählig, **Saxifraga** 222.
Blütenhülle nicht 5zählig 342.

342. Blütenhülle 6zählig (Lythraceae) 343.
Blütenhülle 2- oder 4zählig (Onagraceae) 344.

343. Kronblätter purpurn, **Lythrum** 263.
Kronblätter klein, rosa, **Peplis** 263.

344. Samen mit Haarschopf, **Epilobium** 264.
Samen ohne Haarschopf, **Oenothera** 265.

345. Wasserpflanze mit schwimmender Blattrosette, **Trapa.**
Landpflanzen 346.

346. Staubblätter 8 (Aceraceae) **Acer** 266.
Staubblätter 4—5 347.

347. Mit Haftwurzeln kletternder, immergrüner Strauch (Araliaceae) **Hedera** 266.
Nicht mit Haftwurzeln kletternd 348.

348. Kräuter (Umbelliferae) 349.
Holzgewächse 377.

349. (Umbelliferae) Blätter ungeteilt, ganzrandig, **Bupleurum** 270.
Blätter mehr oder weniger geteilt 350.

350. Blätter, wenigstens die unteren, handnervig oder handteilig 351.
Blätter fiedernervig 552.

351. Köpfchen in einfacher Dolde mit gefärbten Hüllblättern, **Astrantia** 266.
Blütenköpfchen in unregelmäßigen Dolden 352.

352. Blätter distelartig-stachelig, **Eryngium** 267.
Blätter nicht stachelig, **Sanicula** 267.

353. Teilfrüchtchen nur mit 5 Hauptrippen 554.
Teilfrüchtchen mit 5 oft schwachen Hauptrippen und 4 meist stärkeren Nebenrippen 375.

354. Früchtchen von der Seite her zusammengedrückt, Teilfrüchtchen im Querschnitt fast kreisrund 355.
Früchtchen nicht von der Seite zusammengedrückt 365.
355. Teilfrüchtchen an der Fugenseite eben oder gewölbt 356.
Teilfrüchtchen an der Fugenseite gefurcht oder hohl 363.
356. Ölstriemen fehlend, **Aegopodium** 268.
Ölstriemen vorhanden 367.
357. Ölstriemen sehr zahlreich 358.
Meist nur 1, selten 2 deutliche Ölstriemen 359.
358. Kelchzähne spitz, deutlich, **Sium** 269.
Kelchsaum undeutlich, **Pimpinella** 269.
359. Kronblätter an der Spitze aufwärts eingerollt, ganzrandig, **Apium** 267.
Kronblätter verkehrt herzförmig mit einwärts gebogenem Läppchen 360.
360. Kelchsaum deutlich 5 zähnig 361.
Kelchsaum undeutlich 362.
361. Frucht kugelig, 2 knotig, **Cicuta** 267.
Frucht länglich, **Falcaria** 268.
362. Kronenblätter grünlichgelb, **Petroselinum** 268.
Kronenblätter weiß oder rötlichweiß, **Carum** 268.
363. Rippen der Früchtchen wellig gekerbt, **Conium** 276.
Rippen nicht gekerbt 364.
364. Früchtchen nicht geschnäbelt, **Chaerophyllum** 275.
Früchtchen geschnäbelt, **Anthriscus** 275.
365. Früchtchen kreisrund oder nur schwach vom Rücken her zusammengedrückt, nicht linsenförmig 366.
Früchtchen stark vom Rücken her zusammengedrückt, linsenförmig 370.
366. Kronblätter weiß oder rötlichweiß 367.
Kronblätter gelb, **Silaus** 271.
367. Kelchsaum deutlich 5 zähnig 368.
Kelchsaum undeutlich 369.
368. Rippen der Früchtchen angeschwollen, **Oenanthe** 270.
Rippen dünn, fadenförmig, **Seseli** 271.
369. Rippen dick, dreikantig, **Aethusa** 271.
Rippen dünn, scharfkantig bis geflügelt, **Meum** 272.
370. Randflügel der beiden Teilfrüchte voneinander klaffend 371.
Randflügel der beiden Teilfrüchte fest aneinandergepreßt 372.

371. Stengel gefurcht-scharfkantig, **Selinum** 272.
Stengel stielrund, gestreift, **Angelica** 272.

372. Die 3 Rückenrippen von den Seitenrippen entfernt 372.
Alle Rippen gleichweit voneinander entfernt 373.

373. Kronblätter weiß, **Heracleum** 273.
Kronblätter gelb, **Pastinaca** 273.

374. Kronblätter gelb, **Anethum** 273.
Kronblätter weiß, **Peucedanum** 272.

375. Nährgewebe mit Längsfurche, **Torilis** 274.
Nährgewebe auf der Fugenseite flach oder gewölbt 376.

376. Nebenrippen der Früchtchen stachelig-borstig, **Daucus** 274.
Nebenrippen nicht stachelig, **Laserpitium** 274.

377. Blätter fingerig geteilt oder fingerförmig (Vitaceae) 378.
Blätter ungeteilt 379.

378. Blätter fingerförmig, **Ampelopsis** 258.
Blätter fingerförmig geteilt, **Vitis** 257.

379. Blüten in Dolden (Cornaceae) **Cornus** 276.
Blüten nicht in Dolden 380.

380. Staubblätter den Kelchblättern gegenüberstehend (Celastraceae) **Evonymus** 254.
Staubblätter den Kronblättern gegenüberstehend (Rhamnaceae) **Rhamnus** 257.

381. (Sympetalae) Schmetterlingsblütler, **Trifolium** 241.
Blüten nicht schmetterlingsförmig 382.

382. Staubblätter doppelt soviel als Kronblätter (Ericaceae) 383.
Staubblätter soviel oder weniger als Kronblätter 387.

383. Krone nach dem Verblühen abfallend 384.
Krone nach dem Verblühen trockenhäutig bleibend 386.

384. Staubblätter 8, **Vaccinium** 278.
Staubblätter 10 385.

385. Blumenkrone getrenntblättrig, **Ledum** 278.
Blumenkrone verwachsenblättrig, **Andromeda** 279.

386. Kelch länger als die Blumenkrone, **Calluna** 279.
Kelch kürzer als die Blumenkrone, **Erica** 280.

387. Staubblätter den Kronblättern gegenüberstehend (Primulaceae) 388.
Staubblätter den Kelchblättern gegenüberstehend 391.

388. Kapsel ringsum aufspringend, **Anagallis** 281.
Kapsel 5 klappig 389.

389. Kelch 5 spaltig oder 5 zähnig, **Primula** 281.
Kelch 5 teilig 390.
390. Blumenkrone weiß, **Hottonia** 282.
Blumenkrone gelb, **Lysimachia** 280.
391. Blütenhülle deutlich unterständig 392.
Blütenhülle halb oder ganz oberständig 447.
392. Samenanlagen zentralwinkelständig oder an der Scheidewand 2 fächeriger Fruchtknoten 374..
Samenanlagen nicht zentralwinkelständig 442.
393. Frucht 4 Nüßchen (Klausen) 394.
Frucht nicht 4 Nüßchen 421.
394. Staubblätter 5 (Borraginaceae) 395.
Staubblätter 4 402.
395. Blüten schwach zygomorph, **Echium** 288.
Blüten regelmäßig 396.
396. Stempelpolster mehr oder weniger kegelig 397.
Stempelpolster flach oder wenig erhaben 398.
397. Krone trichterförmig, **Asperugo** 287.
Krone tellerförmig, **Lappula** 287.
398. Schlund der Blumenkronröhre nicht durch Klappen verschlossen 399.
Schlund der Blumenkronröhre durch 5 Klappen verschlossen 400.
399. Schlund der Kronröhre mit 5 behaarten Falten, **Lithospermum** 289.
Schlund der Kronröhre ohne Falten, **Pulmonaria** 288.
400. Hohlschuppen im Schlund der Kronröhre kahl, **Myosotis** 289.
Hohlschuppen behaart oder drüsig gezähnt 401.
401. Kronsaum ausgebreitet, **Anchusa** 287.
Kronsaum aufrecht, **Symphytum** 288.
402. Griffel endständig (Verbenaceae) **Verbena** 290.
Griffel zwischen den Klausen (Labiatae) 403.
403. (Labiatae) 2 Staubblätter 404.
4 Staubblätter 405.
404. Krone trichterförmig, gleichmäßig 4 spaltig, **Lycopus** 291.
Krone 2 lippig, Oberlippe helmförmig, **Salvia** 291.
405. Alle 4 Staubblätter gleichlang 406.
2 Staubblätter länger, 2 kürzer 407.
406. Krone fast gleichmäßig 4 spaltig, **Mentha** 291.
Krone deutlich lippig, **Leonurus** 296.

407. Staubbeutel mit einer Klappe aufspringend, **Galeopsis** 294.
Staubbeutel mit Längsritzen aufspringend 408.
408. Blumenkrone nicht deutlich 2 lippig 409.
Blumenkrone deutlich 2 lippig 410.
409. Röhre mit Haarring, **Ajuga** 297.
Röhre ohne Haarring, **Teucrium** 297.
410. Staubfäden entfernt, oben zusammenneigend oder auseinander tretend 411.
Staubfäden genähert und unter der Oberlippe parallel 413.
411. Staubfäden oben zusammenneigend, **Calamintha** 292.
Staubfäden oben auseinandertretend 412.
412. Kelch 2 lippig-glockig, nach der Blüte durch Haarkranz verschlossen, **Thymus** 292.
Kelch meist 5 zähnig ohne Haarkranz, **Origanum** 292.
413. Kronenröhre innen mit Haarring 414.
Kronenröhre ohne Haarring 418.
414. Kelch 2 lippig, **Brunella** 297.
Kelch 5 zähnig 415.
415. Nüsse 3 kantig, oben gestutzt 416.
416. Nüsse verkehrt eiförmig, oben abgerundet 417.
Unterlippe 3 spaltig, ohne Zipfelchen, **Galeobdolon** 294.
417. Unterlippe mit 2 pfriemförmigen Zipfelchen, **Lamium** 293.
Staubblätter nach dem Verblühen gerade, **Ballota** 296.
Die längeren Staubblätter nach dem Verblühen gedreht, **Stachys** 295.
418. Oberlippe der Blumenkrone flach 419.
Oberlippe gewölbt 412.
419. Unterlippe der Blumenkrone vertieft, **Nepeta** 293.
Unterlippe der Blumenkrone flach, **Glechoma** 293.
420. Kelch 5 zähnig, **Betonica** 296.
Kelch 2 lippig, **Scutellaria** 296.
421. Blüten regelmäßig 431.
Blüten zygomorph (Scrofulariaceae) 422.
422. Staubblätter 2, **Veronica** 302.
Staubblätter 5 423.
423. Staubblätter sämtlich gleichlang, **Verbascum** 300.
2 längere und 2 kürzere Staubblätter 424.
424. Kelch 4 zähnig 425.
Kelch 5 zähnig bis 5 spaltig 427.

425. Kelch aufgeblasen-zusammengedrückt, **Alectorolophus** 305.
Kelch nicht aufgeblasen 426.
426. Samen gerippt, **Euphrasia** 306.
Samen glatt, **Melampyrum** 304.
427. Krone walzig mit schiefem Saum, **Digitalis** 302.
Krone 2 lippig-rachenförmig 428.
428. Blätter gegenständig, **Scrophularia** 301.
Blätter wechselständig 429.
429. Krone am Grunde gespornt, **Linaria** 301
Krone nicht gespornt 430.
430. Oberlippe helmförmig eingeschlagen, **Pedicularis** 305.
Oberlippe 2 lappig zurückgeschlagen, **Antirrhinum** 301.
431. Blätter gegenständig 432.
Blätter spiralig 435.
432. Staubblätter 2 (Oleaceae) 433.
Staubblätter soviel wie Kronblätter 434.
433. Blüten ohne Kelch und Krone, **Fraxinus** 282.
Blüten mit Kelch und Krone, **Ligustrum** 282.
434. Staubblätter 2 fächerig (Apocynaceae) **Vinca** 285.
Staubblätter 1 fächerig (Asclepiadaceae) **Vincetoxicum** 285.
435. Strauch mit stachligen immergrünen Blättern, **Ilex** 254.
Keine immergrünen Sträucher 436.
436. Frucht eine Deckelkapsel 437.
Frucht eine Klappenkapsel oder Beere 438.
437. Windende Schmarotzerpflanze (Convolvulaceae) **Cuscuta** 286.
Keine Schmarotzer, **Plantago** 308.
438. Narbe mit getrennten Schenkeln (Convolvulaceae) **Convolvulus** 285.
Narbe einen schwach 2 lappigen Knopf bildend (Solanaceae) 439.
439. Früchte eine Beere 440.
Frucht eine Kapsel 441.
440. Krone röhrig-glockig, **Atropa** 299.
Krone radförmig, **Solanum** 298.
441. Krone weiß, **Datura** 299.
Krone schmutziggelb, **Hyoscyamus** 299.
442. Samenanlagen an einem freien Mittelsäulchen (Lentibulariaceae) **Utricularia** 308.
Samenanlagen wandständig 443.

443. Blüten regelmäßig (Gentianaceae) 444.
Blüten zygomorph (Orobanchaceae) 446.
444. Blätter 3 zählig, **Menyanthes** 283.
Blätter einfach 445.
445. Griffel frei, **Gentiana** 283.
Griffel verwachsen, **Erythraea** 284.
446. Staubblätter kurz hervortretend, **Lathraea** 307.
Staubblätter in der Kronenröhre eingeschlossen, **Orobanche** 307.
447. Staubblätter frei 448.
Staubblätter wenigstens mit den Staubbeuteln verwachsen oder verklebt 460.
448. Staubblätter soviel wie Kronblätter 449.
Staubblätter weniger als Kronblätter 455.
449. Kräuter mit 4 zähligen Blüten (Rubiaceae).
Holzgewächse mit meist 5 zähligen Blüten (Caprifoliaceae) 452.
450. Blumenkrone flach, **Galium** 310.
Blumenkrone trichterförmig 451.
451. Frucht rundlich 2 knotig, **Asperula** 309.
Frucht länglich, **Sherardia** 309.
452. Kraut, **Adoxa** 311.
Holzgewächse 453.
453. Krone 2 lippig-5 spaltig, **Lonicera** 313.
Krone radförmig 454.
454. 3 Narben, **Sambucus** 312.
Narbe 3 lappig, **Viburnum** 312.
455. Staubblätter 3 (Valerianaceae) 456.
Staubblätter 4 (Dipsaceae) 457.
456. Krone am Grunde mit Höcker, **Valeriana** 312.
Krone am Grunde ohne Höcker, **Valerianella** 314.
457. Innerer Kelch 5 zähnig 458.
Innerer Kelch acht- bis mehrzähnig 459.
458. Äußerer Kelch mit trockenhäutigem Saum, **Scabiosa** 315.
Äußerer Kelch mit krautigem Saum, **Succisa** 315.
459. Blütenboden ohne Deckblättchen, **Knautia** 314.
Blütenboden mit großen Deckblättern, **Dipsacus** 314.
460. Früchte vielsamig 461.
Früchte 1 samig (Compositae) 464.
461. Mit Ranken kletternde Pflanzen (Cucurbitaceae) **Bryonia 315.**
Nicht kletternde Pflanzen (Campanulaceae) 462.

462. Narben 3—5, **Campanula** 316.
Narben 2 463.
463. Staubbeutel am Grunde verwachsen, **Jasione** 316
Staubbeutel am Grunde frei, **Phyteuma** 316.
464. (Compositae) Alle Blüten gleichgestaltet, 2 geschlechtig, fruchtbar 465.
Randblüten weiblich oder unfruchtbar 483.
465. Blüten sämtlich zungenförmig 466.
Blüten sämtlich röhrenförmig 478.
466. Borsten des Kelchrandes federartig 467.
Kelchrand ohne oder doch nicht mit federartigen Borsten 471.
467. Blütenboden mit Spreublättern, **Hypochoeris** 331.
Blütenboden ohne Spreublätter 468.
468. Hüllkelch einfach, **Tragopogon** 331.
Hüllkelch dachziegelig 469.
469. Federborsten ineinander verwebt, **Scorzonera** 331.
Federborsten frei 470.
470. Federkelch hinfällig, **Picris** 331.
Federkelch bleibend, **Leontodon** 330.
471. Kelchrand mit kleinen Blättchen oder haarartigen Borsten 472.
Kelchrand ohne Blättchen oder Borsten, **Lampsana** 339.
472. Kelchrand mit kleinen Blättchen, **Cichorium** 330.
Kelchrand mit haarförmigen Borsten 473.
473. Früchte geschnäbelt und mit Wulst am Grunde des Schnabels, **Taraxacum** 332.
Früchte ohne Wulst am Schnabel oder ungeschnäbelt 474.
474. Früchte fast stielrund 455.
Früchte zusammengedrückt 477.
475. Köpfchen nur 3—5 blütig, **Prenanthes** 332.
Köpfchen vielblütig 476.
476. Federkelch mehrreihig, **Crepis** 333.
Federkelch 1 reihig, **Hieracium** 334.
477. Früchte mit langem, fadenförmigem Schnabel, **Lactuca** 334.
Früchte ohne oder mit kurzem Schnabel, **Sonchus** 332.
478. Blütenboden ohne Spreuschuppen, **Eupatorium** 318.
Blütenboden mit Spreuschuppen 479.
479. Strahlen des Federkelches federig 480.
Strahlen des Federkelches haarförmig 481.

480. Strahlen über dem Ring in Bündel verwachsen, **Carlina** 328.
Strahlen frei, **Cirsium** 326.

481. Federkelch bleibend, **Serratula** 328.
Federkelch abfallend 482.

482. Früchte kahl, **Carduus** 327.
Früchte querrunzelig, **Lappa** 327.

483. Randblüten weiblich, fruchtbar 484.
Randblüten unfruchtbar 504.

484. Federkelch haarförmig 485.
Federkelch nicht haarförmig 497.

485. Randblüten röhrig oder kaum etwas zungenförmig 486.
Randblüten zungenförmig, selten fehlend 489.

486. Hüllkelch einfach, **Petasites** 324.
Hüllkelch dachziegelig 487.

487. Hüllkelch mit krautigen, höchstens am Rande trockenhäutigen Blättern, **Filago** 320.
Hüllkelch mit trockenhäutigen Blättern 488.

488. Weibliche Blüten 1 reihig, **Helichrysum** 321.
Weibliche Blüten mehrreihig, **Gnaphalium** 321.

489. Hüllkelch dachziegelig, Blättchen vielreihig 490.
Hüllkelch aus gleichlangen 1—3 reihigen Blättchen bestehend, zuweilen die äußere Reihe einen Außenkelch bildend 495.

490. Staubbeutel geschwänzt 491.
Staubbeutel nicht geschwänzt 492.

491. Federkelch gleichgestaltet, **Inula** 319.
Äußere Haarkrone kürzer als die innere, **Pulicaria** 319.

492. Strahlende Randblüten gelb, **Solidago** 319.
Randblüten andersfarbig als die Scheibenblüten 493

493. Ohne Haarschopf, **Bellis** 318.
Mit Haarschopf 494.

494. Strahlenblüten mehrreihig, **Erigeron** 318.
Strahlenblüten 1 reihig, **Aster** 318.

495. Weibliche Blüten mehrreihig, **Tussilago** 324.
Weibliche Blüten 1 reihig 496.

496. Hüllkelch 2—3 reihig, ohne Außenhülle, **Arnica** 324.
Hüllkelch 1 reihig, oft mit Außenhülle, **Senecio** 324

497. Blütenboden ohne Spreublätter 498.
Blütenboden mit Spreublättern 502.

498. Früchte geschnäbelt, **Artemisia** 331.
Früchte schnabellos 499.

499. Blütenboden flach oder schwach gewölbt 500.
Blütenboden stark, oft über halbkugelig gewölbt 501.

500. Höchstens die randständigen Früchte mit Kelchsaum, **Leucanthemum.**
Alle Früchte mit kronenförmigem Kelchsaum, **Tanacetum** 323.

501. Früchte nicht geflügelt, **Matricaria** 323.
Randständige Früchte geflügelt, **Chrysanthemum** 323.

502. Hüllkelch 1 reihig, **Galinsaga** 320.
Hüllkelch vielreihig-dachziegelig 503.

503. Strahlblüten mit rundlichem Saum, **Achillea** 322.
Strahlblüten mit länglichem Saum, **Anthemis** 322.

504. Spreublätter am Blütenboden borstenförmig, **Centaurea** 328.
Spreublätter klein, blättchenförmig, **Bidens** 320.

Pteridophyta, Farnpflanzen.

Pflanzen in Stamm, Blatt und Wurzel gegliedert. Sporenbehälter auf oder am Grunde von oft besonders gestalteten Bättern. Aus den Sporen geht das kleine unscheinbare, die Geschlechtsorgane tragende Prothallium hervor. Die weiblichen Geschlechtsorgane, Archegonien sind flaschenförmig, die männlichen, Antheridien rundlich. Aus der befruchteten am Grunde der Archegonien gelegenen Eizelle geht die eigentliche sporentragende Farnpflanze hervor.

I. Klasse **Filicales**, Farne.

Blätter groß gegenüber dem kleinen und meist wenig auffallenden, oft unterirdischen Stamm, in der Jugend meist spiralig eingerollt. Sporangien am Rande oder auf der Unterseite der Blätter, meist zu mehreren in Häufchen (Sori) vereinigt.

Familie **Polypodiaceae**, Tüpfelfarne.

Meist ansehnliche Farne mit teilweise reich gegliederten in der Jugend eingerollten Blättern. Sporangien gestielt, mit unvollständigem Ring, auf der Unterseite der Blätter in Häufchen (Sori).

Gattung Polypodium L.

1. P. vulgare L. Engelfüß. Blätter länglich-lanzettlich, einfach, fiederteilig, zugespitzt, Abschnitte länglich, an der

Spitze klein gesägt, beiderseits der Mittelrippe mit einer Reihe großer goldbrauner Fruchthäufchen auf der Unterseite. Fruchthäufchen ohne Schleier. — An Mauern, Felsen, schattigen Abhängen, in Wäldern, namentlich im Gebirge verbreitet. Fr. 8—10.

Fig. 1.
Polypodium vulgare L. Wedel.

Gattung Phegopteris (Fée) Mettenius.

Blätter mehrfach gefiedert. Fruchthäufchen ohne Schleier auf dem Rücken der Blattnerven, am Blattrande.

2. Ph. Dryopteris (L.) Fée. Blätter langgestielt, dreizählig doppelt gefiedert, im Umriß breit, dreieckig, zart, ohne Drüsen, unterste Fiedern fast so groß als der übrige Teil des Blattes; Fiederchen spitz, fast gegenständig. — Zerstreut in schattigen Wäldern, auf humösem Boden, morschen Baumstämmen, Felsen. Fr. 7. 8.

3. Ph. Robertiana (Hoffm.) A. Braun. Von der vorigen durch derbere mit kurzen Drüsenhaaren besetzte Blätter mit viel kleineren unteren Fiedern und stumpfen abwechselnden Fiederchen verschieden. — An Kalkfelsen, Mauern sehr zerstreut. Fr. 7. 8.

4. Ph. polypodioides Fée. Blätter zart, im Umriß länglich-herzförmig, einfach gefiedert, Fiedern fiederspaltig, lanzettlich; die beiden untersten nicht größer als die übrigen, abwärts gebogen, Blattstiel mit braunen Spreuschuppen. — Feuchter, schattiger, humöser Waldboden, verbreitet. Fr. 7. 8.

Gattung Woodsia R. Br.

5. W. ilvensis (L). R. Br. Blätter kurz gestielt, länglich lanzettlich, gefiedert; Fiedern 8—12paarig, fast gegenständig, tief fiederspaltig, unterseits wie der Blattstiel behaart und mit bräunlichen Spreuschuppen. Fruchthäufchen ohne Schleier, auf der Mitte der Nerven, nicht am Rande. — Selten, an felsigen Abhängen im Gebirge. — Die ähnliche, durch die fast kahlen Blätter unterschiedene Woodsia hyperborea (Sw.) R. Br. nur in den Sudeten. — Fr. 7—9.

Gattung Aspidium Sw., Schildfarn.

Fruchthäufchen rundlich mit schild- oder nierenförmigem nur an einem Punkte angehefteten Schleier, auf dem Rücken eines Nerven.

a) Schleier-schildförmig, in der Mitte angeheftet; 4 periphere Gefäßbündel.

α) Blätter einfach gefiedert.

6. A. Lonchitis (L.) Sw. Blätter verlängert lanzettlich, zugespitzt, lederartig, starr, glänzend, wie der Stiel mit Spreuschuppen. Fiedern ungeteilt, sichelförmig aufwärts gekrümmt, am Grunde stark geöhrt mit flachen, stachelspitzigen Sägezähnen. — Selten, an schattigen Gebirgsabhängen. — Fr. 7—9.

β) Blätter doppelt gefiedert.

7. A. aculeatum (L.) Sw. Blätter länglich-lanzettlich, beiderseits verschmälert, dunkelgrün, lederartig, überwinternd mit fast sitzenden zugespitzten Fiedern und schief keilförmigen, doppelt stachelspitzig-sägezähnigen Fiederchen, von denen das unterste jeder Fieder einerseits deutlich geöhrt, aber kaum größer als das folgende ist. — Sehr selten, auf schattigen Gebirgslehnen. Fr. 7. 8.

8. A. lobatum Swartz. Von der vorigen Art verschieden durch das erste obere Fiederchen, das fast doppelt so groß als die folgenden ist. — Zerstreut, auf schattigen Gebirgsabhängen, namentlich im Süden und Westen. Fr. 7. 8.

9. A. Braunii Spenner. Blätter hellgrün, weich, nicht überwinternd, mit kurzgestielten Fiedern und nicht oder undeutlich geöhrten, gesägten und zerstreut dornig-sägezähnigen Fiederchen. Spreuschuppen bleich. Sonst dem A. aculeatum ähnlich. — Selten, schattige Gebirgswälder. Fr. 7. 8.

b) Schleier nierenförmig, in der Bucht angeheftet.

α) Fiederabschnitte gesägt oder gezähnt.

1. Blattstiel mit 5 peripheren Gefäßbündeln.

10. A. spinulosum (Retz.) Sw. Blätter eiförmig-länglich bis dreieckig, 2—3 fach gefiedert, drüsenlos; Fiedern zugespitzt, die unteren eiförmig bis eiförmig-lanzettlich, die oberen länglich. Abschnitte der Fiederchen eiförmig-länglich mit gekrümmten stachelspitzigen Zähnen. — Verbreitet in Wäldern. Fr. 7. 8.

11. A. cristatum (L.) Sw. Blätter einfach gefiedert, hellgrün, mit stumpflichen, unten fiederteiligen, an den Abschnitten stachelspitzig gesägten Fiedern. Fruchtbare Blätter länger und schmäler als die unfruchtbaren. — In Sümpfen, Brüchen, sehr zerstreut. Fr. 7—9.

2. Blattstiel mit 7 peripheren Gefäßbündeln.

12. A. Filix mas (L.) Sw. Wurmfarn. Blätter im Umriß länglich-elliptisch, zugespitzt, gefiedert, derb, unterseits mit Spreuschuppen; Fiedern verlängert-lanzettlich, zugespitzt, tief fiederteilig, mit länglichen, abgerundeten oder stumpfen, kerbig gesägten, nicht stachelspitzigen Abschnitten. — Häufig in Wäldern. Fr. 7—9.

β) Fiederabschnitte ganzrandig oder nur geschweift.

13. A. montanum (Vogler) Aschers. Blattstiel kürzer als die Blattspreite, mit kleinen Spreuschuppen. Blätter länglich-lanzettlich, beiderseits stark verschmälert, unterseits mit gelben Drüsen, gefiedert, mit fiederspaltigen Fiedern, die unteren klein, dreieckig, die oberen verlängert lanzettlich. — An feuchten aber sonnigen Stellen in Nadelwäldern, Sumpfrändern, zerstreut. Fr. 7—9.

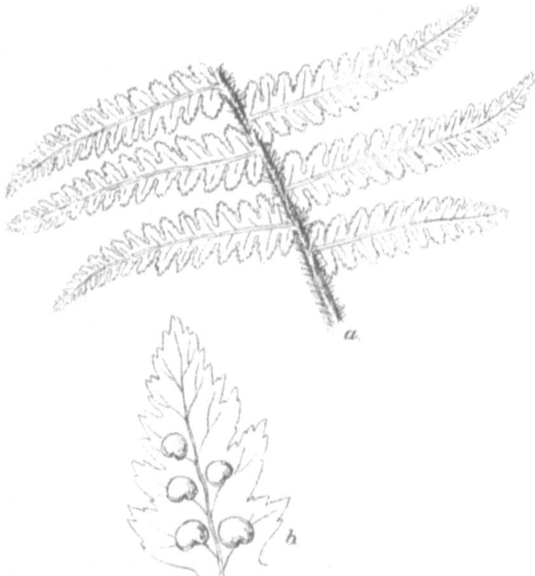

Fig. 2.
Aspidium filix mas.
a mittlerer Teil eines Wedels, halbe Größe. b Fieder vergr.

14. A. Thelypteris (L.) Sw. Blattstiel so lang als die Blattspreite, ohne Spreuschuppen. Blätter länglich-lanzettlich, kaum verschmälert, auf der Unterseite später kahl, gefiedert mit lineal-lanzettlichen, fiederteiligen Fiedern. — Zerstreut in sumpfigen Wäldern, Torfmooren in der Ebene. Fr. 7—9.

Gattung Cystopteris Bernh.

Fruchthäufchen rundlich mit eiförmigem gewölbten, am Grunde des Fruchthäufchens angehefteten, später zurückgeschlagenen, sehr zarten Schleier, auf dem Rücken eines Nerven.

15. C. fragilis (L.) Bernh. Blätter länglich bis länglich-lanzettlich, doppelt gefiedert mit eilänglichen spitzen Fiedern, deren unterstes Paar kürzer als die folgenden ist. Fiederchen länglich, stumpf, fiederförmig eingeschnitten mit gekerbt-gezähnten, am Grunde keilförmig verschmälerten Abschnitten. — Zerstreut, an schattigen Orten, Baumwurzeln. Fr. 7. 8.

Fig. 3.
Cystopteris fragilis.
a Fieder. b fertiler Fiederabschnitt.

16. C. sudetica A. Br. & Milde. Der vorigen ähnlich, aber das unterste Fiederpaar länger als die folgenden; erstes unteres Fiederchen viel kleiner als die folgenden. — Selten, nur in den Sudeten.

17. C. montana Link. Von der vorigen dadurch verschieden, daß das erste untere Fiederchen länger als die folgenden ist. — Nur in Bayern und im Schwäb. Jura, Alpen.

Gattung Asplenium L., Streifenfarn.

Fruchthäufchen meist länglich-lineal zwischen Mittelrippe und Rand mit einseitig (auf der Außenseite des Häufchens) angeheftetem Schleier. Blattstiel mit 1—2 Gefäßbündeln.

A) Spreuschuppen hell, weich, dünnwandig, biegsam (Athyrium).

18. A. Filix femina (L.) Bernhard. Blätter zart, länglich, doppelt gefiedert mit länglichen bis lineal-lanzettlichen Fiedern und schmal länglichen fiederspaltigen Fiederchen. Fruchthäufchen länglich oder hufeisenförmig, Schleier bleibend. — Häufig in schattigen Wäldern.

19. A. alpestre Mett. Blätter doppelt gefiedert, länglich, mit breit lanzettlichen Fiedern und länglichen Fiederchen; Abschnitte eiförmig länglich, gesägt. Fruchthäufchen fast rund mit kleinem früh vergänglichen Schleier. — Zerstreut an schattigen Gebirgshängen.

B) Spreuschuppen starr, gegittert, dunkel (Asplenium).

a) Blätter kurz gestielt, lineal, einfach gefiedert.

20. A. Trichomanes L. Blattstiel und Spindel steif,

Fig. 4.
Asplenium Trichomanes.

hornartig, elastisch, rotbraun bis schwarzbraun, beiderseits schmal häutig geflügelt. Blätter überwinternd, Fiedern einzeln von der Spindel abfallend. — Verbreitet an Mauern, Felsritzen, auf Baumwurzeln. Fr. 7—9.

21. A. adulterinum Milde. Der vorigen Art ähnlich, aber mit rotbraunem, im obersten Viertel grünem, ungeflügeltem Blattstiel. — Nur auf Serpentin. Schlesien, Böhmen, Bayern.

22. A. viride Huds. Blattstiel nur unten rotbraun, oben wie die Spindel grün, nicht geflügelt, Blätter nicht überwinternd, Fiedern mit der Spindel abwelkend. — Zerstreut im Gebirge in Felsritzen. Fr. 7—9.

Fig. 5.
a Asplenium germanicum. b Asplenium germanicum fertiler Abschnitt. c Asplenium septentrionale fertiler Abschnitt.

b) Blätter lang gestielt, meist mehrfach gefiedert oder in 2—4 lineal-keilförmige Abschnitte geteilt.

1. Blätter in 2—4 lineal-keilförmige Abschnitte geteilt.

23. A. septentrionale (L.) Hoffm. Blattstiel mehrmals länger als das Blatt, am Grunde braun. Abschnitte lang gestielt. Schleier groß, ganzrandig. — Häufig an Felsen und Mauern. 7—9.

2. Blätter 2—4fach gegliedert.

a) Blattstiel mit einem Gefäßbündel.

24. A. germanicum Weis. Blätter einfach gefiedert, hellgrün, im Umriß lanzettlich, kahl; Fiedern entfernt verkehrt eikeilförmig. Schleier lineal, ganzrandig. —

Felsen und alte Mauern, ziemlich verbreitet (vielleicht Bastard). 7—9.

25. A. Ruta muraria L. Mauerraute. Blätter dunkelgrün, dreieckig-eiförmig bis eiförmig-länglich, 2—3 fach gegefiedert, Fiederchen und oberste Fiedern verkehrt eiförmig-rhombisch stumpf abgerundet und vorn eingeschnitten gekerbt. Fruchthäufchen die ganze Unterseite bedeckend. Schleier schmal, gefurcht. — Zerstreut, stellenweise häufig an Felsen, alten Mauern. Fr. 7—11.

26. A. fissum Kit. Stiel dreikantig. Blätter 3—4 fach gefiedert, eiförmig-länglich bis länglich-lanzettlich, Fiederchen keilförmig, 2—3 spaltig. Schleier anfangs ganzrandig, später unregelmäßig gekerbt. Nur Bayrische Alpen. Fr. 7. 8.

β) Blattstiel mit 2 Gefäßbündeln.

27. A. Adiantum nigrum L. Stiel glänzend schwarzbraun, ebenso Unterseite der Spindel. Blätter derb, überwinternd, dreieckig-eiförmig bis eiförmig-lanzettlich mit vorgezogener Spitze, am Grunde 2—3 fach gefiedert mit unten eiförmig-lanzettlichen Fiedern und vorn eingeschnitten gezähnten Fiederchen. Schleier breit, ganzrandig. — Die var. Serpentini Tausch hat krautartige, nicht überwinternde Blätter. — Zerstreut an steinigen, schattigen Gebirgslehnen; var. Serpentini nur auf Serpentin.

28. A. lanceolatum Huds. Blätter breit lanzettlich, am Grunde kaum verschmälert, lang zugespitzt, 2—3 fach gefiedert; Fiedern lanzettlich, Fiederchen eiförmig mit verkehrt-eiförmigen, scharfgesägten Zipfeln. — Nur Vogesen bei Bitsch. Fr. 7—9.

29. A. fontanum Bernhardi. Blätter schmal lanzettlich, am Grunde stark verschmälert, doppelt gefiedert mit länglich-eiförmigen Fiedern und eckig-gezähnten Fiederchen. — Selten und nur in Westdeutschland, an feuchten felsigen Orten.

Gattung Scolopendrium Sm., Hirschzunge.

30. Sc. vulgare Sym. Blätter gestielt, breit lineal-zungenförmig, ganzrandig, zugespitzt mit herzförmigem Grunde. Fruchthäufchen lineal, schräg gegen die Mittelrippe verlaufend, Stiel mit Spreuschuppen besetzt. — Mittel- und Süddeutschland, zerstreut an schattigen Orten in Gebirgswäldern. Fr. 7—9.

Fig. 6. Scolopendrium vulgare.

Gattung Blechnum L., Rippenfarn.

31. Bl. Spicant (L.) With. Unfruchtbare Blätter überwinternd, kurzgestielt, lineal-lanzettlich, kammförmig-fiederteilig mit breitlinealen, ganzrandigen, aufwärts gebogenen Abschnitten. Fruchtbare Blätter, länger, im Herbst absterbend, langgestielt mit entfernten, schmal linealen, unterseits vollständig von den Fruchthäufchen überzogenen Abschnitten. Schleier randständig, nach innen offen. — Zerstreut in schattigen Wäldern.

Gattung Pteridium Gleditsch, Adlerfarn.

32. Pt. aquilinum (L.) Kuhn. Unsere größte Farnart, bis mannshohe Wedel treibend. Blätter im Umriß eckig, 3fach gefiedert, Fiederchen länglich bis lineal-lanzettlich, stumpf, ganzrandig mit zurückgerolltem Rande, der die Fruchthäufchen, die in eine randständige Linie zusammenfließen, bedeckt, Schleier anfangs vorhanden. — Häufig in Wäldern. Fr. 7. 8.

Gattung Cryptogramme R. Br. Rollfarn.

33. Cr. crispa R. Br. Blätter im Umriß eiförmig, dreifach gefiedert, fruchtbare mit linealen ganzrandigen, unfruchtbare mit verkehrt eiförmig-länglichen, eingeschnittenen Fiederchen. Blattrand die schleierlosen, den Rand umziehenden Fruchthäufchen bedeckend. — Selten, im Gebirge, in Felsritzen und Steingeröll. Fr. 8. 9.

Gattung Struthiopteris Willd., Straußenfarn.

34. Str. germanica Willd. Fruchtbare und unfruchtbare Blätter verschieden; letztere kurzgestielt, gefiedert, länglich, plötzlich zugespitzt mit lanzettlichen zugespitzten fiederspaltigen Fiedern, deren Abschnitte länglich, stumpf, fast ganzrandig sind. Fertile Blätter kürzer, dick, starr, lineal-lanzettlich mit linealen fast stielrund zusammengerollten Fiedern. Fruchthäufchen mit hinfälligem Schleier. — Zerstreut an steinigen schattigen Bächen.

Fig. 7. Pteridium aquilinum. Fertiles Fiederchen.

Familie Osmundaceae, Königsfarne.

Fruchtbare Blätter von den unfruchtbaren völlig verschieden, eine Rispe bildend. Sporenbehälter zahlreich, gestielt.

Gattung Osmunda Tourn., Königsfarn.

35. O. regalis L. Unfruchtbare Blätter doppelt gefiedert. Fiederchen sitzend bis kurz gestielt, länglich, stumpflich, vorn feingesägt, oberste Fiedern fertiler Blätter mit ährenförmig geordneten Sporenbehältern. — Zerstreut auf torfigem oder sumpfigem Boden. Fr. Juni.

Familie Ophioglossaceae, Natterzungengewächse.

Blätter in der Jugend nicht eingerollt. Sporenbehälter in Ähren oder Rispen, die den fertilen Abschnitt des meist einzigen Blattes bilden.

Gattung Ophioglossum L., Natterzunge.

36. O. vulgatum L. Stengel fast stets einblätterig. Steriler Blattabschnitt eiförmig; ganzrandig, fertiler eine anständige Ähre aus 20—40 Paar Sporenbehältern bestehend. Sporenbehältern 2klappig aufspringend. — Zerstreut auf Wiesen, lichten Wäldern. Fr. 6—8.

Fig. 8.
a) Pflanze b) Sporenbehälter, Ophioglossum vulgatum.

Gattung Botrychium Sw., Mondraute.

Sporenbehälter auf der Unterseite der schmalen, rispig geordneten Abschnitte des fertilen Blatteiles.

1. Pflanze mehr oder weniger deutlich behaart.

37. B. virginianum Sw. Blattgrund scheidenförmig. Unfruchtbarer Blatteil sitzend, im Umriß breit dreieckigeiförmig, 2—4fach fiederteilig mit eiförmigen, stumpfen, fiederschnittigen, spitzzähnigen Abschnitten. Pflanze spärlich behaart. — In lichten Wäldern, Grasplätzen, selten. Fr. 5. 6.

38. B. Matricariae (Schr.) Spr. Blattgrund geschlossen, nicht scheidenförmig. Unfruchtbarer Blatteil langgestielt, sich dicht über dem Grunde von dem fertilen trennend, 3zählig-doppelt gefiedert. Fiederchen gekerbt. Pflanze schwach behaart.

2. Pflanze kahl.

39. B. Lunaria (L.) Sw. Unfruchtbarer Blatteil ungestielt, sich in der Mitte des gemeinsamen Stieles von dem fertilen trennend, im Umriß länglich, einfach gefiedert mit meist ganzrandigen halbmondförmigen, am Grunde breit keilförmigen Fiedern. — Wiesen, lichte trockene Waldstellen. Fr. 6—8.

40. B. simplex Hitchcock. Unfruchtbarer Blatteil gestielt, sich dicht über dem Grunde von dem fertilen trennend, im Umriß rundlich bis verkehrt eiförmig, ungeteilt oder dreizählig oder fiederspaltig. — Sehr selten, grasige Stellen Fr. 5. 6.

41. B. rutaceum Willd. Unfruchtbarer Blatteil, ungestielt, meist dicht unter der Rispe sitzend, im Umriß eiförmig bis eiförmig-länglich, doppelt fiederteilig mit länglichen stumpfen fiederspaltigen oder fiederteiligen Abschnitten. — Zerstreut auf trockenen, grasigen Stellen. Fr. 6. 7.

Fig. 9.
Botrychium Lunaria.

Familie Salviniaceae.

Makro- und Mikrosporenbehälter in gesonderten rundlichen kapselartigen Hüllen. Blätter je 3, davon das untere in lange, wurzelähnliche Fasern aufgelöst. Pflanzen einjährig, schwimmend.

Gattung Salvinia Micheli.

42. S. natans (L.) All. Schwimmendes Wasserfarn mit 2 Reihen kurzgestielter eiförmiger schwimmender Blätter und einer Reihe untergetauchter wurzelähnlich zerfaserter Wasserblätter. — Zerstreut in stehenden Gewässern der Ebene. Fr. 8. 9.

Familie Marsiliaceae.

Makro- und Mikro-Sporangienbehälter in derselben, klappig aufspringenden Hülle. Pflanzen ausdauernd mit im Schlamm kriechendem Wurzelstock.

Gattung Marsilia L.

43. M. quadrifoliata L. Stengel fadenförmig, kriechend, Blätter langgestielt, vierzählig (vierkleeartig). Sporenhüllen am Grunde der Blätter, bohnenartig. — Sehr zerstreut und selten in stehenden Gewässern. Fr. 9. 10.

Gattung Pilularia Vaill.

44. P. globulifera L. Stengel fadenförmig, kriechend. Blätter zweizeilig, fadenförmig, grasartig. Sporenhüllen am Grunde der Blätter, kugelig, kurzgestielt. — Sümpfe, Teiche, Wiesengräben, selten und sehr zerstreut. Fr. 8. 9.

II. Klasse Equisetales, Schachtelhalme.

Familie Equisetaceae.

Gattung Equisetum, Schachtelhalm.

Stengel im Verhältnis zu den Blättern groß, einfach oder verzweigt, hohl. Blätter klein, in vielzähligen Quirlen, am Grunde zu einer Scheide verwachsen. Fruchtstand eine endständige Ähre aus dichtgedrängten quirligen schildförmigen Schuppenblättern, die auf ihrer Unterseite je 4—7 Sporenbehälter tragen. Sporen gleichartig.

A. Fruchtbare Stengel den unfruchtbaren unähnlich.

I. Fruchtbare Stengel vor den unfruchtbaren erscheinend und nach der Sporenreife bald absterbend.

45. E. arvense. L. Ackerschachtelhalm. Fruchttragende Stengel schmutzig rötlich mit walzenförmigen, trockenhäutigen aufgeblasenen Blättern, einfach. Unfruchtbare Stengel, ästig rauh, 9—12 riefig, Scheiden grün mit 12—18 deieckig-lanzettlichen, schwärzlichen, weiß be-

Fig. 10.
Equisetum arvense.
a. Teil eines Laubsprosses. b. oberer Teil eines fertilen Sprosses.

randeten Zähnen. Äste nicht weiter verzweigt, meist vierkantig. — Sehr häufig auf Äckern. Fr. 3. 4. Unfruchtbare Stengel im Sommer erscheinend.

46. E. Telmateja Ehrb. Größte Art. Fruchtbare Stengel, weißlich, dick, mit sehr dicken Ähren, Scheiden bauchig bräunlich mit 20—30 pfriemförmigen, dunkelbraunen Zähnen. Unfruchtbare Stengel 12—20 riefig, bis 1,50 m hoch, glatt, weiß, reich ästig, Scheiden kurz, walzenförmig mit 30 und mehr borstenförmigen braunen Zähnen. — Zerstreut in schattigen, feuchten Wäldern. Fr. 4.

II. Fruchtbare Stengel fast gleichzeitig mit den unfruchtbaren erscheinend, anfangs astlos, bleich, nach der Sporenreife Äste treibend.

47. E. silvaticum L. Waldschachtelhalm. Fruchtbarer Stengel anfangs astlos mit walzenförmig-glockigen, großen, unten grünen, oben braunen und trockenhäutigen, mit 3—6 aus je 3—4 verwachsenen Zähnen bestehenden Abschnitten. Unfruchtbare Stengel ziemlich schlaff, 10—14 riefig mit zahlreichen, dünn bogenförmig überhängenden, verzweigten Ästen; Scheiden mit lanzettlichen, fein zugespitzten Zähnen. — Häufig in Wäldern und Gebüschen. Fr. 5.

48. E. pratense Ehrh. Fruchtbare Stengel anfangs bräunlich mit locker anliegenden, oben trichterförmig erweiterten, bläulich-grünen, schwarzbraun und weiß quergestreiften 10—20 zähnigen Scheiden. Zähne bräunlich, breit, lanzettlich, teilweise verwachsen. Unfruchtbare Stengel mit meist unverzweigten Ästen, graugrün. — Zerstreut, Laubwälder, Wiesen, in der Ebene. Fr. 4.

B. Fruchtbare und unfruchtbare Stengel gleich.

I. Stengel einjährig, weich, grasgrün mit stumpfen Ähren.

49. E. palustre L. Sumpfschachtelhalm. Stengel 9—12 kantig mit stark vortretenden Riefen, meist ästig; Scheiden walzig-glockenförmig, 6—10 zähnig, Zähne lanzettlich, mit Stielfurche breit weiß berandet. Äste stumpf, meist 5 kantig. — Verbreitet auf sumpfigen Wiesen und Äckern. Fr. 5. 6.

50. E. limosum L. Stengel glatt mit meist 18 kaum vortretenden Riefen gestreift. Scheiden anliegend, grün 15—20 zähnig mit 3 eckig pfriemförmigen schwarzen, schmal weißberandeten Zähnen. Äste 4—8 kantig. — Häufig in Sümpfen, sumpfigen Teichen. Fr. 5—7.

51. E. litorale Kühlewein (Bastard zwischen E. arvense und E. limosum). Stengel meist ästig, 7—16 riefig. Blätter oben glockenförmig erweitert, die mittleren trichterförmig, die unteren anliegend, 7—16 zähnig. Zähne lanzettlich-pfriemförmig mit schmalem, weißem Rande. Ähre klein, langgestielt — Selten, an sandigen, feuchten Ufern. Fr. 6. 7.

II. Stengel 1—2 jährig, sehr hart, rauh, graugrün bis bräunlich, Ähren zugespitzt.

52. E. ramosissimum Desf. Stengel graugrün, langästig mit 8—15 abgerundet-gewölbten Riefen. Scheiden verkehrt kegelförmig, grün mit eiförmigen, meist weißrandigen Zähnen. Äste einfach, 6—8 kantig. — Selten, an sandigen Flußufern. Fr. 5—7.

53. E. hiemale L. Stengel einfach, graugrün mit 10—20 spitz zweikantigen Riefen, walzenförmigen, unten schwarz gesäumten Scheiden und leicht abfallenden, lineal-pfriemförmigen Zähnen. — Feuchte Wälder der Ebene, sehr zerstreut. Fr. 5—9.

54. E. variegatum Schleich. Stengel dünn, am Grunde ästig, sonst einfach mit 6—8 Riefen. Scheiden locker, meist mit schwarzem Ring; Zähne 3 eckig, bleibend, schwarz, weißrandig, vierrippig. Selten, an sandigen Orten, Flußufern. Fr. 5—8.

55. E. trachyodon A. Br. Stengel einfach, 8—18 rippig, mit anliegenden Scheiden und 7—14 bleibenden, rauhen gefurchten Zähnen, meist schwarz. — Nur am Rhein. Fr. 5—7.

III. Klasse Lycopodiales, Bärlappe.

Blätter meist klein, fruchtbare oft in einer Ähre vereinigt. Sporangien einzeln in der Blattachsel oder am Grunde auf der Blattoberseite.

Familie Lycopodiaceae, Bärlappgewächse.

Gattung Lycopodium L., Bärlapp.

Stengel gabelig verzweigt. Blätter klein lanzettlich ohne Ligula. Sporen gleichartig.

A. Sporenbehälter nicht in ährenförmigen Ständen in den Achseln der mittleren Stengelblätter.

56. L. Selago L. Stengel aufsteigend bis aufrecht mit gleichhohen Ästen. Blätter 8reihig, lineal-lanzettlich, spitz, ganzrandig oder feingezähnelt. — Schattige Wälder, zerstreut. Fr. 9. 10.

B. Sporenbehälter in ährenförmigen Ständen.

1. Ähren sitzend, einzeln.

57. L. annotinum L. Stengel kriechend, lang, vieläſtig. Blätter 5reihig, sparrig-abstehend, lineal-lanzettlich, entfernt scharfgesägt. Deckblätter herzförmig. — Zerstreut, schattige Bergwälder. Fr. 7. 8.

58. L. alpinum L. Stengel kriechend mit büscheligen, gabelig geteilten Ästen. Blätter 4reihig, angedrückt, ganzrandig. Deckblätter herz-eiförmig. — Im Hochgebirge auf grasigen Kämmen. Fr. 8. 9.

59. L. inundatum L. Stengel kriechend, kurz, angedrückt wurzelnd, mit 1—3 Ästen. Blätter 5reihig, sparrig-abstehend, lineal-pfriemförmig, stumpflich, ganzrandig, Rand häutig. Deckblätter den Laubblättern gleich. — Zerstreut in feuchten, sandigen Ausstichen, auch auf Torf.

2. Ähren gestielt, zu 2—6.

60. L. clavatum L. Stengel kriechend mit aufsteigenden verzweigten Ästen. Blätter vielreihig, aufwärts gekrümmt, lineal, ganzrandig in ein feines Vorstenhaar endigend.

Fig. 11.
Lycopodium clavatum.

Ähren meist zu 2 auf einem Stiel. (Sporen liefern Bärlappsamen, Semen Lycopodii.) — Verbreitet in trockenen, moosigen Wäldern. Fr. 7—9.

61. L. complanatum L. Stengel kriechend mit verzweigten, flach fächerförmig ausgebreiteten, aufsteigenden bis aufrechten Ästen. Blätter lanzettlich, schuppenförmig, spitz, ganzrandig, 4—8 reihig, herablaufend. Ähren zu 2—6. — Zerstreut in trockenen Wäldern, namentlich im Gebirge. Fr. 8. 9.

Familie Selaginellaceae.

Gattung Selaginella Spring.

Stengel fadenförmig, ästig mit endständigen Fruchtähren. Untere fertile Blätter mit Makrosporangien (mit meist 4 Makrosporen), obere mit Mikrosporangien (mit zahlreichen Mikrosporen).

62. S. selaginoides (L.) Link. Stengel kriechend mit aufsteigenden Ästen. Blätter spiralig gestellt, gleichartig, allseitig abstehend, eilanzettlich, entfernt wimperzähnig. Ähre endständig. — Selten im Hochgebirge, an grasigen und felsigen Abhängen. Fr. 7. 8.

Fig. 12.
Selaginella selaginoides.

63. S. helvetica (L.) Link. Stengel kriechend mit niederliegenden Ästen. Blätter vierreihig, ungleichartig; die der beiden seitlichen Reihen rechtwinklig abstehend, eilänglich, die der mittleren Reihen viel kleiner, aufrecht-anliegend, eiförmig, alle ganzrandig. Ähre auf seitlichen, locker beblätterten Ästen. — Alpen, Sudeten.

Familie Isoetaceae.

Gattung Isoetes L., Brachsenkraut.

Stamm knollenförmig. Blätter pfriemförmig, am Grunde verbreitert. Sporenbehälter auf der Oberseite des Blattgrundes eingesenkt; Makrosporangien mit wenigen, außen höckerigen oder warzigen Makrosporen, Mikrosporangien mit zahlreichen Mikrosporen.

64. I. lacustris L. Blätter steif, dunkelgrün, pfriemlich, lineal-pfriemenförmig, innen querfächerig. Makrosporen mit niedrigen, leistenartig verlängerten, gebogenen Höckern. — Im Grunde von Seen, zerstreut. Fr. 7. 8.

65. I. echinospora Durien. Der vorigen ähnlich, aber mit schlaffen freudiggrünen Blättern. Makrosporen dicht mit stachelartigen, feinen, zerbrechlichen Wärzchen besetzt. — Selten, am Grunde von Seen. Fr. 7—9.

Gymnospermae, Nacktsamige Pflanzen.

Pflanzen in Stamm, Blatt und Wurzel gegliedert, ohne Generationswechsel. Samenanlagen frei auf der Oberfläche des Fruchtblattes, nicht in einen Fruchtknoten eingeschlossen. Befruchtung der weiblichen im Embryosack eingeschlossenen Eizelle durch die bis an die Samenanlage heranwachsenden Keimschläuche der Pollenkörner.

IV. Klasse Coniferae, Nadelhölzer.

Familie Taxaceae.

Blüten nicht in Zapfen. Samen das Fruchtblatt überragend, steinfruchtartig.

Gattung Taxus L., Eibe.

66. T. baccata L. Eibe. Strauch oder niedriger Baum. Blätter lineal, spitz, zweizeilig, oben dunkel, unten mattgrün,

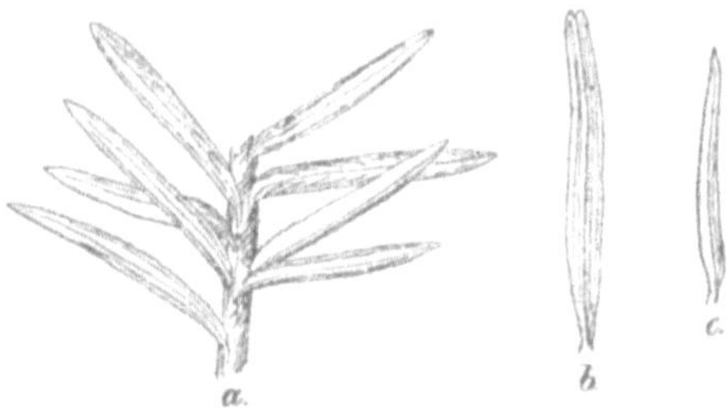

Fig. 13.
a Nadeln von Taxus baccata.
b Nadel der Edeltanne.
c Nadel der Fichte oder Rottanne.

nicht gestreift. Blüten zweihäufig, blattwinkelständig. Samen mit dickem, scharlachrotem Mantel. — Zerstreut in schattigen Wäldern. Blütezeit 3—4.

Familie Pinaceae.

Blüten in Zapfen oder Zäpfchen. Samen von den schuppigen Fruchtblättern überragt.

Gattung Juniperus L., Wacholder.

Sträucher oder niedrige Bäume. Fruchtschuppen fleischig, miteinander verwachsend, eine beerenartige Frucht bildend.

67. J. communis L. Gemeiner Wacholder. Aufrechter Strauch oder niedriger Baum mit abstehenden Ästen. Blätter abstehend, zu 3, lineal-pfriemförmig, stechend spitz. Frucht blau, beerenartig. — Häufig auf sterilem Boden in Nadelwäldern, Heiden. — Var. nana Willd. Bildet niederliegende Sträucher mit niedergebogenen Ästen und gekrümmten Nadeln, im Hochgebirge. — Bl. 4—5.

68. J. Sabina L. Sadebaum. Strauch mit niederliegendem Stamm und niederliegenden bis aufsteigenden Ästen. Blätter 4reihig, dachziegelig anliegend, rautenförmig, stumpf, an älteren Ästen auch spitz, mit länglicher Öldrüse auf dem Rücken. Frucht beerenartig, blau. — Alpen. In Gärten kultiviert. Giftig! Bl. 4—5.

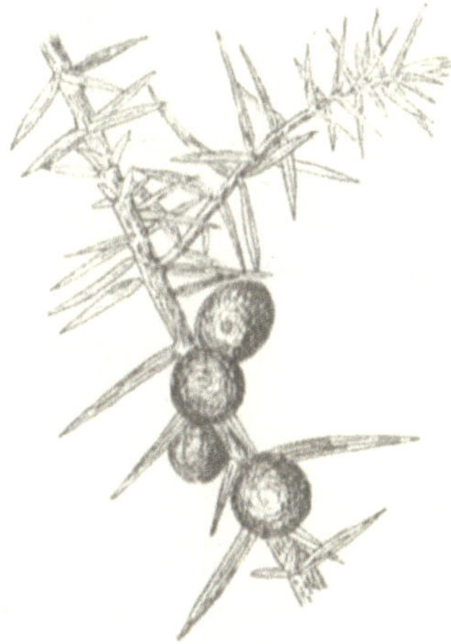

Fig. 14. Juniperus communis mit reifen Früchten.

Gattung Pinus L., Kiefer.

Bäume mit langen nadelartigen Blättern. Männliche Blüten zahlreich, ährenförmig zusammengedrängt. Fruchtschuppen holzig und an der Spitze verdickt. Samen mit abfallenden Flügeln.

A. Nadeln zu 2 zusammenstehend.

69. P. silvestris L. Kiefer, Föhre, Forle. Winterknospen ohne Harz. Nadeln lauchgrün, 3—5 cm lang. Zapfen glanzlos, Stiel so lang als der Zapfen. — Einer der wichtigsten Waldbäume. Bl. 5.

70. P. montana Miller. Krummholz, Knieholz, Latsche. Winterknospen mit Harz. Nadeln mehr grasgrün,

2—6 cm lang. Zapfen glänzend. Stiel halb so lang als der Zapfen. — Im Hochgebirge verbreitet, oft buschige Bestände bildend. Bl. 6. 7.

71. P. Laricio Poir. Schwarzkiefer. Rinde schwärzlich. Nadeln schwarzgrün, 9—10 cm lang. Zapfen glänzend. — Im Südosten heimisch, als Waldbaum in Österreich angebaut.

Fig. 15.
a Nadeln von **Pinus silvestris**,
b von **P. Cembra**,
c von **P. Strobus**.

B. Nadeln zu 3—5 zusammenstehend.

72. P. Cembra L. Zirbelkiefer, Arve. Junge Zweige mit rostgelbem Filz. Nadeln zu 3—5 mit rauhem Rand. Zapfen aufrecht oder seitwärts stehend, nach der Samenreife zerfallend. — Alpen, sonst kultiviert. Bl. 6. 7.

73. P. Strobus L. Weymouthskiefer. Junge Zweige kahl, Rinde glatt. Blätter dünn, lang, zu 5. Zapfen hängend. — Nordamerika, bei uns kultiviert. Bl. 5. 6.

Gattung Abies L., Tanne.

74. A. alba Miller. Weißtanne, Edeltanne. Blätter einzeln, flach lineal, mit ausgerandeter Spitze, unterseits mit 2 weißlichen Längsstreifen, an den Seitenzweigen flach 2 seitig ausgebreitet, Rinde grau. Zapfen aufrecht. — Verbreiteter Waldbaum. Bl. Mai.

Gattung Picea Dietrich, Fichte.

75. P. excelsa Link. Fichte, Rot- oder Schwarztanne. Blätter einzeln, zusammengedrückt-vierkantig, stachelspitzig dunkelgrün, ohne weißliche Längsstreifen auf der Unterseite. Rinde rötlichbraun. Zapfen hängend. — Verbreiteter Waldbaum. Bl. 5.

Gattung Larix Miller, Lärche.

76. L. Decidua Miller. Lärche. Blätter büschelig an Kurztrieben, weich, im Herbst abfallend, lineal. — Alpen, Sudeten, sonst vielfach, auch als Waldbaum angepflanzt. Bl. 4. 5.

Angiospermae, Bedecktsamige Pflanzen.

Samenanlagen in Fruchtknoten eingeschlossen.

I. Klasse Monocotyleae, Einkeimblättrige.

Samen mit einem Keimblatt keimend. Gefäßbündel im Stamme regellos zerstreut.

Familie Typhaceae, Liesche.

Gattung Typha L., Schilf.

Blüten nackt, männliche und weibliche an derselben Achse übereinanderstehend Scheinähren. Staubblätter 3, meist etwas verwachsen. Frucht nußartig mit bleibendem Griffel.

1. **Blätter meist länger als der Blütenschaft.**

77. T. latifolia L. Liechkolben, Schilf. Blätter breit-lineal (1—2 cm) mit langen Scheiden, ziemlich flach. Weibliche Ähre dicht unter der männlichen, dick, walzenförmig, ohne Deckblätter. Narben länglich-spatelförmig. Kolben braunschwarz. — Häufig an stehendem Wasser, Flußufern. Bl. 7. 8.

78. T. Shuttleworthii Koch & Sonder. Männliche Ähre viel kürzer als die weibliche. Narben zungenförmig-lanzettlich. — Selten, Baden, Württemberg, Bayern. Bl. 7. 8.

79. T. angustifolia L. Blätter schmal, lineal. Männliche und weibliche Ähren durch einen Zwischenraum getrennt, weibliche Blüten mit Deckblatt. Narben lineal-lanzettlich. Kolben dünn, braun. — Weniger häufig als T. latifolia, aber an gleichen Orten.

2. **Blätter viel kürzer als der Blütenschaft.**

80. T. minima Funk. Klein, Blätter lanzettlich, an unfruchtbaren Büschen schmal-lineal. Männliche und weibliche Ähren durch einen kurzen Zwischenraum getrennt. — Am Rhein und in Bayern, an Flüssen. Bl. 5. 6.

Familie Sparganiaceae.

Gattung Sparganium Tourn., Igelkolben.

Blüten mit 3blättrigem zarten Perigon; männliche und weibliche auf verschiedenen Achsen zu köpfchenartigen Blütenständen geordnet. Frucht steinfruchtartig, Narbe abfallend.

A) Blütenstand verästelt.

81. Sp. ramosum Huds. Blätter lineal-schwertförmig, am Grunde 3kantig mit vertieften Seitenflächen. Blütenstand ästig. Narben lineal, lang-fadenförmig. Häufig in Gräben und am Rande von Teichen. Bl. 7. 8.

B) Blütenstand nicht verästelt.

a) Narben lang und fadenförmig.

82. Sp. simplex Huds. Blätter lineal, am Grunde 3kantig mit flachen Seiten mit, weiter Scheide, darüber deutlich verschmälert, nach oben zu verbreitert. Narben lineal. Früchte gestielt, langgeschnäbelt. — An gleichen Orten wie vorige. Bl. 6—9.

83. Sp. affine Schnizlein. Blütenstengel meist flutend, flutende Blätter nicht dreikantig-kielig, sondern auf dem Rücken abgerundet, mit sehr langer fadenförmiger Spitze. Stengelblätter mit weiten Scheiden, flach. — Seltener, in Seen. Bl. 6—7.

84. Sp. diversifolium Gräbner. Stengel flutend oder schlaff aufrecht mit schmalen, fast gleich breit bleibenden und plötzlich in die kurze, stumpfliche Spitze verschmälerten Blättern; die untersten flach, nicht gekielt, die obersten am Grunde scharf kielig, oben flach. — Nord- und Nordostdeutschland.

b) Narben eiförmig bis kugelig.

85. Sp. minimum Fries. Aufrecht oder flutend, schlaff mit linealen Blättern. Blütenköpfe in den Achseln von Hochblättern. Früchte sitzend, — Zerstreut, Teichränder, Sümpfe. Bl. 7. 8.

Familie Potamogetonaceae.

Blüten zwei- oder eingeschlechtig, regelmäßig mit 1, 2 oder 4 aus sitzenden Staubbeuteln bestehenden Staubblättern.

Fruchtblätter 1—4 mit je einer hängenden Samenanlage. Frucht nuß- oder steinfruchtartig. Embryo gekrümmt.

Gattung Potamogeton L., Laichkraut.

Blüten zwitterig, in Ähren. Staubblätter 4 mit sitzenden Staubbeuteln und blattartigem Anhängsel. Frucht steinfruchtartig. 4.

A. Blätter abwechselnd.

I. Blätter ungleichartig, die schwimmenden von den untergetauchten verschieden.

1. Blütenständige Blätter sämtlich lederartig, schwimmend.

86. P. natans L. Stengel einfach mit sämtlich langgestielten Blättern; schwimmende breiter, rundlich bis länglich-elliptisch mit schwach herzförmigem Grunde. Blattstiel auf der Oberseite schwach rinnig. Ährenstiel gleichdick. Früchte am Rücken stumpf gekielt, wenig zusammengedrückt. — Häufig in stehenden und langsam fließenden Gewässern. Bl. 7. 8.

87. P. polygonifolius Pourret. Untergetauchte Blätter lanzettlich, obere schwimmende eiförmig mit schwach herzförmigem Grunde. Ährenstiel gleichdick, Blattstiel oberseits flach. — Sümpfe, Torfbrüche, in Norddeutschland.

88. P. fluitans Roth. Untergetauchte Blätter lang lanzettlich, schwimmende eiförmig bis länglich lanzettlich, am Grunde verschmälert bis abgerundet; ältere Blattstiele unter- und oberseits gewölbt. Ährenstiele an der Spitze verdickt. Früchtchen am Rücken scharf gekielt. — Zerstreut, in Flüssen.

2. Blütenständige Blätter den Stengelblättern ähnlicher, nur die letzten (zuweilen fehlenden) schwimmend. Untergetauchte Blätter häutig durchscheinend.

89. P. alpinus Balbis. Stengel ästig mit sitzenden untergetauchten länglich lanzettlichen stumpflichen, am Rande glatten Blättern, schwimmende lederartig, lanzettlich-spatelförmig, in den kurzen Stiel verschmälert. Früchtchen linsenförmig zusammengedrückt mit scharf gekieltem Rücken. — Zerstreut in stehenden und fließenden Gewässern. Bl. 7. 8.

90. P. coloratus Vahl. Stengel ästig mit sämtlich gestielten häutigen, durchscheinenden, glattrandigen Blättern; untergetauchte lanzettlich, schwimmende herz-eiförmig. Ährenstiel dünn, schlank. Früchtchen zusammengedrückt, am Rücken stumpf gekielt. Pflanze oft rötlich. — Selten, in stehenden Gewässern. Bl. 7. 8.

91. P. gramineus L. Untergetauchte Blätter häutig durchscheinend, lanzettlich, sitzend, mit rauh gezähneltem Rande, obere kurzgestielt, breit-lanzettlich; schwimmende lanzettlich-eiförmig, langgestielt, lederartig. Früchtchen zusammengedrückt, am Rande stumpf gekielt. — Zerstreut in fließenden oder stehenden Gewässern. Bl. 7. 8.

92. P. nitens Weber. Untergetauchte Blätter häutig, durchscheinend, lanzettlich, halbstengelumfassend mit abgerundetem Grunde; schwimmende länglich, lanzettlich, lederartig. Früchtchen zusammengedrückt, am Rande gekielt. Pflanze trocken stark glänzend. — Selten, in stehenden und fließenden Gewässern. Bl. 6—8.

II. Blätter gleichartig.

1. Blätter lanzettlich bis eiförmig-rundlich.

a) Stengel stielrund, Früchte nicht verwachsen.

93. P. lucens L. Blätter gestielt, oval bis lanzettlich, stachelspitzig, glänzend mit feingesägtem Rande. Ährenstiel oben verdickt. Früchte rundlich zusammengedrückt, am Rücken stumpf gekielt. — Verbreitet in stehenden und langsam fließenden Gewässern. Bl. 7. 8.

Fig 16.
Potamogeton lucens.

94. **P. praelongus** Wulfen. Stengel geknickt-gebogen. Blätter verlängert länglich, stumpf, an der Spitze mützenförmig zusammengezogen, glattrandig. Früchte zusammengedrückt mit flügelig gekieltem Rücken. Ährenstiel lang, gleichdick. — Norddeutschland in fließenden und stehenden Gewässern, selten. Bl. 7. 8.

95. **P. perfoliatus** L. Blätter sitzend, eiförmig mit tiefherzförmigem, stengelumfassendem Grunde und gezähneltrauhem Rande. Ährenstiel gleichdick. Früchte zusammengedrückt, stumpfrückig. — Verbreitet. Bl. 7. 8.

b) **Stengel zusammengedrückt 4 kantig, Früchte unten verwachsen.**

96. **P. crispus** L. Blätter lineal-länglich, stumpflich kurz zugespitzt, sitzend, wellig-kraus mit kleingesägtem Rande. Ährenstiel gleichdick. Früchte geschnäbelt mit stumpfgekieltem Rücken. — Häufig, in stehenden oder langsam fließenden Gewässern. Bl. 6—8.

2. Blätter schmal lineal, grasartig.

a) Blätter nicht scheidig.

α) Stengel zusammengedrückt.

* Stengel blattartig flach, geflügelt.

97. **P. compressus** L. Stengel ästig. Blätter stumpf, kurz stachelspitzig mit 3—5 stärkeren Nerven. Ährenstiel 2—4 mal so lang als die 6—15 blütige Ähre. Früchte halbkreisförmig. — Zerstreut in stehenden und langsam fließenden Gewässern. Bl. 7. 8.

98. **P. acutifolius** Link. Blätter allmählich lang haarspitzig, mit 1, 3 oder 5 stärkeren Nerven. Ährenstiel so lang als die 4—6 blütige Ähre. Früchtchen fast kreisrund. — Zerstreut in stehenden Gewässern. Bl. 7. 8.

** Stengel nicht geflügelt, mit abgerundeten Kanten.

99. P. obtusifolius M. & K. Stengel sehr ästig. Blätter stumpf, kurz stachelspitzig, 3—5 nervig. Ährenstiel so lang als die dichte 6—10 blütige Ähre. Früchtchen stumpf gekielt mit kurzem, geradem Spitzchen. — Zerstreut. Bl. 7. 8.

100. P. mucronatus Schrad. Blätter schmal lineal, kurz stachelspitzig, 3—5 nervig mit zweispitziger Blattscheide. Ährenstiel oben verdickt, bis 3 mal so lang als die lockerblütige Ähre. Früchtchen klein, stumpf gekielt, schief-elliptisch. — Zerstreut in Gräben und Teichen. Bl. 7. 8.

101. P. rutilus Wolfg. Stengel nur am Grunde ästig. Blätter schmal, zugespitzt, nicht stachelspitzig, 3 nervig. Ährenstiel kaum verdickt, länger als die 6—8 blütige Ähre. Früchte nicht gekielt, klein, länglich-ellipsoidisch. — Zerstreut. Bl. 7.

β) Stengel fast stielrund.

102. P. pusillus L. Blätter schmal, spitz, kurz stachelspitzig, 3 nervig mit ausgefranster Blattscheide. Ährenstiel 2—3 mal so lang als die 2—3 blütige Ähre. Früchtchen schwach gekielt, schief-ellipsoidisch. — Verbreitet. Bl. 7. 8.

103. P. trichoides Cham. & Schl. Stengel ästig. Blätter sehr schmal, 1 nervig, ohne Queradern, borstlich-lineal. Ährenstiel 2—3 mal so lang als die kurze, wenigblütige Ähre. Meist nur eine halbkreisrunde, große, am Rücken gekielte Frucht in jeder Blüte. — Zerstreut in Gräben und Teichen. Bl. 6. 7.

b) Blätter am Grunde mit langer, den Stengel eng umschließender Scheide.

104. P. pectinatus L. Blätter spitz, nur scheinbar 1 nervig, schmal lineal, queraderig. Ähren locker, langgestielt. Früchtchen schief verkehrt eiförmig, mit kurzem Griffel. Verbreitet. Bl. 7.

105. P. filiformis Pers. Blätter fast haarförmig, sehr spitz, 1 nervig. Ähre locker, langgestielt. Früchtchen kleiner als bei voriger, grün, runzelig mit breiter, sitzender Narbe. — Seen Norddeutschlands. Bl. 7. 8.

B. Blätter gegenständig.

106. P. densus L. Blätter eirund bis lanzettlich-lineal, häutig, stengelumfassend, an der Spitze gezähnelt, nicht stachelspitzig. Ähren kurzgestielt, wenigblütig. Früchte rundlich, scharfgekielt, zackig geschnäbelt. — Zerstreut, gern in seichten, fließenden Gewässern. Bl. 7. 8.

Gattung Ruppia L.

107. R. maritima L. Stengel fadenförmig mit wurzelnden Knoten, oben flutend. Blätter fadenförmig mit häutiger Scheide. Blüten in endständigen 2 blütigen Ähren, zwitterig, ohne Blütenhülle mit je 2 Staubblättern, deren Hälften getrennt mit länglichen Staubbeuteln und 4 Fruchtblättern mit sitzender Narbe. Früchte langgestielt, eiförmig, Steinfrucht. — Var. rostellata Koch mit kürzerem Fruchtstiel und fast kugeligen Staubbeutelhälften. — In Salzwasser, im Meer und salzhaltigen Binnenseen. Bl. 8—10.

Gattung Zannichellia (Mich.) L.

108. Z. palustris L. Unten wurzelnde, oberwärts flutende Wasserpflanzen mit fadenförmigem Stengel und abwechselnden fadenförmig-linealen, 2—4 cm langen Blättern. Blüten einhäusig; männliche mit 1 Staubblatt, weibliche mit meist 4 Karpellen und glockenförmiger Hülle. — Zerstreut in stehenden und fließenden Gewässern. Bl. 5—9.

Gattung Zostéra L., Seegras.

Untergetaucht wachsende Meerpflanzen mit kriechendem Stengel und schmalen grasartigen bis meterlangen flutenden Blättern. Blüten einhäusig, männliche nur mit 1 Staubblatt, weibliche nur mit 1 Fruchtblatt, in flachen Kolben.

109. Z. marina L. Gemeines Seegras. Blätter 3—9nervig, an der Spitze abgerundet. Stiel der Blütenscheide nach oben verbreitert, Kolben ohne Fortsätze. — Schlammige Stellen der Nord- und Ostseeküsten. Bl. 6—8.

110. Z. nana Roth. Blätter 1nervig, an der Spitze ausgerandet, fast fadenförmig. Stiel der Blütenscheide gleichbreit. Kolben am Rande mit klammerartigen Fortsätzen. — Wie vorige Art.

Familie Najadaceae, Nixkräuter.

Gattung Najas, Nixkraut.

Einjährige, am Grunde von Gewässern wachsende, starre, brüchige Pflanzen, mit linealen, stachelspitzigen, dicken, am Grunde scheidigen Blättern. Männliche Blüten mit einem fast sitzenden Staubblatt und 2 Blütenhüllen; äußere röhrigbauchig, am Rande gezähnt, innere mit dem Staubblatt verwachsen. Weibliche Blüte nackt, mit 1 Fruchtblatt.

111. N. major Allioni. Stengel steif, gabelspaltig, stachelzähnig. Blätter ausgeschweift stachelzähnig, steif, dick, lineal mit ganzrandigen Blattscheiden. 2häusig. — Zerstreut in stehenden Gewässern. Bl. 8. 9.

Fig. 17. Najas major.

112. N. minor Allioni. Der vorigen sehr ähnlich, aber kleiner mit schmäleren, ausgeschweift gezähnten, zurückgekrümmten Blättern und fein wimperig gezahnten Blattscheiden. 1häusig. — Seltener, aber an gleichen Standorten, wie vorige.

113. N. flexilis Rostk. & Schm.

Von der vorigen verschieden durch biegsamen Stengel und sehr fein stachelspitzig gezähnelte, abstehende Blätter. Nur in wenigen Seen Nordostdeutschlands.

Familie Juncaginaceae, Blumenbinsen.

Binsenartige Pflanzen mit ährigem oder traubigem Blütenstand. Blüten regelmäßig, zwitterig. Blütenhülle in zwei 3zähligen Kreisen, zart, kelchartig, Staubblätter 6, Fruchtblätter 3—6, ganz oder teilweise verwachsen, sich zur Reifezeit trennend. Frucht kapselartig.

Gattung Scheuchzeria L.

114. Sch. palustris L. Blütenhülle bleibend, tief, 6 teilig. Fruchtblätter nur am Grunde verwachsen. Blüten in wenigblütiger Traube, grünlich. Blätter lineal-rinnenförmig, scheidig. — In Torfsümpfen, zerstreut. Bl. 6. 7.

Gattung Triglochin L., Dreizack.

Blütenhülle abfallend, getrenntblättrig. Fruchtblätter vollständig verwachsen.

115. Tr. maritima L. Blätter grundständig, schmal-lineal, Traube dicht. Früchte eiförmig, unter der Narbe eingeschnürt, in 6 Kapseln zerfallend. — Zerstreut auf sumpfigen, besonders salzhaltigen Wiesen, am Meeresstrande. Bl. 6. 7.

116. Tr. palustris L. Der vorigen ähnlich, aber mit lockerblütiger Traube, linealen, nach dem Grunde zu verschmälerten, in 3 Kapseln zerfallenden Früchten. — Verbreitet auf sumpfigen Wiesen. Bl. 6—8.

Familie Alismaceae, Froschlöffelgewächse.

Wasser- und Sumpfpflanzen mit meist grundständiger Blattrosette und meist zwitterigen, regelmäßigen, dreigliedrigen Blüten; Blütenhülle in Kelch und Krone gegliedert. Blütenstände reichblütig, traubig, doldig, rispig.

Gattung Alisma L., Froschlöffel.

Blüten zwittertig. Staubblätter 6—12. Mit meist zahlreichen, auf einem scheibenförmigen Fruchtboden im Kreise oder kopfförmig angeordneten Früchtchen.

A. Blätter sämtlich grundständig, Früchtchen kreisförmig oder doch nicht köpfchenförmig angeordnet.

117. A. Plantago L. Blätter langgestielt, eiförmig-lanzettlich mit abgerundetem oder herzförmigem Grunde. Griffel

Fig. 18.
Alisma Plantago.
a mittlerer Teil des Blütenstandes. b Blatt.

aufrecht, länger als der Fruchtknoten. Früchtchen auf dem Rücken gefurcht, stumpflich, in der Mitte nicht zusammenstoßend, gegen 30. — Verbreitet und häufig in stehenden Gewässern. Bl. 6—10.

118. A. arcuatum Michalet. Blätter lanzettlich bis länglich-elliptisch, am Grunde nicht herzförmig. Griffel hakig, kürzer als der Fruchtknoten. Früchtchen gegen 30, meist 3 rippig, in der Mitte zusammenstoßend. — Wie vorige, aber seltener. Bl. 7—9.

119. A. parnassifolium Bassi. Blätter tief herzförmig, stumpf, sämtlich grundständig, 7—9 nervig. Früchtchen verkehrt-eiförmig, einwärts stachelspitzig, vielrillig, nur 8—15. — Selten und sehr zerstreut, namentlich in Seen. Bl. 7.8.

B. Blätter auch am Blütenschaft. Früchtchen kopfig gehäuft.

120. A. ranunculoides L. Zarte, schwimmende oder auf Schlamm kriechende Pflanze. Grundständige Blätter, ungestielt, lineal, stengelständige sehr lang gestielt, eiförmig-lanzettlich, 3 nervig. Früchtchen zahlreich, 4—5 kantig, spitz. — Sümpfe, schlammige Orte, selten. Bl. 6—8.

121. A. natans L. Grundständige Blätter, rinnenförmig, schwimmende eiförmig bis länglich-lanzettlich, seltener ebenfalls rinnenförmig, zugespitzt, 3 nervig. Blüten zu 1—5 an den Gelenken des Stengels. Früchtchen zu 6—12, zugespitzt, geschnäbelt, 12—15 rillig. — Zerstreut in stehenden Gewässern. Bl. 6—8.

Gattung Sagittaria, Pfeilkraut.

122. S. sagittifolia L. Blätter sämtlich grundständig, langgestielt, tief pfeilförmig, untergetauchte lanzettlich. Blüten einhäusig, in dreiblütigen Quirlen, die unteren weiblich, die oberen männlich. Fruchtblätter und Staubblätter zahlreich. Früchtchen schief-eiförmig, geschnäbelt. — Verbreitet am Rande von Gewässern. Bl. 6—7.

Familie Butomaceae, Wasserlieschgewächse.

Gattung Butomus L., Schwanenblume.

123. B. umbellatus L. Blumenliesch, Schwanenblume. Blätter grundständig, schilfartig, lang, lineal-dreiseitig. Blütenstand aus Schraubeln zusammengesetzte Dolde. Blütenhülle aus 2 blumenblattartigen 3gliedrigen Quirlen, rosarot. Staubblätter 9, Fruchtblätter 6. — Verbreitet am Rande von Gewässern. Bl. 6—8.

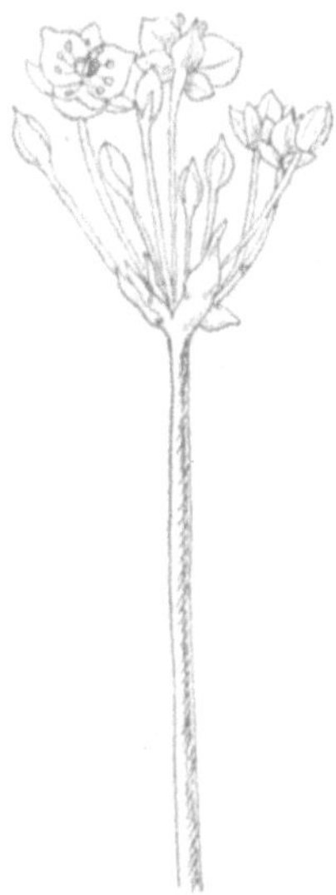

Fig. 19.
Butomus umbellatus
Blütenstand.

Familie Hydrocharitaceae, Froschbißgewächse.

Blüten meist getrenntgeschlechtig, regelmäßig 3gliederig, mit oberständiger, in Kelch und Krone gegliederter Hülle.

Gattung Hydrilla Rich.

124. H. verticillata Caspari. Untergetauchte Wasserpflanze mit verzweigtem Stengel, ohne Ausläufer. Blätter lineal-lanzettlich, fein stachelspitzig gezähnelt, in 3 bis mehrzähligen Quirlen. Blüten einhäusig, männliche mit 3 Staubblättern, weibliche mit 3 Fruchtblättern. — Nur in Norddeutschland, in Seen und toten Flußarmen; sehr selten blühend.

Gattung Elodea Richard u. Michaux, Wasserpest.

125. E. canadensis Richard & Michaux. Untergetauchte Wasserpfllanzen mit verzweigtem Stengel, ohne Ausläufer. Blätter quirlig meist zu 3 (bis 4), länglich bis lineal-lanzettlich,

1nervig, spitz, kleingesägt. Blüten zwitterig oder einhäutig (bei uns nur weibliche Pflanzen). Weibliche Blüte mit röhriger, oben 3—6teiliger Hülle. — Aus Nordamerika stammend, in Europa verwildert und namentlich in Kanälen als lästiges, die Schiffahrt und Fischerei hinderndes Wasserunkraut gefürchtet, neuerdings sich jedoch nicht mehr sehr ausbreitend.

Gattung Stratiotes L., Krebsschere.

126. Str. aloides L. Wassersäge, Krebsschere. Ausdauernder, am Grunde festgewachsener Wurzelstock mit kurzen Ausläufern und grundständiger Blattrosette. Blätter starr, schwertförmig, sehr scharf stachelig gesägt. Blüten zweihäutig. Hülle in Kelch und Krone gegliedert. Staubblätter 12—15. Fruchtblätter 6 (und mehr). — Zerstreut in stehenden Gewässern, stellenweise ganz fehlend. Bl. 5—8.

Fig. 20.
Hydrocharis Morsus ranae.

Gattung Hydrocharis L., Froschbiß.

127. H. Morsus ranae L. Schwimmende Wasserpflanze mit langgestielten, rundlich-herzförmigen Blättern mit großen häutigen Nebenblättern. Blüten 2häusig, mit in Kelch und Krone gegliederter Hülle. Staubblätter 3—12, Fruchtblätter 6. — Zerstreut in stehenden Gewässern und Gräben. Bl. 7. 8.

Familie Gramineae, Gräser.

Stengel stielrund, hohl, durch Knoten gegliedert. Blätter mit geteilter Blattscheide stengelumfassend, lang lineal, meist sehr schmal. Blüten meist zwitterig und zwar meist zweierlei:

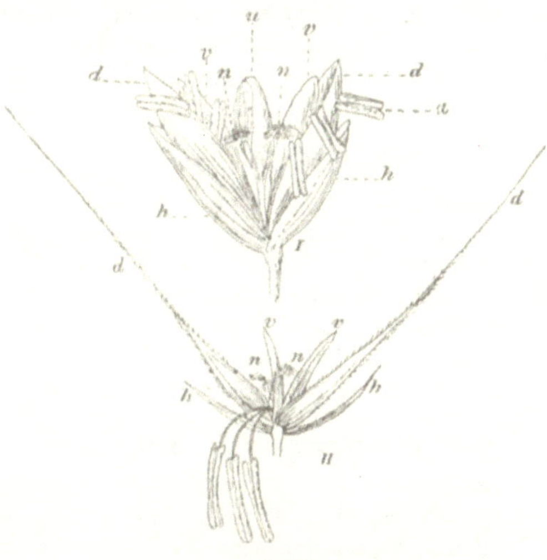

Fig. 21.
I Ährchen von Melica nutans.
II Ährchen von Secale cereale.
h Hüllspelzen, d Deckspelze, v Vorspelze, n Narbe, a Staubblätter, u unfruchtbares Ährchen.

vollständige, fruchtbare und unvollständige, mehr oder weniger verkümmerte und meist unfruchtbare, in kleinen Ähren angeordnet, die wieder zu Ähren oder Rispen zusammentreten. Bei letzteren stehen die Ährchen auf verzweigten Ästen, bei ersteren einzelnen an der Hauptspindel. Am Grunde des Ährchens stehen gewöhnlich mehrere Blättchen, Spelzen, in deren Achsel keine Blüten stehen, die Hüllspelzen. Die Blüten selbst stehen in der Achsel eines einkieligen, oft begrannten Hochblattes, Deckspelze, welchem ein meist zweikieliges Vorblatt, Vorspelze, gegenübersteht. Über dem Deckblatt steht meist noch ein bis zum Grunde zweispaltiges, saftreiches, sehr kleines Schüppchen (Lodicula), zuweilen sind noch mehr solcher Schüppchen vorhanden. Blütenhülle fehlt. Staubbläter 3, selten nur 2. Fruchtknoten 1 mit meist 2 federigen oder pinselförmigen Narben. Frucht trockenhäutig, Samen mit der Fruchthülle verwachsen.

Gattung Zea L., Mais.

128. Z. Mays. Mais, türkischer Weizen, Welschkorn, Pferdezahn. Männliche und weibliche Blüten in getrennten Blütenständen, weibliche in 1blütigen Ährchen an fleischiger Achse, mit sehr langen Griffeln, mit 3 Hüllblättern, unterstes die andern einschließend, sehr groß, derb. Pflanze sehr groß mit breiten, lanzettlichen, langen Blättern. Aus Amerika eingeführt und als Futterpflanze kultiviert.

Gattung Andropogon L., Bartgras.

129. A. Ischaemon L. Ährchen in 2—10 fingerförmig zusammengestellten Ähren, hellviolett. Spindel lang rauhhaarig. Blüten 7, sitzend und dann zweigeschlechtig. Deckspelze der Zwitterblüte in eine lange, gekniete Granne auslaufend. Gestielte Blüten männlich oder geschlechtslos. — Sehr zerstreut an trockenen Plätzen, Wegrändern. Bl. 7—9.

Gattung Panicum L., Hirse.

Alle Verzweigungen des Blütenstandes tragen Ährchen, die außen flach, innen gewölbt sind, 1 blütig mit 3 Hüllspelzen, deren letzte meist steril, zuweilen 1 männliche Blüte trägt. Griffel getrennt, lang.

A. Ährchen in einseitigen, fast fingerförmigen Ähren.

130. P. sanguinale L. Blut-Hirse. Stengel geknickt-aufsteigend, meist zu mehreren, ästig, kahl, Blätter und Scheiden rauhhaarig, erstere dunkelgrün. Ähren zu 4—10, aufrecht, Ährchen elliptisch-lanzettlich, dritte Hüllspelze 7 nervig, kahl, am Rande wollig-wimperig, doppelt so lang als die zweite. — Verbreitet in Gärten und Äckern. Bl. 7—10.

131. P. lineare Krocker. Stengel niederliegend, grasgrüne Blätter und Scheiden kahl bis auf 1 Büschel längerer Haare. Scheinähren zu 2—5, Ährchen elliptisch, kurzhaarig, dritte Hüllspelze 5 nervig, so lang als die zweite. — Auf leichtem Boden häufig. Bl. 7—10.

B. Blütenstand rispig.

132. P. Crus galli L. Stengel geknickt-aufrecht, wie die Scheiden glatt und kahl. Blätter breit, rauhrandig, dunkelgrün, kahl. Rispe aufrecht, gelappt, steifhaarig, dicht, mit kurzgestielten Ährchen. Unterstes Hüllblatt halb so lang als das zweite. — Häufig auf feuchten Äckern, Gräben, Sumpfrändern. Bl. 6—10.

133. P. miliaceum L. Hirse. Stengel aufrecht, am Grunde rauhhaarig. Blätter und Scheiden rauhhaarig. Ährchen lang gestielt in ausgebreiteten, zuletzt überhängenden Rispen. Hüllblätter mehrnervig, unterstes $^2/_3$ so lang als das zweite. — Aus Ostindien, bei uns angebaut, oft verwildert.

Gattung Setaria P. B., Borstenhirse.

Von voriger Gattung verschieden durch das Auslaufen einzelner Verzweigungen der ährenförmigen Rispe in rauhe, die Ährchen meist überragende Borsten. Drittes Hüllblatt meist mit männlicher Blüte.

A. Rispen einfach zusammengesetzt.

a) Deck- und Vorspelzen glatt, nur fein punktiert.

1. Borsten durch rückwärts gestellte Zähnchen rauh.

134. S. verticillata (L.) P. B. Grasgrün, mit aufsteigendem oder aufrechtem Stengel. Rispe am Grunde oft unterbrochen. Zweites Hüllblatt so lang als das dritte. Borsten wenig länger als die Ährchen. — Zerstreut auf Schuttplätzen, Gartenland. Bl. 6—10.

2. Borsten durch vorwärts gerichtete Härchen rauh.

135. S. ambigua Gussone. Der vorigen ähnlich. Rispe am Grunde unterbrochen. Spelzen der geschlechtslosen Blüten stark gewölbt. — Bebaute Orte, aus Italien stammend. Bl. 7. 8.

136. S. viridis (L.) P. B. Grasgrün, mit niederliegendem oder aufsteigendem, am Grunde ästigem Stengel. Rispe aufrecht, ährenförmig-walzig, dicht. Zweites Hüllblatt so lang als das dritte. — Bebaute Orte, Äcker, Brachen, häufig. Bl. 7. 8.

b) Deck- und Vorspelzen deutlich querrunzelig.

137. S. glauca (L.) P. B. Graugrün mit niederliegendem oder aufsteigendem, unter der Rispe kurzhaarigem Stengel. Rispe dicht. Borsten durch vorwärts gestellte Härchen rauh. — Häufig auf sandigen Feldern. Bl. 7—10.

B. Rispen doppelt zusammengesetzt.

138. S. italica (L.) P. B. Stengel aufrecht. Rispe gelappt und überhängend, doppelt zusammengesetzt, am Grunde etwas unterbrochen. Borsten durch vorwärts gerichtete Ährchen rauh. — Bisweilen angebaut, zuweilen verwildert. Bl. 7—10.

Gattung Phalaris L., Glanzgras.

Ährchen 1 blütig; die 2 unteren Hüllblätter gleichlang, die 2 oberen klein, schuppenförmig, ohne Blüten, Deckblätter viel breiter als das Vorblatt. Narben 2, fast sprengwedelartig.

139. P. arundinacea L. Stengel aufrecht, kahl, wie die steifen, graugrünen, breiten, rauhrandigen Blätter. Rispe länglich, gelappt, einseitswendig. Hüllblätter am Kiel nicht geflügelt. — An Gräben, Teichrändern usw. gemein. Bl. 6—10.

140. P. canariensis L. Kanarienhirse. Stengel geknickt-aufsteigend. Rispe eiförmig, ährenartig. Untere Hüllblätter flügelig-gekielt. — Stellenweise angebaut und verwildert. Bl. 6—9.

Gattung Anthoxanthum L., Ruchgras.

Ährchen 1 blütig. Untere Hüllblätter ungleich: erstes 1 nervig, zweites 3 nervig, doppelt so lang; die beiden oberen mit geknieter Granne am Rücken. Deckblätter rundlich. Staubblätter 2. Narbe 1.

141. A. odoratum L. Dicht rasenförmig mit zahlreichen Sprossen. Rispe ährenförmig, länglich, ziemlich dicht. Unfruchtbare Blüten kaum länger als die fruchtbaren. — Gemein auf Wiesen, mit starkem Geruch nach Kumarin. Bl. 5. 6.

142. A. aristatum Boiss. Rispe kurz, locker. Unfruchtbare Blüten fast doppelt so lang als die fruchtbaren. — Sandige Orte, stellenweise gemein. Bl. 5. 6.

Gattung Hierochloa Gml., Mariengras.

Die beiden unteren Hüllspelzen fast gleich; in den Achseln der beiden oberen je eine männliche Blüte mit je 3 Staubblättern, darüber noch eine Zwitterblüte mit 2 Staubblättern. Narben federförmig.

143. H. odorata Wahlenb. Pflanze mit ziemlich steifem, dicklichem Stengel, Ausläufer bildend. Ährchenstiele kahl. Männliche Blüte unter der Spitze mit kurzer, gerader Granne. — Selten, sumpfige Wiesen, Brüche. Bl. 4. 5.

144. H. australis (Schrad.) R. & S. Pflanze locker, rasenförmig mit zarterem, schlaffem Stengel. Ährchenstiele unter dem Ährchen bärtig. Deckblatt der oberen männlichen Blüte auf der Mitte des Rückens mit langer, geknieter Granne. — Meist selten in Wäldern, lichteren Büschen. Bl. 4. 5. Ebenfalls Kumarin enthaltend.

Gattung Alopecurus L., Fuchsschwanz.

Hüllspelzen am Grunde verwachsen, 2, länger als die Blüten. Ährchen 1 blütig; Deckblätter schlauchartig um die Blüten gerollt, auf dem Rücken begrannt. Narben fadenförmig.

a) Hüllspelzen bis zur Mitte verwachsen.

145. A. agrestis L. Halm aufrecht. Rispe ährenförmig-walzig, beiderseits verschmälert. Hüllspelzen zugespitzt, am Kiel schmal geflügelt, sehr kurz gewimpert. — Zerstreut, im Südwesten häufiger, Äcker. Bl. 6. 7.

146. A. utriculatus Pers. Oberste Blattscheide schlauchartig aufgeblasen. Rispe kurz, eiförmig. Hüllspelzen über der Mitte in eine plattgedrückte Spitze zusammengezogen. Halm aufstrebend. — Westlich vom Rhein, Wiesen. Bl. 5. 6.

b) Hüllspelzen nicht bis zur Mitte verwachsen.

1. **Hüllspelzen bis unterhalb der Mitte verwachsen, Halm aufrecht.**

147. A. pratensis L. Rispe ährenförmig. Hüllspelzen lanzettlich, spitz, auf dem Kiel zottig gewimpert, gerade bis zusammenneigend. Deckspelze über dem Grunde begrannt. — Gemein auf Wiesen. Bl. 5. 6.

148. A. arundinaceus Poir. Hüllspelzen lanzettlich, an der Spitze klaffend. Deckspelze über der Mitte begrannt. — Selten, gern auf salzhaltigen Wiesen. Bl. 5. 6.

2. Hüllspelzen nur am Grunde verwachsen, Halm aufstrebend.

149. A. geniculatus L. Halm knieförmig aufstrebend. Rispe ährenförmig, Ährchen eiförmig-länglich. Deckspelzen unterhalb der Mitte begrannt. — Auf feuchten Wiesen an Gräben, häufig. Bl. 5—8.

150. A. fulvus Smith. Dem vorigen nahestehend. Ährchen ellipsoidisch. Deckspelzen in der Mitte begrannt. Staubbeutel rotgelb. — Wie vor. Art.

Gattung Phleum L., Lieschgras.

Hülsenspelzen frei, nicht verwachsen, viel größer als die Blüte und diese einhüllend. Deckblätter stumpf, unbegrannt. Narben federförmig. Ährchen in ährenförmigen Rispen.

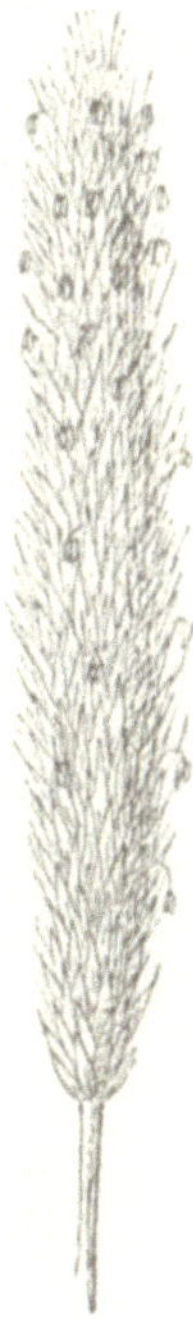

Fig. 22. Wiesenfuchsschwanz. **Alopecurus pratensis.**

A. Ährchen nur mit einer fruchtbaren Blüte.

151. Phl. pratense L. Timotheegras. Stengel aufrecht, 4—6 blättrig mit schmalen, rauhrandigen, hellgrünen Blättern. Rispe schmal, beim Biegen nicht lappig. Hüllblätter mit geradem, langborstigem Kiel, länglich, gestutzt, 3—4 mal länger als die Granne. — Auf Wiesen der Ebene gemein. Bl. 6. 7.

152. Phl. alpinum L. Stengel meist 3blättrig, oberste Blattscheide aufgeblasen. Rispe beim Biegen nicht lappig, eiförmig bis eiförmig-länglich. Hüllblätter so lang als die Granne, sonst wie vorige. — Im Gebirge auf Wiesen und Triften. Bl. 6—8.

B. Ährchen außer der fruchtbaren Blüte noch mit einer stielförmigen Verlängerung der Achse über die Blüte hinaus.

a) Hüllspelzen lineal oder länglich.

153. Phl. arenarium L. Rispe ährenförmig, länglich, nach dem Grunde verschmälert, beim Biegen lappig. Hüllspelzen lanzettlich kurzbegrannt. — Sandige Orte am Meer und am Rhein. Bl. 6. 7.

154. Boehmeri Wibel. Oberste Blattseite etwas bauchig. Rispe ährenförmig, walzig, beim Biegen lappig. Hüllspelzen länglich, schief abgestutzt, plötzlich in die kurze Granne zugespitzt. — Zerstreut an sonnigen Grasplätzen. Bl. 6. 7.

155. Phl. Milchelii Allioni. Rispe beim Biegen lappig, lang walzenförmig zugespitzt. Hüllspelzen lanzettlich, allmählig in eine kurze Granne zugespitzt. Mit unfruchtbaren Blätterbüscheln. — Alpenwiesen. 7. 8.

b) Hüllspelzen keilförmig.

156. Phl. asperum Villars. Rispe ährenförmig, walzig, beim Biegen lappig. Hüllspelzen keilförmig, abgestutzt, an der Spitze aufgeblasen, kantig, stachelspitzig. Ohne unfruchtbare Blätterbüschel. — Selten und sehr zerstreut in Äckern, Weinbergen. Bl. 5. 6.

Gattung Mibora Adanson.

157. M. minima Desv. Ährchen einblütig, abwechselnd-zweizeilig, fast einseitswendig, in einfacher linealer Ähre, rötlich bis violett. Hüllspelzen mit abgerundetem Rücken und gezähnelter Spitze. Deckspelzen gleich lang, stumpf, länger als die Blüte. Kleines Gras mit haardünnen, 6—8 cm hohen Halmen. — Sandfelder, selten, häufiger im Rheintal. Bl. 3. 4.

Gattung Cynodon Richard, Hundszahn.

158. C. Dactylon Pers. Wurzelstock mit kriechenden Ausläufern und aufstrebenden Halmen. Blätter graugrün, schmal, unterseits behaart. Ährchen in 2 einseitswendigen Reihen an 2—7 fingerförmig gestellten Ähren, meist einblütig mit stielartiger Verlängerung der Achse, zuweilen 2 blütig. Hüllspelzen fast gleichlang, gekielt, einnervig. Deckspelze kahnförmig, gekielt, dreirippig, grannenlos. — Sehr zerstreut, auf sandigem Boden. Bl. 7. 8.

Gattung Oryza L., Reis.

159. O. clandestina A. Br. Wilder Reis. Pflanze gelbgrün, ausläufertreibend mit unterwärts ästigem Stengel. Blätter und Scheiden sehr rauhrandig. Rispe ausgebreitet mit verzweigten Ästen. Ährchen 1 blütig. Hüllblätter verkümmert. Deckblätter kielartig gefaltet, grannenlos, am Rande und Kiel steif gewimpert. — Zerstreut an Teichrändern, Gräben. Bl. 7—10.

Gattung Agrostis L., Straußgras.

Hüllblätter 2, etwas ungleich, länger als die Blüten, grannenlos. Ährchenachsen am Grunde des Deckblattes mit sehr kurzen Haarbüscheln besetzt. Untere Hüllspelze länger als die obere. Ährchen 1 blütig, ohne Ansatz zu einer zweiten Blüte.

A. Blätter sämtlich flach. Vorspelze deutlich entwickelt.

160. A. vulgaris With. Pflanze mit kurzen Ausläufern und schmalen, unterseits fast glatten Blättern. Blatthäutchen sehr kurz abgestutzt, Rispe eiförmig, nach der Blüte ausgebreitet. — Gemein auf Wiesen Grasplätzen. Bl. 6. 7.

161. A. alba L. Blätter rauh, Blatthäutchen lang. Rispe fast kegelfömig mit abstehenden Ästen nach der Blüte eng zusammengezogen. — Häufig auf Wiesen, feuchten Grasplätzen. Bl. 6. 7.

B. Grundständige Blätter zusammengefaltet-borstlich. Deckspelze fehlend oder unscheinbar.

162. A. canina L. Stengel dünn, glatt, graugrünlich mit flachen Blättern und länglichen Blatthäutchen. Rispe gespreizt mit rauhen Ästen, nach der Blüte zusammengezogen. Deckspelze unter der Mitte des Rückens begrannt, an der Spitze fein gekerbt. — Feuchte moorige Wiesen und Wälder, verbreitet. Bl. 6—8.

163. A. alpina Scopoli. Rispe mit rauhen Ästen, auch nach dem Verblühen ausgebreitet. Deckspelze am Grunde begrannt, an der Spitze kurz zweiborstig. — Selten, felsige Abhänge der Alpen. Sudeten. Bl. 7. 8.

164. A. rupestris Allioni. Rispe mit glatten Ästen, auch nach dem Verblühen ausgebreitet. Deckspelze an der Spitze fein gekerbt mit unterhalb der Mitte auf dem Rücken vortretender Granne. — An steinigen Plätzen im Hochgebirge. Bl. 7. 8.

Gattung Apéra Adanson, Windhalm.

165. A. Spica venti P. B. Pflanze mit flachen, schmalen, rauhen Blättern. Blatthäutchen länglich. Rispe groß, nach dem Verblühen astweise zusammengezogen, mit rauhen Ästen. Unteres Hüllblatt kürzer als das obere. Deckspelze 5nervig, lang begrannt. Achse des Ährchens etwas über die Blüte verlängert. — Gemein auf Äckern, Sandplätzen. Bl. 6—8.

Gattung Calamagrostis Adans., Schilfgras.

Ährchenachse mit 2 deutlichen Haarbüscheln am Grunde des Deckblattes, die länger als die Deckspelzen breit sind. Sonst wie Agrostis.

A. Achse des Ährchens nicht stielartig über die Blüte verlängert.

a) Haare so lang oder länger als die Spelzen.

1. Granne endständig.

166. C. lanceolata Roth. Stengel oberwärts etwas rauh. Blatthäutchen verlängert, spitz. Rispe zur Blütezeit gleichmäßig ausgebreitet, locker, schlaff. Hüllspelzen schmal lanzettlich. Deckspelzen mit kurzer, die Ausrandung der Spelze kaum überragender Granne. — Zerstreut auf feuchten Wiesen, in Gebüschen. Bl. 7. 8.

167. C. litorea D. C. Hüllspelzen lineal-pfriemlich. Granne etwa halb so lang als die Spelze. — Selten, auf kiesigen Ufern, unbeständig. Bl. 7. 8.

2. Granne gerade, aus der Mitte des Rückens der Spelze tretend.

168. C. epigeios Roth. Stengel rauh, nebst den Blättern graugrün. Rispe straff aufrecht, geknäuelt-lappig, auch während der Blütezeit. — Gemein auf sandigem Boden. Bl. 7. 8.

169. C. Halleriana D. C. Pflanze mehr grasgrün. Rispe abstehend, während der Blütezeit ausgebreitet. Granne über dem Grunde der Deckspelze entspringend. — Zerstreut auf sandigen und torfigen Wiesen. Bl. 7. 8.

b) Haare etwa halb so lang als die Spelzen.

170. C. tenella Host. Rispe abstehend. Hüllspelzen spitz. Deckspelzen meist ohne Granne. — Steinige Plätze der Alpen, selten. Bl. 7. 8.

B) Achse des Ährchens stielartig über die Blüte verlängert.

a) Granne gerade.

171. C. neglecta Fries. Rispe schmal, sehr dicht. Hüllspelzen spitz. Haare mindestens halb so lang als die Spelzen. Granne gerade, kürzer als die Hüllspelzen. — Zerstreut auf feuchten Wiesen. Bl. 7. 8.

b) Granne gekniet.

172. C. varia Host. Rispe abstehend, Hüllspelzen zugespitzt. Haare halb so lang bis so lang als die Spelzen. Granne gekniet, die Hüllspelzen kaum überragend. — Sehr zerstreut in Bergwäldern. Bl. 7. 8.

173. C. arundinacea Roth. Der vorigen ähnlich, aber Haare nur $^1/_4$ so lang als die Spelzen, Granne die Hüllspelzen weit überragend. — In Wäldern verbreitet. Bl. 7. 8.

Gattung Amophila Host, Sandgras.

Von der vorigen Gattung dadurch verschieden, daß das untere Hüllblatt kürzer als das obere ist. Blätter borstenförmig eingerollt.

174. A. arenaria Link. Rispe ährenförmig, gedrungen. Hüllspelzen lineal-lanzettlich, spitz, Haare 3 mal kürzer als die Spelzen. Pflanze weißlich graugrün, dichtrasig. — An Meeresküsten und auf Flugsand. Bl. 7. 8.

Gattung Milium L., Flattergras.

175. M. effusum L. Hüllblätter 2, länger als die Blüte, eiförmig spitz, unbegrannt, 3 nervig. Staubbeutel kahl. Rispe groß, sehr locker ausgebreitet, Halm kahl, glänzend, Blätter lineal-lanzettlich. Deckspelzen unbegrannt. — Häufig in schattigen Wäldern. Bl. 5—7.

Gattung Stipa L., Pfriemengras.

Hüllblätter 2, grannenartig zugespitzt, kürzer als die Blüte, Deckblatt mit sehr langer, 2mal geknieter Granne. Staubbeutel an der Spitze bärtig.

Fig. 23.
Stipa pennata.

176. St. pennata L. Rispe wenigährig, aufrecht, am Grunde von der Blattscheide umschlossen. Grannen bis 30 cm lang, behaart. — Sehr zerstreut auf trockenen sandigen oder kalkhaltigen Hügeln. Bl. 5. 6.

177. St. capillata L. Rispe größer, reichähriger. Grannen bis 15 cm lang, fadenförmig, rauh, nicht behaart. — Sehr zerstreut auf sonnigen Hügeln. Bl. 7. 8.

Gattung Lasiagrostis Link, Rauchgras.

178. L. Calamagrostis Link. Dichtrasig. Blätter flach mit sehr kurzem Blatthäutchen. Rispe ausgebreitet, langästig. Ährchen einblütig. Blütchen kurz gestielt. Deckspelze auf dem Rücken lang behaart, begrannt, Granne 3mal so lang als die Blüte, gekniet. — Alpen, an steinigen Abhängen. Bl. 7. 8.

Gattung Phragmites Trinius, Rohr.

179. Phr. communis Trin. Grundachse weit kriechend verzweigt. Stengel und Blätter graugrün, letztere lanzettlich, lang zugespitzt. Rispe ausgebreitet, später zusammengezogen, Ährchen 3—7 blütig, unterste Blüten des Ährchens männlich, die übrigen zwitterig. Deckblatt unbegrannt, lang zugespitzt. — Ufer von Gewässern, saure Wiesen, gemein. Bl. 7—9.

Gattung Sesleria Scopoli, Kopfgras.

Ährchen mehrblütig. Hüllspelzen groß, fast die Blüte bedeckend, Deckspelze häutig-krautig mit 3—5 stachelspitzigen Borsten, deren mittelste grannenartig ist. Griffel kurz bis fehlend, Narben fadenförmig.

180. S. coerulea Arduino. Blätter lineal, plötzlich zugespitzt. Rispe eiförmig-länglich, Ährchen 2—3 blütig. Deckspelze mit 2—4 Borsten und einer kurzen Granne von halber Spelzenlänge. — Sehr zerstreut auf sonnigen, besonders kalkhaltigen Hügeln. Bl. 7. 8.

181. S. microcephala D.C. Untere Blätter stumpf. Deckspelze mit 5 grannenartigen Borsten, deren mittelste so lang oder länger als die Spelze ist. — Alpen, auf Felsgraten. Bl. 4. 5.

182. S. disticha Pers. Blätter borstlich. Ährchen 3—6 blütig. Deckspelze nur kurzborstig oder kurz stachelspitzig. — Alpenweiden. Bl. 6—8.

Gattung Koeleria Pers., Kammschmiele.

Ährchen von der Seite zusammengedrückt. Unteres Hüllblatt 1 nervig, kürzer als das obere 3 nervige. Deckblätter gekielt, grannenlos oder mit kurzer Granne. Ährchen 2—4 blütig.

183. K. cristata Pers. Kammgras. Pflanze grasgrün, dichtrasig, Blätter flach, untere gewimpert. Ährchen 2—4 blütig. Deckspelze zugespitzt, oft stachelspitzig, grannenlos. — Verbreitet auf trockenen Grasplätzen. Bl. 5—7.

184. K. glauca D.C. Blätter bläulichgrün, kahl. Deckspelze stumpflich, nicht begrannt. Sonst wie vor. — Zerstreut auf Sandplätzen. Bl. 5—6.

185. K. valesiaca Gaudin. Blätter z. T. zusammengerollt. Halm am Grunde knollig verdickt. Rispe gedrungen. — Sonnige Abhänge in den Schweizer Alpen.

186. K. hirsuta Gaudin. Deckspelze mit borstlicher kurzer Granne aus der zweispaltigen Spitze. Blätter rinnig, trocken zusammengerollt. — Selten, Hochalpen, Felsen und Triften. Bl. 7. 8.

Gattung Aira L., Schmiele.

Ährchen 2—3 blütig. Hüllblätter gekielt, fast gleich. Deckspelzen meist auf dem Rücken begrannt, abgestutzt, vierzähnig. Fruchtknoten kahl.

A. Granne kaum gebogen und gedreht.

187. A. caespitosa L. Dichtrasig. Blätter flach, oberseits sehr rauh. Rispe pyramidenförmig mit wagerecht abstehenden Ästen. Blütenstielchen rauh, obere lang, Hüllspelzen länglich. Deckblätter gestutzt mit fast gerader, kaum vorragender Granne. — Häufig auf feuchten Wiesen und Waldstellen. Bl. 6. 7.

188. A. Wibeliana Sonder. Pflanze mit Ausläufern. Blätter oberseits wenig rauh, Hüllspelzen lanzettlich, sonst der vor. ähnlich. — Selten, am Unterlauf der Elbe. Bl. 5 und wieder 8.

B. Granne gekniet und am Grunde gedreht.

189. A. flexuosa L. Blätter schmal, fast borstlich, rundlich-fadenförmig, nicht rinnig, mit kurzem, gestutztem Blatthäutchen. Rispe mit aufrecht-abstehenden, geschlängelten Ästen. Zweite Blüte viermal länger als ihr Stielchen. — Häufig in trockenen Wäldern, auf Hügeln. Bl. 6—8.

190. A. setacea Huds. Blätter flach oder zusammengefaltet mit länglich verschmälertem, spitzen Blatthäutchen. Zweite Blüte doppelt so lang als ihr Stielchen. — Sehr zerstreut, namentlich in Norddeutschland, an sumpfigen und torfigen Orten. Bl. 7. 8.

Gattung Weingärtneria Bernhardi, Silbergras.

191. W. canescens Bernh. Ährchen zweiblütig; Hüllblätter länger als die Blüten. Deckspelzen ungeteilt, zugespitzt, über dem Grunde mit einer gegliederten, behaarten, an der Spitze keulenförmig verdickten Granne. Rispe mit zusammengezogenen, während der Blüte ausgebreiteten Ästen. Pflanze graugrün, dicht rasenförmig. Blätter kurz borstenförmig. — Verbreitet an trockenen, sandigen Stellen. Bl. 7. 8.

Gattung Holcus L., Honiggras.

Ährchen meist 2 blütig, obere Blüte verkümmert oder männlich mit unter der Spitze begrannter Deckspelze. Hüllspelzen gekielt, untere spitz, 1 nervig, obere ausgerandet, 3 nervig.

192. H. lanatus L. Pflanze dichtrasig, graugrün, Blätter, Blattscheiden und Stengelknoten dicht, kurzhaarig. Granne der oberen Deckspelze einwärts gebogen, kürzer als das Ährchen. — Gemein auf Wiesen, Triften, Wegrändern. Bl. 6—8.

193. H. mollis L. Pflanze mit kriechender, Ausläufer treibender Grundachse. Stengel und Blätter kahl oder schwach behaart. Granne gekniet, das Ährchen überragend. — Lichte Wälder, Wegränder, nicht selten. Bl. 6—8.

Gattung Arrhenatherum P. B., Glatthafer.

194. A. elatius (L.) M. & K. Pflanze rasenförmig mit glattem glänzendem Stengel und flachen kahlen, rauhen Blättern. Rispe aufrecht, länglich. Ährchen 2 blütig. Hüllblätter kürzer als die Blüte, untere Blüte männlich, Deckblatt der unteren mit langer geknieter Granne auf dem Rücken, oberes meist grannenlos. Unteres Hüllblatt 1 nervig, oberes länger und breiter, 3 nervig. — Gemein, Wiesen, Wegrändern. Bl. 6—10.

Gattung Alvena Tourn., Hafer.

Ährchen 2 bis mehrblütig, alle Blüten zweigeschlechtig. Hüllblätter ziemlich gleich, gekielt. Deckblätter an der Spitze 2 spaltig oder 2 zähnig, meist begrannt. Fruchtknoten oberwärts behaart, Frucht spindelförmig, innen mit Längsfurche, von den Spelzen eingeschlossen.

A. Ährchen überhängend. Hüllspelzen 5—9 nervig.

a) Alle Deckspelzen eines Ährchens mit Grannen.

195. A. sativa L. Gemeiner Hafer. Rispe gleichmäßig ausgebreitet. Ährchen meist 2 blütig. Deckspelzen kahl, an der Spitze 2 spaltig und gezähnelt. — Angebaut. Bl. 6—8.

b) Deckspelzen aller fruchtbaren Blüten begrannt.

1. Früchte gleich bei der Reife abfallend.

196. A. fatua L. Windhafer. Rispe gleichmäßig ausgebreitet, Ährchen meist 3 blütig. Obere Hüllspelze 9 nervig. Deckspelzen an der Spitze ohne feine Grannen, bis zur

Fig. 24.
Avena fatua.

Mitte borstig behaart, auf dem Rücken begrannt. — Verbreitet unter Getreide. Bl. 7. 8.

2. **Früchte lange nach der Reife abfallend.**

197. A. nuda L. Rispe etwas einseitswendig, Ährchen 2—3blütig. Blüten über die Hüllspelzen vorragend. Deckspelzen kahl auf dem Rücken mit großer, geknieter Granne, an der Spitze 2spaltig-borstig. Körner unbeschalt, braun. — Vereinzelt angebaut. Bl. 7. 8.

198. A. brevis Roth. Rispe stark einseitswendig. Blütchen zu 2, so lang als die Hüllspelzen. Deckspelzen meist am Grannengrunde schwachbehaart, an der Spitze ohne feine Grannen. — In Nordwestdeutschland vereinzelt gebaut und verwildert. Bl. 6—8.

199. A. strigosa Schreb. Sandhafer. Rispe locker-einseitswendig. Deckspelzen auf dem Rücken mit langer geknieter, an der Spitze mit 2 kurzen Grannen. — Vereinzelt angebaut und verwildert. Bl. 7. 8.

B. Hüllspelzen 1—3nervig, Ährchen oft überhängend.

a) Fruchtknoten an der Spitze behaart.

I. Halme und Blattscheiden 2teilig.

200. A. planiglumis Schrad. Blätter kahl, am Rande rauh. Rispe zusammengezogen mit je 2—4 Ästen. Deckspelze mit starker, schwärzlich-brauner Granne. — Quellige Wiesen der Sudeten. Bl. 7. 8.

II. Halme und Blattscheiden stielrund.

1. **Blätter und Blattscheiden zottig behaart.**

201. A. pubescens Huds. Blätter flach, lineal. Deckspelze in der Mitte des Rückens begrannt, an der Spitze silberig-trockenhäutig. Untere Hüllspelze 1nervig, obere 3nervig. — Häufig auf Wiesen und Triften. Bl. 5. 6.

202. A. amethystina Clarion. Deckspelze $^1/_3$ über dem Grunde begrannt, von der Mitte bis zur Spitze silberig-trockenhäutig. Hüllspelzen 3nervig. — Selten Bayr. Alpen, Tirol. Wiesen. Bl. 7. 8.

2. **Blätter und Blattscheiden kahl.**

203. A. pratensis L. Blätter lineal, knorpelig berandet, oberseits und am Rande sehr rauh. Rispenäste einzeln oder zu 2, meist 1—2 Ährchen tragend. Ährchen 4—5blütig. — Trockene Wiesen und Abhänge, stellenweise fehlend. Bl. 5. 6.

204. A. versicolor Vill. Blätter lineal, fast glatt. Rispenäste meist nur mit 1 Ährchen, sonst der vorigen ähnlich. — Alpenwiesen verbreitet. Bl. 7. 8.

205. A. Parlatorei Woods. Blätter oberseits sehr rauh, steif, die grundständigen rinnig, borstlich. Untere und mittlere Rispenäste meist zu 3, die längeren mit 4—5 je 2—4blütigen Ährchen. — Alpenwiesen, selten. Bl. 7. 8.

b) **Fruchtknoten kahl.**

206. A. caryophyllea Web. Rispe ausgebreitet, 3gabelig. Ährchen so lang als ihre Stiele. — Verbreitet an sandigen Grasplätzen, Heiden. Bl. 6. 7.

207. A. praecox P. B. Rispe länglich, ährenförmig zusammengezogen. Ährchen länger als ihre Stiele. — Verbreitet an ähnlichen Orten wie vorige. Bl. 4. 5.

Gattung Trisetum Pers., Grannenhafer.

Der vorigen Gattung nahestehend. Hüllblätter ungleich. Deckblätter auf dem Rücken mit geknieter Granne. Fruchtknoten kahl. Frucht innen nicht gefurcht, nicht von den Spelzen eingeschlossen.

A) Hüllspelzen 7—9nervig.

208. T. tenue Roem. & Sch. Rispe gleichmäßig ausgebreitet. Deckblätter mit 2 Haarspitzen, auf dem Rücken, bei der unteren Blüte an der Spitze begrannt. — Selten und zerstreut, trockene Hügel. Bl. 9.

B) Hüllspelzen 1—3nervig.

209. T. distichophyllum P. B. Halme sehr ästig, am Grunde liegend und wurzelnd. Blätter blaugrün, flach, kurz, steif. Rispe ausgebreitet, längere Äste mit 3—4 meist 3blütigen Ährchen. Beide Hüllspelzen 3nervig. — Alpen, auf Geröll. Bl. 7. 8.

210. T. subspicatum P. B. Halme meist einfach. Rispe ährenförmig gedrungen. Obere Hüllspelze 3nervig, untere 1nervig. — Alpenwiesen. Bl. 7. 8.

211. T. flavescens P. B. Halme einfach, Blätter grasgrün. Rispe gleichmäßig ausgebreitet. Obere Hüllspelze 3nervig, untere 1nervig. — Verbreitet auf Wiesen und Grasplätzen. Bl. 6. 7.

Gattung Sieglingia Bernh., Dreizahn.

212. S. decumbens (L.) Bernh. Stengel niederliegend bis schief aufsteigend. Blätter starr, flach, graugrün, nebst den Scheiden langhaarig gewimpert. Rispe traubig, wenig ährig mit anliegenden Ästen. Ährchen 2—5blütig. Hüllblätter länger als die Blüten, das ganze Ährchen einschließend. Deckspelze an der Spitze dreizähnig, mittlerer Zahn stachelspitzig. Frucht länglich, vom Rücken zusammengedrückt, innen flach. — Häufig an Waldrändern und Wiesen. Bl. 6. 7.

Gattung Melica L., Perlgras.

Ährchen 2—3blütig, mit einer geschlechtslosen Blüte an der Spitze. Hüllspelzen kürzer als die Blüten. Deckblätter an der Spitze ungeteilt, stumpflich, unteres knorpelig, gewölbt. Narben ästig. Fruchtknoten kahl. Frucht innen gefurcht.

I. Deckspelze spitz, am Rande zottig gewimpert.

213. M. ciliata L. Blätter schmal lineal, zuletzt eingerollt, steif, graugrün, oberseits nebst den Scheiden etwas rauh. Rispe zusammengezogen, dicht ährenförmig. Untere Hüllspelze länglich-eiförmig, plötzlich zugespitzt, kürzer als die obere. — Zerstreut an sonnigen, steinigen Hügeln, felsigen Berglehnen. Bl. 5. 6.

II. Deckspelze stumpf, kahl.

214. M. nutans L. Wurzelstock kriechend mit kurzen Ausläufern. Blätter grasgrün, zerstreut behaart, nach oberwärts eingerollt, nebst den Scheiden rauh, mit sehr kurzem, gestutztem Blatthäutchen. Ährchen länglich, hängend, in lockerer, einseitswendiger Traube mit 2 ausgebildeten Blüten. Hüllspelzen purpurbraun mit grünen Nerven und weißem Rande. — Häufig in Laubwäldern. Bl. 5. 6.

215. M. picta Koch. Blätter flach mit längerem, gestutztem Blatthäutchen. Ährchen eiförmig. Hüllspelzen grün. Selten, in Mitteldeutschland. Bl. 5. 6.

216. M. uniflora Retz. Blatthäutchen kurz, zugespitzt. Rispe locker,

Fig. 25.
Melica nutans.

wenigährig mit nur 1 fruchtbaren Blüte. — Sehr zerstreut, in schattigen Wäldern. Bl. 5. 6.

Gattung Briza L., Zittergras.

217. Br. media L. Blätter schmal, rauh mit kurzem, gestutztem Blatthäutchen. Rispe aufrecht, locker mit fast wagerecht abstehenden Ästen. Ährchen mehrblütig, von der Seite zusammengedrückt, herzförmig-rundlich. Deckblätter gewölbt, sehr stumpf, grannenlos. Narben ungefärbt. — Häufig auf Wiesen, Triften. Bl. 5. 6.

Fig. 26.
Briza media.

Gattung Eragrostis Host, Liebesgras.

Ährchen vielblütig, von der Seite zusammengedrückt. Unteres Hüllblatt etwas kürzer als das obere. Deckspelzen zusammengedrückt-gekielt, 3nervig, allein abfallend. Frucht fast kugelig.

218. E. major Host. Blattscheiden rauhbärtig. Rispenäste einzeln oder zu zweien, Ährchen 15—20blütig, lineallänglich, Deckspelze mit stumpfer, leicht ausgerandeter, kurz stachelspitziger Spitze. — Selten und nur eingeschleppt auf sandigen Äckern, in Gärten. Bl. 7. 8.

219. E. minor Host. Der vorigen ähnlich, aber mit 8—10blütigen Ährchen und stumpfer, nicht stachelspitziger Deckspelze. — Zerstreut und unbeständig, meist mit anderem Samen verschleppt an sterilen Stellen, auf Brachen, Gemüsegärten. Bl. 8—10.

Gattung Sclerochloa P. B., Hartgras.

220. Sc. dura P. B. Ährchen 3—5blütig mit kurzen, dicken Blütenstielchen in einseitiger, aus einfachen Ährchen gebildeter Rispe. Hüllspelzen ungleich. Deckspelzen gekielt, abgestutzt bis ausgerandet. Spindel gliederweise abfallend. Griffel kurz, Narben federig. Blattscheiden am Rücken gekielt, Blatthäutchen kurz, zugespitzt. — Sehr zerstreut an Wegen, Triften. Bl. 5. 6.

Gattung Poa L., Rispengras.

Ährchen 2—8blütig, von der Seite zusammengedrückt, eiförmig oder elliptisch. Hüllblätter fast gleichartig, spitz. Deckblätter unbegrannt, gekielt. Vorspelze zweispaltig. Ährchenspindel gliederweise mit den Blüten abfallend. Frucht länglich. Griffel kurz, Narben federig.

A) Wurzel faserig, Pflanze rasenförmig, selten mit langen Ausläufern.

a) Unteres Hüllblatt 1nervig, oberes 3nervig; einjährig.

221. P. annua L. Stengel zu mehreren, aufsteigend. Blätter grasgrün, flach. Rispe meist einseitswendig mit abstehenden, zuletzt zurückgeschlagenen Ästen. Ährchen länglich-eiförmig. Deckspelzen stumpf, vorn breit hautrandig. — Gemein, fast das ganze Jahr blühend.

b) Pflanze ausdauernd.

I. Untere Rispenäste zu 1—2, Deckspelzen mit undeutlichen Nerven.

1. Stengel und Laubtriebe am Grunde zwiebelartig verdickt.

222. P. bulbosa L. Blätter graugrünlich, grundständige sehr schmal, stengelständige etwas breiter, zugespitzt. Blatthäutchen länglich. Rispenäste rauh, aufrecht abstehend, nach dem Verblühen anliegend. Ährchen 4—6blütig. — Zerstreut an Felsen und Grasplätzen. Bl. 5. 6.

223. P. alpina L. Blätter ziemlich breit lineal, plötzlich zugespitzt; untere Blatthäutchen kurz, obere länglich. Rispenäste während der Blüte wagerecht abstehend. — Selten, an felsigen Abhängen. Bl. 5. 6.

2. Stengel und Laubtriebe am Grunde nicht zwiebelartig verdickt.

224. P. minor Gaud. Blätter schmal lineal, die obersten kürzer als die Scheiden. Rispe an der Spitze überhängend. Ährchen 4—6blütig, länglich-eiförmig. — Steinige Alpenwiesen. Bl. 7. 8.

225. P. laxa Haenke. Blätter schmal lineal, alle länger als die Scheiden. Rispe locker, an der Spitze nickend mit fadenförmigen, kahlen Ästen. Ährchen meist 3blütig, eiförmig. — Felsige Abhänge der Hochalpen, des Riesengebirges und Schwarzwaldes. Bl. 7. 8.

II. Untere Rispenäste zu 2—5.

1. Deckspelzen mit undeutlichen Nerven.

226. P. caesia Smith. Dichtrasige Pflanze mit steifem nur unterwärts beblättertem Stengel, starren, abstehenden, rauhen Blättern, oberstes kaum so lang als die Scheide. Scheiden länger als die Internodien. Blatthäutchen kurz, abgestutzt. — Selten, an Felsen der Alpen und Sudeten. Bl. 6. 7.

227. P. nemoralis L. Blattscheiden kürzer als die Internodien, oberste kürzer als das Blatt. Blatthäutchen fast fehlend. Ährchen klein, grün. — Häufig in Wäldern und Gebüschen. Bl. 6. 7.

228. P. serotina Ehrh. Der vorigen ähnlich aber mit länglichem spitzen Blatthäutchen und größeren gelblichen, zuweilen violett überlaufenen Ährchen. — Häufig an Ufern, feuchten Wiesen. Bl. 6. 7.

2. Deckspelzen mit 5 starken Nerven; untere Hüllspelze 1nervig.

229. P. Chaixi Vill. Stengel und Scheiden flach zusammengedrückt. Blätter lineal-lanzettlich, an der Spitze kappenförmig zusammengezogen. Blatthäutchen kurz. Unfruchtbare Blätterbüschel 2zeilig flach zusammengedrückt. Rispe ausgebreitet. — Zerstreut in Bergwäldern. Bl. 6. 7.

230. P. trivialis L. Stengel fast stielrund, Scheiden schwach zusammengedrückt, beide rauh. Blätter schmal, allmählich zugespitzt, Blatthäutchen länglich, spitz. — Häufig auf feuchten Wiesen. Bl. 6. 7.

Fig. 27. Poa trivialis.

B) Wurzelstock stets mit langen Ausläufern umherkriechend.

231. P. pratensis L. Halm und Scheiden stielrund, glatt. Blätter oberseits rauh, oberstes kürzer als die Scheide. Deckblätter mit stark vortretenden Nerven. — Gemein auf Wiesen, Grasplätzen. Bl. 5. 6.

232. P. compressa L. Halm und Scheiden zweischneidig zusammengedrückt. Deckspelzen mit undeutlichen Nerven. — Gemein auf trockenen Wiesen und Grasplätzen. Bl. 6. 7.

233. P. cenisia Allioni. Halm stielrund. Deckspelzen undeutlich 5nervig. — Steinige Abhänge der Alpen. Bl. 7. 8.

Gattung Glyceria R. Br., Schwaden.

Ährchen 3—11blütig. Deckspelzen auf dem Rücken gerundet, meist 7nervig, an der Spitze trockenhäutig, stumpf, grannenlos. Hüllspelzen 1nervig. Vorspelzen zweizähnig, an den Kielen gewimpert. Narben ästig gefranst. Frucht länglich, mit Furche innen. Rispe meist einseitswendig. Scheiden geschlossen.

A) Ährchen seitlich zusammengedrückt, mäßig groß.

234. Gl. aquatica Wahlb. Gelblich-grün; Wurzelstock kriechend. Rispe sehr ästig, gleichmäßig weit ausgebreitet. Ährchen 5—9 blütig. — An Ufern von Gewässern, häufig. Bl. 7. 8.

B) Ährchen vor dem Aufblühen stielrund, groß.

a) Rispe einseitswendig.

235. G. fluitans R. Br. Mannagras. Wurzelstock kriechend, Ausläufer treibend, Stengel aufsteigend nebst den Scheiden glatt. Blätter in der Jugend einfach gefaltet. Rispe einseitswendig. Ährchen 7—11 blütig, an die Äste angedrückt. Deckspelzen länglich lanzettlich, spitzlich. — Häufig in Gräben, Teichen, Sümpfen, nassen Wiesen. Bl. 6—9.

b) Rispe allseitswendig.

236. G. plicata Fres. Blätter in der Jugend gefaltet. Blatthäutchen kaum zerschlitzt, derb, Rispe ausgebreitet, später überhängend. Deckspelzen eiförmig-länglich, stumpf, rauh, mit 7 gleichstarken Nerven. — Verbreitet in Gräben, Sumpfwäldern. Bl. 5—7.

237. G. nemoralis Uechtritz & Koernicke. Blatthäutchen zart, fein kammartig geschlitzt-gefranst. Rispe ausgebreitet, schon vor der Blüte überhängend. Deckspelzen sehr stumpf, glatt mit 3 starken und 4 schwachen Nerven. — Ostdeutschland, in quelligen, schattigen Laubwäldern. Bl. 6. 7.

Gattung Catabrosa P. B., Quellgras.

238. C. aquatica (L.) P. B. Wurzelstock kriechend, Ausläufer treibend mit gekniet-aufsteigendem Stengel. Blätter breit, plötzlich spitz zusammengezogen. Rispe locker mit quirlförmigen, weit abstehenden, verzweigten Ästen. Ährchen 2 blütig. Deckspelzen vorn trockenhäutig, auf dem Rücken gerundet, sehr stumpf, 3 nervig. Frucht eiförmig, ungefurcht. — Häufig in Sümpfen, stehenden Gewässern. Bl. 6—9.

Gattung Molinia Moench, Pfeifengras.

239. M. coerulea (L.) Moench. Pflanze dichtrasig. Stengel steif aufrecht, nur dicht über dem Grunde mit Knoten, glatt. Blätter ziemlich breit, oberseits rauh. Ährchen 2—5 blütig, schieferblau, oberste Blüte verkümmert. Deckblätter auf dem Rücken abgerundet, stumpf, 5 nervig, kaum länger als die stumpfe, kahle Vorspelze. — Auf Torfboden, in Sümpfen, feuchtem Heideland. Bl. 7—9.

Gattung Dactylis L., Knäuelgras.

240. D. glomerata L. Dichtrasig, graugrün. Scheiden zusammengedrückt, geschlossen, nebst den Blättern rauh. Rispe aufrecht, dicht büschelig geknäuelt. Ährchen von der Seite zusammengedrückt, 3—5 blütig, außen gewölbt. Hüllspelzen ungleich derb, obere am Kiel steifhaarig, ebenso die meist 5 nervigen gekielten, an der meist ausgerandeten Spitze begrannten Deckspelzen. Ährchenspindel gliederweise abfallend. Vorspelze spitz, 2 spaltig. — Gemein auf Wiesen, an Gräben, in Wäldern. Bl. 6. 7.

Gattung Cynosurus L., Kammgras.

241. C. cristatus L. Lockerrasig, mit steifem glatten Stengel. Blatthäutchen kurz, gestutzt. Rispe zusammengezogen, ährenförmig, einseitswendig, etwas gelappt. Neben jedem blütentragenden ein aus leeren Spelzen bestehendes kammförmiges Ährchen. Fruchtbares Ährchen 2—5 blütig. Hüllspelzen ziemlich gleich. Deckspelzen 5 nervig, mit gerundetem Rücken und ausgerandeter begrannter Spitze, die der unfruchtbaren Ährchen gekielt, stachelspitzig. — Häufig auf Wiesen und Triften. Bl. 6. 7.

Gattung Festuca L., Schwingel.

Ährchen 3—mehrblütig; unteres Hüllblatt 1 nervig, kürzer als das obere, 2—3 nervig. Deckblätter begrannt oder unbegrannt, auf dem Rücken abgerundet. Fruchtknoten meist kahl, an seiner Spitze Griffel oder Narbe tragend. Frucht innen gefurcht.

A) Blüten stumpf.

242. F. distans Kunth. Dichtrasig, graugrünlich, glattscheidig. Rispe anfangs zusammengezogen, später gleichmäßig abstehend, zur Fruchtzeit herabgeschlagen, untere meist zu 5. Deckspelzen eiförmig-länglich. — Zerstreut an Gräben und Wegrändern, namentlich in der Nähe von Ortschaften und auf Salzboden. Bl. 5—9.

243. F. thalassica Kunth. Sterile Stengel niederliegend, ausläuferartig. Untere Rispenäste meist zu 2, zur Fruchtzeit zusammengezogen. — Am Meere. Bl. 6. 7.

B) Blüten spitz.

a) Rispenäste dick oder nach oben stark verdickt. Blüten lanzettlich pfriemenförmig mit 1 Staubblatt.

244. F. myurus L. Stengel bis zur Rispe mit Blattscheiden. Rispe einseitswendig, meist bogenförmig-nickend, unterster Ast viel kürzer als die Rispe. — Zerstreut auf trockenem sandigen Boden, Hügel. Bl. 5. 6.

245. F. sciuroides Roth. Stengel abwärts ohne Blattscheiden, Rispe aufrecht. — An ähnlichen Stellen wie vorige. Bl. 5. 6.

b) Rispenäste dünn, oberwärts nur schwach verdickt. Blüten lanzettlich mit 3 Staubblättern.

I. Blätter wenigstens teilweise zusammengefaltet-borstlich.

1. Blatthäutchen sehr kurz, 2öhrig, Spelzen schmal trockenhäutig berandet.

† Auch die Stengelblätter borstlich.

* Blattscheiden ganz offen.

246. F. ovina L. Schafschwingel. Blätter sämtlich zusammengefaltet, borstlich, die der nicht blühenden Sprosse trocken mit gewölbten Seitenflächen, walzenförmig. Rispe aufrecht, während der Blüte abstehend. Blüten genähert. Deckspelze glatt ohne oder mit kurzer Granne. Formenreich! — Häufig auf Wiesen, sandigen Triften, in trockenen Wäldern. Bl. 5. 6.

247. F. sulcata Hackel. Blätter der nicht blühenden Sprosse seitlich zusammengedrückt, trocken mit gefurchten Seitenflächen. Deckspelzen breit lanzettlich, begrannt, sonst der vorigen sehr nahestehend. — Sehr zerstreut im Gebirge auf Wiesen, trockenen Abhängen. Bl. 6. 7.

* Blattscheiden ganz oder bis zur Mitte geschlossen.

248. F. frigida Hackel. Scheiden bis oben geschlossen, die älteren zerfasert. Rispe kurz, dicht. Deckspelzen grauviolett, begrannt. Staubbeutel mehr als halb so lang als die Deckspelze. — Alpenwiesen, Felsen in Bayern. Bl. 6. 7.

249. F. amethystina L. Scheiden bis zur Mitte geschlossen, die älteren nicht zerfasert. Rispe verlängert, locker mit sehr zahlreichen Ährchen. Spelzen meist grannenlos. Staubbeutel halb so lang als die Spelze. — Trockene Plätze, Föhrenwälder in den Alpen. Bl. 6. 7.

† Stengelblätter flach.

250. F. heterophylla Haenke. Stengel dünn, schlaff. Grundständige Blätter zusammengefaltet, lang fadenförmig, schlaff, stengelständige flach, schmal. Rispe schmal, aufrecht bis etwas überhängend. Deckspelzen rauh, pfriemenförmig zugespitzt mit fast gleichlanger Granne. — Zerstreut in trockenen Wäldern. Bl. 5. 6.

251. F. rubra L. Pflanze ausläufertreibend. Stengel steif aufrecht. Grundständige Blätter zusammengefaltet borstlich, stengelständige flach oder etwas rinnig. Rispe aufrecht, zur Blütezeit abstehend. Deckspelzen schmal lanzettlich, meist kahl mit gerader, etwa halb so langer Granne. — Trockene Wiesen, Dämme, Waldränder, verbreitet. Fr. 5. 6.

2. Blatthäutchen länglich-eiförmig, nicht 2 öhrig. Spelzen breit-trockenhäutig berandet.

252. F. varia Haenke. Stengel nur am Grunde beblättert, schlank. Alle Blätter zusammengefaltet, fadenförmig, borstenförmig, steif, graugrünlich. Rispe zusammengezogen, zur Blütezeit abstehend, Äste einzeln oder zu 2. Ährchen 5—8 blütig. Deckspelze schwach, 5 nervig, lanzettlich, von der Mitte an allmählich verschmälert. — An Felsen und zwischen Geröll in den Alpen und Sudeten. Bl. 7. 8.

253. F. pumila Vill. Blätter haarförmig, weich. Ährchen 2—5 blütig. Deckspelze länglich, lanzettlich, über der Mitte plötzlich zugespitzt. — An Felsen, steinigen Grasplätzen der Alpen. Bl. 7. 8.

II. Blätter sämtlich flach.

1. Blatthäutchen länglich.

254. F. silvatica Vill. Pflanze lockerrasig. Stengel am Grunde von weißlichen, schuppenartigen Niederblättern umgeben. Blätter breit-lineal, oberseits bläulich-, unterseits lebhaft-grün, am Rande rauh, Scheiden offen. Rispe sehr ästig, Äste rauh. Deckspelze grannenlos, spitz, rauh, 3 nervig. Fruchtknoten an der Spitze behaart. — Zerstreut in schattigen Bergwäldern. Bl. 6. 7.

255. F. pulchella Schrad. Blätter schmal-lineal. Scheiden fast ganz geschlossen. Rispenäste glatt. Deckspelze 5 nervig. Fruchtknoten kahl. — Auf Alpenwiesen verbreitet. Bl Juli.

2. Blatthäutchen sehr kurz, gestutzt.

† Granne geschlängelt, 2—3 mal so lang als die Deckspelze.

256. F. gigantea Vill. Blätter breit-lineal, flach, kahl. Rispe schlaff, zuletzt überhängend. Hüllspelzen zugespitzt, sehr ungleich. Deckspelzen mit 5 schwachen Nerven. — Häufig in schattigen Wäldern. Bl. 6. 7.

† Deckspelzen unbegrannt oder kurz-stachelspitzig.

257. F. elatior L. Lockerrasig. Blätter ziemlich schmal, glatt. Rispe während der Blüte abstehend, später zusammengezogen; untere Äste meist zu 2, der kürzere mit 1—2, der längere mit 3—5 Ährchen. Ährchen 6—10blütig. — Sehr häufig auf Wiesen, an Gräben. Bl. 6. 7.

258. F. arundinacea Schreb. Blätter ziemlich breit, oberseits rauh. Rispe nach der Blüte weit abstehend. Äste zu 2; der kürzere mit 3—10, der längere mit 5—15 Ährchen. Ährchen 4—5blütig. — Zerstreut in feuchten Gebüschen, Wiesen. Bl. 6. 7.

Gattung Scolochloa Link, Schwingelschilf.

259. Sc. festucacea Link. Wurzelstock kriechend. Blätter breit-lineal, rauhrandig, am Grunde mit braunem Fleck. Rispe sehr ästig, ausgebreitet, an der Spitze überhängend, locker. Deckspelze auf dem Rücken abgerundet, 5nervig, am Grunde von einem Haarbüschel umgeben, grannenlos, an der Spitze gerissen, 3spitzig. Hüllspelzen ungleich, anfangs fast so lang, später kürzer als die Blüten. Fruchtknoten an der Spitze rauhhaarig. — Selten, im nördlichen Teile Deutschlands am Rande von Gewässern. Bl. 6. 7.

Gattung Brachypodium P. B., Zwenke.

Ährchen in einfacher Traube, einzeln, kurz gestielt, mehrblütig. Hüllspelzen mehrnervig, ungleich. Deckblätter auf dem Rücken abgerundet, begrannt. Ährchenspindel gliederweise abfallend. Vorspelzen kammförmig gewimpert. Frucht lineal-länglich.

260. B. silvaticum (Huds.) P. B. Lockerrasig, dunkelgrün. Blätter schlaff, schmal, wie die Scheiden behaart. Traube überhängend. Grannen der oberen Deckspelzen so lang oder länger als letztere. — Zerstreut in schattigen Wäldern. Bl. 7. 8.

261. B. pinnatum (L.) P. B. Wurzelstock kriechend. Blätter steif, gelblichgrün, zerstreut, behaart. Traube aufrecht. Grannen der oberen Deckspelzen kürzer als die letzteren. — Zerstreut auf buschigen, grasigen Hügeln, in trockenen, lichten Wäldern. Bl. 6. 7.

Gattung Bromus L., Trespe.

Ährchen vielblütig. Hüllspelzen ungleich. Deckspelzen 5—7nervig, mit trockenhäutiger, 2spaltiger Spitze, meist begrannt, lanzettlich bis eilanzettlich. Griffel oder Narben über der Mitte der Vorderseite des Fruchtknotens eingefügt. Fruchtknoten oberwärts behaart, innen gefurcht. Blattscheiden bis zur Hälfte geschlossen.

A) Deckspelze 9nervig mit einem eiförmigen, häutigen Zahn an jedem Rande unterhalb der Mitte.

262. Br. arduennensis Kunth. Rispe abstehend, später überhängend. — Unter Spelz. Ardennen.

B) Deckspelze ungezähnt.

I. Ährchen nach der Spitze schmäler.

a) Untere Hüllspelze 3—5-, obere 5—vielnervig.

1. Deckspelze ungefähr so lang als die Vorspelze.

263. Br. secalinus L. Scheiden fast stets kahl. Blätter gelbgrün. Rispe ausgebreitet, zuletzt überhängend. Ährchen kahl oder behaart. Fruchtbare Blüten stielrund, sich nicht deckend. Deckspelze 7nervig, am Rande abgerundet. Granne kurz. — Verbreitet, stellenweise lästiges Unkraut im Roggen. Bl. 6—8.

264. Br. arvensis L. Blätter und Scheiden behaart. Rispe aufrecht-abstehend, später etwas überhängend. Blüten elliptisch-lanzettlich, fruchtbare sich am Rande dachziegelig deckend. Granne bis 9 mm lang. — Zerstreut auf Äckern und Wiesen. Bl. 6. 7.

2. Deckspelze länger als die Vorspelze.

265. Br. racemosus L. Pflanze hellgrün. Untere Blattscheiden behaart. Rispe aufrecht-abstehend, später überhängend, nach dem Verblühen zusammengezogen. Äste kurz, rauh. Blüten breit elliptisch; fruchttragende sich am Rande deckend. Deckspelze am Rande abgerundet. — Zerstreut auf Wiesen und Grasplätzen. Bl. 5. 6.

266. Br. mollis L. Pflanze graugrün. Scheiden zottig, Blätter und Rispenäste weichhaarig. Deckspelze am Rande über der Mitte einen stumpfen Winkel bildend. — Gemein auf Wiesen, Grasplätzen, Rainen. Bl. 5. 6.

b) **Untere Hüllspelze 1-, obere 3 nervig.**

267. Br. asper Murray. Dichtrasenförmig, dunkelgrün. Blätter und Scheiden rauhhaarig. Rispe sehr locker, schmal, langästig, schlaff überhängend. Deckspelze begrannt. — Zerstreut in Laubwäldern. Bl. 6. 7.

268. Br. erectus Huds. Dichtrasenförmig, hellgrün. Untere Blätter sehr schmal, meist borstenförmig zusammengefaltet. Rispe gleichmäßig ausgebreitet, aufrecht. Deckspelze deutlich begrannt. — Sehr zerstreut, sonnige Hügel, Wegränder. Bl. 6. 7.

269. B. inermis Leysser. Grundachse kriechend, ausläufertreibend. Blätter flach, steif, nebst den Scheiden kahl. Deckspelze grannenlos oder undeutlich begrannt. — Verbreitet, namentlich auf Waldwiesen, Wegrändern. Bl. 6. 7.

II. Ährchen nach der Spitze verbreitert.

270. Br. sterilis L. Taubhafer. Pflanze hellgrün. Stengel kahl, Blätter und untere Scheiden behaart. Rispenäste länger als die Ährchen. Granne länger als die Spelze. — Verbreitet und meist häufig an Wegrändern, Zäunen, Ödplätzen. Bl. 5. 6.

Fig. 28.
Bromus sterilis.

271. Br. tectorum L. Stengel oben kurzhaarig. Rispe hängend, einseitswendig. Granne so lang als die Spelze. — Auf Mauern, Dächern, trockenen Plätzen, gemein. Bl. 5—8.

Gattung Triticum (Tourn.) L., Weizen.

Ährchen einzeln, sitzend, 2 bis vielblütig mit einer breiten Seite der Spindel zugekehrt. Hüllspelzen fast gleichlang, eiförmig bis eilanzettlich, mehrnervig. Deckspelzen in der unteren Hälfte gewölbt.

A) Hüllspelzen bauchig, meist der ganzen Länge nach scharf gekielt.

272. Tr. sativum Lamarck. Weizen. Hüllspelzen kürzer als das Ährchen. Deckspelze so lang als die zugehörige Vorspelze. — In vielen Formen und Varietäten gebaut, so 1. vulgare Vill. gewöhnlicher Saatweizen, 2. aestivum Aut. Sommerweizen, 3. turgidum L. englischer Weizen, 4. Spelta L. Dinkel, Spelt. Bl. 6. 7.

B) Hüllspelzen nicht bauchig, kaum gekielt.

273. Tr. junceum L. Wurzelstock kriechend. Ähre 2zeilig. Ährchen 5—8blütig, entfernt. Hüllspelzen 9—11nervig. Blattnerven oberseits mit vielen Reihen kurzer Haare. — Am Meeresstrande. Bl. 6—8.

274. Tr. repens L. Quecke. Wurzelstock kriechend.

Blätter oberseits durch einfache Reihen kurzer Haare auf den Nerven rauh, unterseits glatt. Hüllspelzen 5nervig, zugespitzt. — Gemeines Unkraut auf Äckern, Grasplätzen Bl. 6. 7.

275. Tr. pungens Pers. Von der vorigen verschieden durch 7nervige, spitze oder kurz stachelspitzige Hüllspelzen. — Meeresstrand. Bl. 6—9.

276. T. glaucum Desf. Von Tr. repens verschieden durch längliche, 5—7nervige, sehr stumpfe oder abgestutzte Hüllspelzen. — Zerstreut auf sonnigen Plätzen. Bl. 6—7.

277. T. caninum L. Blätter beiderseits rauh, oberseits graugrün, unterseits dunkelgrün. Hüllspelzen 3—7nervig. Deckspelzen langbegrannt. — Verbreitet an Waldrändern, Gebüschen.

Gattung Secale, (Tourn.) L., Roggen, Korn.

278. S. cereale L. Roggen, Korn. Graugrün, Stengel oben weichhaarig. Ähre überhängend. Ährchen 2blütig mit stielförmiger Achsenverlängerung. Hüllspelzen 1nervig, pfriemförmig, am Kiele rauh, kürzer als das Ährchen. Deckspelzen ungleichseitig-gekielt, am Kiele borstig gewimpert. Spindel zähe. — Gebaut. Bl. 5—6.

Gattung Elymus L., Haargras.

Ähre mit Gipfelährchen. Ährchen zu 2—6, einblütig mit Ansatz zu einer

Fig. 29.
a Roggenähre.
Secale cereale.
b Weizenähre.
Triticum sativum.

zweiten Blüte oder zwei- bis mehrblütig, sämtlich zwitterig. Hüllblätter fast gleich. Fruchtknoten oberwärts behaart, Narbe unter der Spitze entspringend.

279. E. arenarius L. Strandhafer. Pflanze bläulichgrün mit weitkriechendem, ausläufertreibendem Wurzelstock. Stengel und Blattscheiden kahl. Ährchen meist 3blütig, weichhaarig mit auf dem Kiel gewimperten Hüllspelzen. — Am Meeresstrande, vereinzelt auch auf Flugsand im Binnenland. Bl. 7—8.

280. E. europaeus L. Pflanze grasgrün, rasenförmig, nicht ausläufertreibend. Blattscheiden behaart. Ährchen 1—2blütig mit kahlen Hüllspelzen. — Laubwälder, namentlich unter Buchen. Bl. 6—7.

Gattung Hordeum (Tourn.) L., Gerste.

Ähre ohne Gipfelährchen. Ährchen zu 3, 1blütig. Blüten des mittleren Ährchens fruchtbar, zweigeschlechtig, die der seitlichen meist steril oder nur männlich. Hüllspelzen fast gleich. Deckspelzen sämtlich oder nur die des Mittelährchens begrannt.

A. Alle Ährchen sitzend.

281. H. sativum Jessen. Saatgerste. Ährenachse zäh, bei der Reife nicht gliederweise abfallend. — In zahlreichen Abarten gebaut, so H. polystichum, H. distichum, H. Zeocrithum. Bl. 6—7.

B. Seitenährchen kurz gestielt.

282. H. murinum L. Mäusegerste. Blattscheiden kahl. Äußere Hüllspelzen der Seitenährchen rauh, borstig, innere am Grunde einerseits bewimpert. — Gemein an Wegrändern, Schuttplätzen, Zäunen. Bl. 6—8.

283. H. secalinum Schreb. Untere Blattscheiden rauhhaarig. Hüllspelzen sämtlich borstlich rauh, nicht bewimpert. Sehr zerstreut, auf Wiesen, salzliebend. Bl. 6—7.

284. H. maritimum With. Strandgerste. Halme kreisförmig ausgebreitet. Alle Hüllspelzen rauh, innere der seitlichen Ährchen halblanzettlich, schwachgeflügelt, die übrigen borstlich. — Zerstreut im Nordwesten, namentlich am Nordseestrande. Bl. 5. 6.

Gattung Lolium L., Lolch.

Ähre mit Gipfelährchen. Ährchen drei= bis mehrblütig, von der Seite zusammengedrückt, mit einer schmalen Seite gegen die Achse gewendet. Hüllspelzen lanzettlich, nur am Gipfelährchen beide entwickelt. Deckspelzen auf dem Rücken abgerundet, begrannt oder unbegrannt.

1. Pflanze einjährig, ohne unfruchtbare Laubtriebe.

285. L. temulentum L. Taumellolch. Halm steif aufrecht, graugrün. Hüllspelzen länger als das Ährchen. Deckspelzen begrannt. — Verbreitet unter Saat. Bl. 6—7. Soll narkotisch giftig sein.

286. L. remotum Schrank. Hüllspelzen meist kürzer als das Ährchen, Deckspelzen meist unbegrannt. Pflanze gelbgrün. — Zerstreut und nur unter Lein. Bl. 6—8.

2. Pflanze ausdauernd mit nicht blühenden Laubtrieben.

287. L. perenne L. Englisches Raigras. Pflanze dichtrasig. Halm glatt, Blätter dunkel und trübgrün, gefaltet. Ährchen meist aufrecht. Deckspelze grannenlos. — Gemein auf Wiesen, Grasplätzen, Wegrändern. Bl. 6—10.

288. L. multiflorum Link. Italienisches Raigras. Pflanze dichtrasig. Halm oberwärts rauh. Blätter hellgrün, jüngste zusammen=

Fig. 30. Lolium temulentum.

gerollt. Ährchen wagerecht. Deckspelzen meist begrannt. — Gebaut und verwildert an Wegen, Dämmen, Wiesen. Bl. 6—8.

Gattung Lepturus R. Br., Dünnschwanz.

Ährchen in den Aushöhlungen der Spindel. Hüllspelzen 1 oder häufiger 2.

289. L. incurvatus Trin. Halme zahlreich, verzweigt, aufsteigend bis aufrecht. Hüllspelzen 2, länger als die Blüte. — Nur am sandigen Meeresgestade. Bl. 7—9.

Gattung Nardus L., Borstengras.

Ährchen sitzend, Hüllspelzen verkümmert. Deckspelzen lanzettlich-pfriemförmig, gekielt, kurz begrannt, länger als das Vorblatt. Griffel und Narbe 1.

290. N. stricta L. Borste. Dichtrasig, graugrün. Stengel nur am Grunde beblättert, glatt. Blätter zusammengerollt, borstenförmig, starr, aufrecht. Ähre locker, dünn, einseitswendig. Ährchen klein. — Steriler Sumpf- und Heideboden verbreitet. Bl. 5—6.

Familie Cyperaceae Juss., Rietgräser.

Grasartige Pflanzen mit nicht knotig gegliedertem, oft dreikantigem Stengel und geschlossenen Blattscheiden. Blüten zwitterig oder einhäusig in einzelstehenden endständigen Ähren oder in zu Spirren oder Ähren zusammengesetzten Ähren, ohne Vorblätter, mit spelzenartigen Deckblättern. Blütenhülle fehlt oder durch Borsten angedeutet. Staubblätter 3, Fruchtknoten mit 1 Samenanlage, 1 Griffel, 2—3 Narben. Frucht nußartig, 3kantig.

Gattung Cyperus L., Cypergras.

Blüten meist sämtlich zwitterig. Ährchen vielblütig. Deckblätter gekielt zweizeilig. Blütenhülle fehlt. Griffel fadenförmig.

291. C. flavescens L. Halm stumpf, dreikantig. Ährchen lanzettlich, flach, in zusammengesetzter, doldenartiger Spirre. Staubblätter meist 3, Narben 2, Nüßchen zusammengedrückt 2seitig. Bl. 7—8. — Auf nassem, lehmigem, sandigem Boden, Ausstichen, auch auf Torf.

292. C. fuscus L. Halm scharf, dreikantig. Meist 2 Staubblätter, 3 Narben. Nüßchen scharf, dreikantig. Bl. 7—8. — An gleichen Standorten wie vorige.

Fig. 31.
Cyperus fuscus.

Gattung Schoenus L., Kopfriet.

Ährchen undeutlich 2reihig, kopfförmig gehäuft, wenigblütig. Spelzen 6—9, die untersten 3—6 kleiner und leer, die oberen 2—4 blütentragend.

293. S. nigricans L. Blätter halb so lang als der Halm, pfriemlich. Köpfchen mit 5—10 Ährchen, endständig. Unteres Hüllblatt doppelt so lang als das Köpfchen. Bl. 5—6. — Sehr zerstreut auf Moorboden in Torfsümpfen.

294. S. ferrugineus L. Blätter kurz. Köpfchen mit 2—3 Ährchen, seitlich an der Spitze des Halmes; unteres Hüllblatt wenig länger als das Köpfchen. Bl. 5—6. — Wie vorige.

Gattung Cladium P. Br., Schneide.

Ährchen allseitig-dachziegelig; 3—4 untere Spelzen kleiner und steril. Blütenhülle fehlt. Nuß mit bleibendem, ungegliedertem Griffelgrund.

295. Cl. Mariscus R. Br. Halm beblättert, stielrund. Blätter rinnig mit dreikantiger Spitze und scharfgesägtem Kiel und Rande. Ährchen kopfförmig geknäuelt, in doppelt zusammengesetzter Spirre. Staubblätter meist 2. Bl. 7—8. — Zerstreut auf nassem Torfboden, in Sümpfen.

Gattung Rhynchospora Vahl, Moorsimse.

Ährchen allseitig dachziegelig, wenigblütig; die untersten 3—4 Deckspelzen kleiner und steril. Blütenhülle durch kurze Borsten angedeutet. Nuß mit bleibendem, gegliedertem Griffelgrund.

296. Rh. alba Vahl. Pflanze locker rasenförmig, ohne Ausläufer. Stengel dünn, dreikantig. Ährchen in kopfartig gedrängter Spirre, weiß, später mit rötlichem Hauch, von den Hüllblättern kaum überragt. Borsten meist 10, rückwärts rauh. Bl. 7—8. — Zerstreut auf Torfboden.

297. Rh. fusca (L.) R. & Sch. Grundachse kriechend, Ausläufer treibend. Ährchen in eiförmiger gedrungener Rispe, gelbbraun, von den untersten Hüllblättern weit überragt. Borsten 3—6 vorwärts rauh. Bl. 6—7. — Sehr zerstreut an ähnlichen Orten wie vorige.

Gattung Scripus (Tourn.) L., Simse.

Ährchen allseitig-dachziegelig, reichblütig. Untere Spelzen größer oder gleichgroß, nur 1—2 steril. Blütenhüllborsten fehlend oder kurz (meist 6). Staubblätter meist 3, Narben 2—3. Nuß mit bleibendem, ungegliedertem Griffelgrund.

I. Griffel am Grunde verbreitert, bleibend, mit dem Fruchtknoten durch ein Gelenk verbunden (Heleocharis).

1. 2 Narben.

298. S. palustris L. Grundachse kriechend, Halm rundlich, blaugrün. Ährchen endständig, einzeln, länglich-lineal.

Spelzen ziemlich spitz, die unterste nicht über die folgenden hinausragend, das Ährchen halb umfassend. Nuß am Rande abgerundet. Bl. 6—8. — Gemein in Sümpfen, Gräben, an Teichrändern.

299. S. uniglumis Link. Halm grasgrün, Ährchen eiförmig-länglich. Untere Spelze das Ährchen ganz umfassend. Bl. 6—8. — Sümpfe, Torfboden, verbreitet.

300. S. ovatus Roth. Dichtrasig, mit zahlreichen weichen Halmen. Ährchen klein, rundlich bis eiförmig. Nuß scharfrandig. Spelzen stumpf-abgerundet. Bl. 7—8. — Am Rande von Teichen und Sümpfen.

2. 3 Narben.

301. S. multicaulis Smith. Dichtrasig mit kurz kriechendem Wurzelstock. Nuß scharf 3kantig, glatt. Bl. 6—8. — Zerstreut und nicht überall, in sumpfigen, torfigen Gegenden.

302. S. acicularis L. Wurzelstock kriechend, Halme vierkantig borstenförmig. Nuß länglich, fein-vielrippig. Bl. 6—8. Auf feuchtem Sandboden, am Rande von Teichen, nicht selten.

II. Griffel am Grunde nicht verbreitert, abfallend, nicht durch ein Gelenk mit dem Fruchtknoten verbunden (Euscirpus).

1. Ährchen endständig, einzeln am Halm oder den Ästen, nie büschelig.

303. S. caespitosus L. Oberste Scheide mit kurzem Blatt.

Fig. 32. Scirpus acicularis.

Ährchen endständig. Spelzen stumpf mit sehr stumpfem Kielfortsatz. Borsten glatt, länger als die glatte 3kantige Nuß. Bl. 5—6. — Torfmoore, zerstreut.

304. S. pauciflorus Lightfoot. Scheiden ohne Blatt. Spelzen ohne Stachelspitze. Borsten rückwärts rauh, höchstens so lang als die Nuß. Bl. 6—7. — Auf sumpfigen, torfigen Wiesen, zerstreut.

305. S. parvulus R. & Schult. Dem S. caespitosus ähnlich, aber Scheiden blattlos, Spelzen ohne Stachelspitze. Bl. 7—9. — Selten auf salzhaltigem Boden.

306. S. fluitans L. Oberste Scheide mit linealem, rinnigem Blatt. Halm ästig. Ährchen einzeln an der Spitze von Ästen. Nuß rundlich, ohne Borsten. Bl. 7—9. — In Sümpfen, Teichen, Norddeutschland.

2. Ährchen scheinbar seitenständig, einzeln oder büschelig oder endständig zu mehreren.

a) Ährchen scheinbar seitenständig.

α) Spelzen stumpf, stachelspitzig.

307. S. setaceus L. Halm fadenförmig. Ährchen zu 1—3, Hüllblätter viel kürzer als der Halm. Narben 3. Nuß längsrippig. Bl. 7—8. — Zerstreut, an Teichrändern.

308. S. supinus L. Ährchen 3—5. Nuß querrunzelig. Hüllblatt fast so lang als der Halm. — Selten, auf überschwemmten Plätzen, an Teichrändern.

309. S. mucronatus L. Halm 3kantig. Nuß 3seitig, querrunzelig. — Sehr zerstreut und selten, Teichränder.

310. S. Holoschönus L. Ährchen in dicht zusammengeballten Köpfchen. Spelzen abgestutzt, stachelspitzig. Nuß verkehrt-eiförmig, kahl, 3kantig. Bl. 7—8. — Sandige Ufer, Sumpfwiesen.

β) Spelzen ausgerandet-stachelspitzig.

311. S. lacuster L. Halm stielrund, grasgrün. Ährchen

büschelig-gehäuft. Spelzen glatt. Narben 3. Bl. 6—7. — An Gewässern.

312. S. Tabernaemontani Gmel. Spelzen punktiert rauh. Narben 2. Wie vorige.

313. S. triqueter L. Halm oberwärts 3 kantig. Bl. 7—8. — Sehr zerstreut an Gewässern.

b) Ährchen in zusammengesetzten, endständigen Blütenständen.

α) Blütenstand eine endständige zusammengesetzte Spirre.

314. S. maritimus L. Halm 3 kantig. Spelzen stachelspitzig und 2 spaltig, braun. Bl. 7. 8. — Ufer von Gewässern, Meeresstrand, verbreitet.

315. S. silvaticus L. Ährchen zu 3—6, meist sitzend. Spelzen stumpf, fein stachelspitzig, schwach gekielt, schmutziggrün. B. 6. 7. — Sümpfe, Sumpfwald, Ufer, häufig.

316. S. radicans Schk. Ährchen einzeln, meist langgestielt. Spelzen ohne Stachelspitze, auf dem Rücken abgerundet. Bl. 7. 8. — Ufer, Sumpfwiesen, zerstreut.

β) Ährchen in endständiger zweizeiliger Ähre.

317. S. compressus Pers. Halm stumpf 3 kantig. Blätter unterseits gekielt. Ährchen 6—8 blütig, rotbraun. Bl. 6. 7. Sumpfwiesen, zerstreut.

318. S. rufus Schrad. Halm stielrund. Blätter nicht gekielt. Ährchen 2—5 blütig, dunkelkastanienbraun. Selten und sehr zerstreut, auf salzhaltigem Boden.

Gattung Eriophorum L., Wollgras.

Ährchen vielblütig. Deckspelzen spiralig gestellt, die untersten leer. Perigonborsten 6 — viele, glatt, nach der Blüte die Deckspelzen weit überragend und über dem Ährchen einen wolligen Schopf bildend. Staubblätter 3. Griffel fadenförmig.

I. Nur 1 endständige Ähre.

319. E. alpinum L. Halm dünn, 3 kantig, rauh. Borsten 4—6, geschlängelt. Bl. 4—5. — Auf Mooren und torfigem Boden im Gebirge.

320. E. vaginatum L. Halm kahl, oberwärts 3 kantig, Borsten zahlreich, gerade. In Brüchen, Torfmooren, zerstreut.

II. Mehrere Ährchen.

321. E. angustifolium Roth. Blätter lineal-rinnig. Ährchenstiele glatt. Bl. 4—5. — Sumpfige Wiesen, Torfboden, häufig.

Fig. 38. Eriophorum latifolium.

322. E. latifolium Hoppe. Blätter flach, Ährchenstiele rauh. Bl. 4—5. Moorige Wiesen.

323. E. gracile Koch. Blätter durchweg 3 kantig. Ährchenstiele filzig-rauh. Bl. 5. 6. — Zerstreut, moorige Wiesen.

Gattung Carex (Mich.) L., Segge.

Blüten in ziegeldachförmigen Ährchen. Deckblätter spiralig angeordnet. Tragblätter der weiblichen Blüte mit den Rändern um die Frucht zu einem Schlauche verwachsend und mit dieser abfallend.

A. Ährchen einzeln, endständig.

a) Granne fehlend.

I. Narben 2.

1. Ährchen 2häusig.

324. C. dioica L. Wurzelstock mit Ausläufern. Blätter und Halm glatt. Bl. 4—5. — Auf moorigen Wiesen, zerstreut.

325. C. Davalliana Smith. Wurzel faserig. Halm und Blätter am Rande rauh. — Auf moorigen Wiesen, im Norden sehr selten.

2. Ährchen oberwärts männlich.

326. C. pulicaris L. Blätter glatt. Ährchen länglich, walzig, lockerblütig. Schläuche länglich-lanzettlich. Bl. 5—6. — Moorwiesen.

327. C. capitata L. Blätter scharfrandig. Ährchen rundlich-eiförmig, dichtblütig. Schläuche eiförmig. Bl. 5—6. — Selten, Sumpfwiesen, Moore.

II. Narben 3.

328. C. pauciflora Lightfoot. Wurzelstock kriechend. Ährchen meist vierblütig. Schläuche lanzettlich-pfriemlich. Bl. 6—7. Auf Torfboden, hauptsächlich im Gebirge.

b) Granne vorhanden.

329. C. microglochin Wahlenb. Halm rundlich, Blätter borstlich, Schläuche lanzettlich-pfriemlich. Bl. 5—6. — Wüttemberg, Bayern, selten, auf Torfmooren.

B. Ährchen zu mehreren.

I. Alle Ährchen (außer bei C. distichia, arenaria und ligerica) mit männlichen und weiblichen Blüten.

a) Ährchen in kugeligen Köpfchen.

330. C. cyperoides L. Deckblätter meist 3. Schläuche lang zugespitzt, lang geschnäbelt. Bl. 6—9. — Zerstreut an Teichrändern, Lachen.

b) Ährchen in Ähren oder Rispen.

1. Ährchen meist an der Spitze männlich.

§ Wurzel mit langen Ausläufern.

α) Ähre kurz bis fast kopfartig.

331. C. chordorrhiza Ehrh. Halm glatt, viel länger als die Blätter. Ährchen in ein eiförmiges Köpfchen gehäuft. — Sehr zerstreut in Brüchen, sumpfigen Wiesen. Bl. 5. 6.

β) Ähre verlängert.

332. C. distichia Huds. Ähre doppelt zusammengesetzt: oberste und unterste Ährchen weiblich, mittlere männlich. Bl. 5—6. — Häufig auf feuchten Wiesen.

333. C. arenaria L. Obere Ährchen männlich, untere weiblich, mittlere an der Spitze männlich. Schläuche breit geflügelt. Bl. 5—6. — Gemein am Meeresstrande, seltener und zerstreut auf trockenem Sande im Binnenland.

334. C. ligerica Hag. Ährchen meist sämtlich am Grunde männlich, an der Spitze weiblich, untere zuweilen ganz weiblich. Der vorigen ähnlich, aber mit schmalen Flügeln an den Schläuchen. Bl. 5—6. — Häufig in Norddeutschland auf sandigem Boden.

§ Wurzel ohne Ausläufer, dichtrasig.

α) Schläuche sparrig-abstehend, nur einerseits gewölbt.

335. C. vulpina L. Halm scharf dreikantig mit vertieften Seiten, sehr rauh. Schläuche deutlich längsnervig. Bl. 5—6. — Gemein in Gräben und Sümpfen.

336. C. muricata L. Halm 3kantig mit flachen Seiten, nur oberwärts rauh. Schläuche nervenlos. Früchte deutlich gestielt. Häutiger Teil der Blattscheiden an der Mündung sehr dünn und leicht zerreißbar. Bl. 5—6. — Gemein auf Wiesen, in Wäldern.

337. C. virens Link. Der vorigen ähnlich, doch mit derber scharfer, nicht leicht zerreißbarer Scheidenmündung. Früchte fast sitzend. Bl. 5—6. — Wiesen, Wäldern.

β) Schläuche aufrecht, beiderseits gewölbt.

338. C. teretiuscula Good. Untere Scheiden glanzlos, kaum zerfasernd. Schläuche glänzend, auf dem Rücken am Grunde schwach gestreift. Bl. 5—6. — Zerstreut auf sumpfigen, torfigen Wiesen.

339. C. paniculata L. Untere Scheiden glänzend, nicht zerfasernd. Schläuche glänzend, auf dem Rücken am Grunde nervig gestreift. Bl. 5—6. — Sumpfige Wiesen, zerstreut.

340. C. paradoxa Willd. Untere Seite glänzend, faserschopfig, Schläuche glanzlos, ringsum stark gestreift. Bl. 5—6. — Nicht häufig, auf torfigen Wiesen.

b) **Ährchen nur am Grunde männlich.**

§ Wurzelstock kriechend.

341. C. praecox Schreb. Ährchen dunkelbraun gerade. Schläuche länglich eiförmig, so lang als die Spelzen. Bl. 4—5. — Meist gemein, an sandigen Wegen, Wäldern.

342. C. brizoides L. Ährchen strohgelb, abwärts gekrümmt, Schläuche lanzettlich, meist länger als die Spelzen. Feuchte Wälder, in Süddeutschland verbreitet.

§ Wurzelstock rasig, nicht kriechend.

α) Ährchen entferntstehend. Deckbätter laubartig.

343. C. remota L. Halm schlank, überhängend. Schläuche aufrecht, stumpf gekielt. Bl. 5—6. — Feuchte Laubwälder, häufig.

β) Ährchen genähert, Deckblätter schuppenförmig.

△ Blätter derb, kürzer als der Halm.

344. C. echinata Murr. Schläuche sparrig-abstehend, unge-

Fig. 34.
I. Carex echinata Fruchtähre. II. Carex riparia männliche Blüte. III. Carex riparia weibliche Blüte. n = Narbe, s=Schnabel d. Fruchtschlauches.

flügelt. Ährchen meist zu 4. Bl. 5—6. — Sumpfige Wiesen, häufig.

345. C. leporina L. Schläuche aufrecht, schmal flügelig berandet. Ährchen meist zu 6. Bl. 6—7. Häufig. Wiesen, Wälder.

△ Blätter schlaff, so lang oder länger als der Stengel.

Schläuche geschnäbelt.

346. C. elongata L. Gras grün. Ährchen 7—12. Schläuche abstehend, lanzettlich, ringsum gestreift. Bl. 5—6. Zerstreut an sumpfigen Stellen.

347. C. heleonastes Ehrh. Halm und Blätter sehr rauh. Ährchen 3—4. Schläuche eiförmig glatt. Bl. 5—6. — Selten, Torfmoore.

348. C. canescens L. Ährchen 5—6. Schläuche eiförmig, feingestreift mit kurzem, schwach ausgerandetem Schnabel. Bl. 5—6. — Brüche, Sumpfwiesen, nicht selten.

! Schläuche nicht geschnäbelt.

349. C. loliacea L. Blätter sehr schmal. Schläuche ellipsoidisch stumpf, an der Spitze ganzrandig. Bl. 5. — Wiesen, Moor, selten (Ostpreußen).

II. Meist nur 1 endständiges männliches Ährchen, seitenständige weiblich. (Bei C. atrata und Buxbaumii ist das endständige Ährchen an der Spitze weiblich.)

1. Narben 2.

a) **Schläuche geschnäbelt.**

350. C. mucronata Allioni. Blätter borstenförmig-rinnig

gekrümmt. Schnabel des Schlauches zweispaltig. Bl. 7. — Selten, Bayern, Alpen.

351. C. microstachya Ehrh. Schnabel der Schläuche nicht zweispaltig, höchstens undeutlich gezähnelt. — Selten, Sümpfe, Moorwiesen.

b) **Schläuche nicht oder sehr kurzgeschnäbelt.**

α) Pflanze dichtrasig, ohne Ausläufer.

352. C. stricta Good. Halm steif aufrecht, Blattscheiden gelbbraun. Schläuche zusammengedrückt ellipsoidisch, 6 nervig. Bl. 5—6. — Sumpfige Wiesen.

353. C. caespitosa L. Halm schlaff. Blattscheiden rot. Schläuche beiderseits etwas gewölbt, nervenlos. Bl. 4. — Sumpfwiesen.

β) Pflanzen mit kriechenden Ausläufern.

Halm am Grunde mit großen blattlosen netzfaserigen Scheiden.

354. C. Bueckii Wimmer. Halm am Grunde 3kantig, in der Mitte mit kurzen Blättern. Schlauch sehr klein nervenlos. Bl. 5. — Selten und sehr zerstreut, an Flußufern.

§ Blattscheiden sämtlich blättertragend, Kamm netzfaserig.

Unterste Deckblätter fast so lang oder länger als der Halm.

355. C. trinervis Degland. Halm stumpfkantig, glatt. Blätter schmal-lineal, rinnig gefaltet. Männliche Ähren 2—4, weiblich meist 3. Schläuche auf dem Rücken gewölbt. Bl. 6. 7. — Friesische Inseln.

356. C. vulgaris Fries. Halm scharfkantig, aber rauh. Blätter schmal-lineal, am Rande meist eingerollt. Männliche Ährchen meist 1, weibliche 2—4. Schläuche nur außen gewölbt. Bl. 4—6. — Auf feuchten Wiesen überall gemein.

357. C. acuta (L.) Good. Halm scharfkantig. Blätter breit-lineal, am Rande meist zurückgerollt. Männliche Ähr-

Fig. 35.
Carex acuta.

chen 2—3, weibliche 3—4. Schläuche aufgeblasen, beiderseits gewölbt. Bl. 5. — Gemein an Gräben, Teichrändern.

! Unterstes Deckblatt sehr kurz.

358. C. rigida Good. Pflanze graugrün mit fast glattem, sehr steifem Halm und breit linealen, bogig- zurückgekrümmten Blättern. 1 männliches Ährchen, 2—3 weibliche. Bl. 6—7. Selten, auf Gebirgskämmen.

2. Narben 3.

a) Schläuche nicht oder nur sehr kurz geschnäbelt.

α) Schläuche kahl.

△ Deckblätter nicht oder sehr kurz scheidig.

§ Endständige Ährchen nur am Grunde männlich.

359. C. Buxbaumii Wahlenb. Halm in der Ähre rauh. Blattscheiden netzig gespalten. Bl. 4—5. — Torfige Wiesen, zerstreut.

360. C. nigra Allioni. Halm oben rauh, Blattscheiden ganz. Ährchen alle eiförmig, sitzend oder kurz gestielt. Bl. 7. — Alpenwiesen in Bayern.

361. C. atrata L. Halm glatt, Blattscheiden ganz. Untere Ährchen länglich, gestielt. — Felsige Abhänge. Sudeten, Alpen.

§ Endständige Ährchen ganz männlich.

○ Nur 1 männliches Ährchen.

362. C. limosa L. Halm oben rauh. Blätter schmal-lineal, faltig-rinnig. Schläuche rundlich-eiförmig, stumpf, vielnervig. Bl. 5—6. — Torfsümpfe, zerstreut.

363. C. irrigua Smith. Halm glatt. Blätter flach. Ährchen dünn gestielt. Schläuche nicht oder schwach nervig, sonst der vorigen ähnlich. Bl. 7. — Auf Hochmooren, selten.

364. C. supina Wahlenb. Blätter flach. Ährchen sitzend. Schläuche ellipsoidisch, stumpf 3kantig, geschnäbelt. Bl. 4—5. — Zerstreut an sonnigen Hügeln.

365. C. pallescens L. Halm oberwärts rauh, Blätter behaart. Ährchen gestielt, nickend. Spelzen strohfarben. Schläuche schnabellos, länglich ellipsoidisch. Bl. 5—6. — Gemein, Wiesen, Wälder.

○ 2 männliche Ährchen.

366. C. glauca Murray. Halm glatt. Blätter blaugrün, am Rande rauh. Weibliche Ährchen langgestielt, zuletzt hängend. Schläuche ellipsoidisch, stumpf, nervenlos. Bl. 4—5. Häufig auf nassen Wiesen, an Wegrändern.

△ Deckblätter scheidenförmig.

§ Weibliche Ährchen aufrecht.

! Deckblätter häutig.

367. C. alba Scop. Ährchen gestielt. Alle Deckblätter scheidenförmig, häutig, nicht blattartig. Schläuche kurz geschnäbelt. Bl. 4—5. — Gebirgswälder, selten.

! Deckblätter blattartig.

368. C. pilosa Scopoli. Pflanze dunkelgrün. Schläuche fast kugelig-verkehrt-eiförmig mit ziemlich langem Schnabel. Bl. 4—5. — Selten, Laubwälder.

369. C. panicea L. Pflanze graugrün. Schläuche mit kurzem, dickem, gestutztem Schnabel. Männliches Ährchen immer aufrecht. Bl. 5—6. — Gemein auf Wiesen.

370. C. sparsiflora Steudel. Pflanze grasgrün. Schläuche dreieckig-eiförmig mit etwas verlängertem Schnabel. Männliches Ährchen während der Blütezeit rechtwinklig zurückgebogen. Bl. 6—7. — Sehr zerstreut und selten.

§ Weibliche Ährchen zuletzt überhängend.

! Männliche Ährchen meist zu 2.

371. C. strigosa Huds. Weibliche Ährchen meist 4, schlank, lockerblütig, anfangs aufrecht, zuletzt nickend. Schläuche länglich-lanzettlich, nervig. Bl. 5. — Zerstreut, feuchte Wälder.

! Männliche Ährchen einzeln.

372. C. pendula Hudson. Weibliche Ährchen meist 4, gedrungenblütig, gekrümmt. Pflanze graugrünlich. Stengel 3kantig. Bl. 6. — Zerstreut in schattigen Wäldern.

373. C. capillaris L. Weibliche Ährchen 2—3, haarfein gestielt, lockerblütig. Pflanze grasgrün, Stengel stumpfkantig. Bl. 6—7. — Sehr selten, hauptsächlich im Gebirge.

β) Schläuche weich, haarig-filzig.

§ Deckblätter nicht scheidig.

! Pflanzen mit Ausläufern.

374. C. tomentosa L. Blätter unterseits graugrün. Unteres Deckblatt blattartig. Untere Scheiden schwarz-purpurn, netzfaserig. Bl. 5—6. — Zerstreut auf Wiesen, an Dämmen, Waldrändern.

375. C. ericetorum Pollich. Blätter graugrünlich. Scheiden braun, nicht netzfaserig. Unterstes Deckblatt scheidig-häutig, oft mit laubartiger Spitze. Spelzen stumpf. Bl. 3—4. — Zerstreut. Sandige Kiefernwälder, Heideboden.

376. C. verna Villars. Blätter grasgrün. Scheiden hellbraun, wenig zerfasernd. Unterstes Tragblatt kurzscheidig. Spelzen stachelspitzig. Bl. 3—4. — Gemein, trockene Hügel, Dämme, Grasplätze.

! Pflanze ohne Ausläufer.

377. C. umbrosa Host. Halm aufrecht. Untere Scheiden hellbraun in viele dünne Fasern sich auflösend, Deckblätter stumpf, stachelspitzig. Schläuche eiförmig. Bl. 5. — Wälder, Gebüsche, Waldwiesen, zerstreut.

378. C. pilulifera L. Halme zur Fruchtzeit zurückgekrümmt. Untere Scheiden hellbraun, zerfasert. Deckblätter zugespitzt. Weibliche Ährchen meist 3. Bl. 4—5. — Häufig an trockenen, lichten Waldstellen.

379. C. montana L. Blätter hellgrün. Untere Scheiden purpurn, netzfaserig. Weibliche Ährchen 1—2. Bl. 4—5. — Zerstreut, stellenweise fehlend. Schattige Wälder.

§ Deckblätter scheidig.

380. C. humilis Leysser. Blätter hellgrün, rinnig, viel länger als der glatte Halm. Weibliche Ährchen meist 3, 2—5 blütig. Bl. 3—4. — Zerstreut und selten. Sonnige, besonders kalkhaltige Hänge.

381. C. digitata L. Pflanze dunkelgrün mit endständiger Blattrosette. Blätter etwa so lang als die Stengel. Weibliche Ährchen entfernt, 2—3, 5—10 blütig, lockerblütig. Schläuche so lang als die ausgerandeten, gezähnelten Spelzen. Bl. 4—5. — Zerstreut, schattige Wälder.

382. C. ornithopoda Willd. Weibliche Ährchen dicht zusammengestellt. Schläuche länger als die nicht gezähnelten Spelzen. Sonst der vorigen ähnlich. Bl. 4—5. — Zerstreut, an lichten Waldstellen.

b) Schläuche lang geschnäbelt.

α) Schnabelspitzen gerade.

§ Schläuche aufrecht, bis aufrecht abstehend.

! Weibliche Ährchen, dünn, lineal.

383. C. brachystachys Schrank. Wurzel rasig, oft mit kurzen Ausläufern. Halm oberwärts rauh. Blätter borstenförmig-lineal. Weibliche Ährchen 2—3. Schläuche länglich-lanzettlich, längsnervig. Bl. 6—7. — Bayrische Alpen.

384. C. silvatica. Halm glatt, Blätter breit lineal. Weibliche Ährchen meist 4. Schläuche ellipsoidisch, glatt. Bl. 6. — Häufig, schattige Wälder.

385. C. ferruginea Scopoli. Halm glatt, Blätter schmal lineal. Weibliche Ährchen 2—3. Schläuche länglich mit feingesägtem, rauhem Schnabel. Bl. 6. — Alpenwiesen.

! Weibliche Ährchen eiförmig-ellipsoidisch.

† Schlauchschnabel glatt, kahl.

386. C. extensa Good. Blätter schmal lineal, graugrün. Spelzen stumpflich. Bl. 7—8. — Feuchte, gern salzhaltige Stellen, besonders am Meeresstrande, sehr zerstreut.

387. C. laevigata Smith. Blätter breit lineal. Spelzen lanzettlich, verschmälert zugespitzt. Bl. 5—6. — Sehr selten, Rheinland.

† Schlauchschnabel mit rauhem Rande.

△ 2 männliche Ährchen.

388. C. hordeistichos Villars. Halm stumpfkantig. Weibliche Ähren gedrungenblütig. Nüsse kastanienbraun, glänzend. Bl. 4—5. — Sehr zerstreut im nordwestlichen Teil.

389. C. secalina Wahlenb. Weibliche Ährchen lockerblütig. Nüsse halb so groß als bei voriger Art, glanzlos. Bl. 5—6. — Sehr zerstreut, Thüringen, Böhmen, Posen.

△ 1 Ährchen mit männlichen Blüten.

○ Wurzel mit kriechenden Ausläufern.

390. C. Michelii Host. Weibliche Ährchen 1—2. Schläuche verkehrt-eiförmig, plötzlich in einen spitz, 2 spaltigen Schnabel zusammengezogen. Bl. 5. — Sehr selten, Böhmen, Schlesien, in Wäldern.

391. C. frigida Allioni. Weibliche Ährchen 4. Schläuche lanzettlich, in einen feingesägt-wimperigen, 2 zähnigen Schnabel verschmälert. Bl. 6—8. — Nasse Stellen im Elsaß, Baden, Bayern.

○ Wurzel ohne Ausläufer.

⫩ Spreite des untersten Deckblattes höchstens so lang als die Scheide.

392. C. firma Host. Blätter kurz, starr abstehend. Deckblätter sehr kurz, meist nur scheidenartig. Schläuche länglich-lanzettlich mit abgestutztem, 2lappigem Schnabel. Bl. 6—7. — Alpenwiesen.

393. C. sempervirens Villars. Deckblätter scheidig, blattartig. Schläuche eiförmig-lanzettlich, in einen berandeten, feingesägt-wimperigen, an der Spitze trockenhäutigen, zweilappigen Schnabel endigend. Bl. 6—8. — An grasigen, trockenen Orten im Südwesten.

⫩ Spreite des untersten Deckblattes mehrmals so lang als die Scheide.

* Endständiges Ährchen nur am Grunde männlich.

394. C. fuliginosa Schkuhr. Nicht ausläufertreibend. Ährchen gestielt, weibliche 2—3. Schläuche lanzettlich, glatt, mit feingesägt-wimperigem Schnabel. Bl. 6—7. — Alpenwiesen.

* Endständiges Ährchen ganz männlich.

395. C. Hornschuchiana Hoppe. Lockerrasig. Blätter grasgrün. Schläuche etwas abstehend mit etwas abstehenden, innen weißhäutigen, glatten Zähnen. Spelzen breit, weißrandig, glatt ohne Stachelspitze. Bl. 5—6. — Torfige Wiesen, zerstreut.

396. C. distans L. Dichtrasig. Blätter meergrün. Schläuche nervig. Spelzen hellbraun, schmal, weißrandig mit haarfeiner Spitze. Bl. 5—6. — Zerstreut, feuchte Wiesen.

397. C. binervis Smith. Schläuche rotbraun, schwachnervig mit 2 stark hervortretenden grünen Seitennerven.

Spelzen stumpf, oben gezähnelt und stachelspitzig. Bl. 5—6. — Selten, Nordwestdeutschland. Trockene Heiden.

§ Schläuche wagerecht abstehend.

398. C. flava L. Stengel glatt, nebst den Blättern gelbgrün. Weibliche Ährchen 2—3. Schläuche weit abstehend, aufgeblasen. Bl. 5—6. — Sumpfige Wiesen, verbreitet.

β) Schnabelspitzen abstehend.

§ Schläuche kahl.

! Halm scharfkantig rauh.

399. C. Pseudo-Cyperus L. Blattscheiden nicht netzfaserig. Männliche Ährchen meist einzeln, weibliche 3—6, langgestielt, hängend. Bl. 6. — Zerstreut, Sümpfe, Teichränder.

400. C. acutiformis Ehrh. Blattscheiden netzfaserig. Blätter unterseits blaugrün. Männliche Ährchen 2—3, weibliche 2—3, sitzend oder kurzgestielt, aufrecht. Schläuche zusammengedrückt. Bl. 5. — Häufig an Fluß- und Teichrändern.

401. C. riparia Curtis. Blattscheiden meist netzfaserig, männliche Ährchen 2—5, weibliche 2—5. Schläuche beiderseits gewölbt. Bl. 5—6. — Gräben, Fluß- und Teichränder, häufig.

402. C. vesicaria L. Pflanze grasgrün. Scheiden stark netzfaserig. Männliche Ährchen 1—4, weibliche 2—4, aufrecht. Schläuche aufgeblasen-gewölbt. Bl. 5—6. — Sumpfige Wiesen, Gräben, Fluß- und Teichufer.

! Halm stumpfkantig, glatt.

403. C. nutans Host. Männliche Ährchen meist einzeln. Spelzen mit vorgezogener Spitze. Bl. 4—5. — Sehr zerstreut an feuchten Orten. Sachsen, Braunschweig, Böhmen.

404. C. rostrata With. Männliche Ährchen 1—3. Spelzen ohne vorgezogene Spitze. Bl. 5—6. — Häufig an sumpfigen Orten.

§ Schläuche behaart.

405. C. filiformis L. Graugrün. Stengel oberwärts rauh. Blätter sehr schmal, eingerollt. Schläuche mit kurzem Schnabel. Bl. 5. 6. — Sehr zerstreut. Tiefe Sümpfe.

406. C. hirta L. Grasgrün. Stengel glatt. Blätter breit lineal, behaart. Schläuche mit langem Schnabel. Weibliche Ährchen lockerblütig. Schnabelzähne innen kurz, sehr rauh. Bl. 5—6. — Häufig an feuchten, sandigen Orten.

407. C. aristata R. Br. Halm am Grunde stark verdickt. Blattscheiden weichhaarig. Weibliche Ährchen dichtblütig. Schläuche mit langem Schnabel. Schnabel mit innen ganz glatten Zähnen. Bl. 5—6. — Schlesien, sumpfige Wiesen.

Familie Araceae Juss., Aronsgewächse.

Kräuter mit oft knollig verdicktem Rhizom. Blüten in Kolben oder Ähren, die von einem großen, meist auffallend gefärbten Hochblatt (Spatha) umschlossen sind, zwitterig oder monöcisch, 2—3 gliederig, oft stark reduziert.

Gattung Calla L., Schweinekraut.

Blüten in einer Ähre mit dicker Achse, die unteren zwitterig, die oberen männlich. Blütenhülle fehlend. Staubblätter zahlreich. Fruchtknoten einfächerig. Frucht Beere.

408. C. palustris L. Grundachse kriechend, grün, ziemlich dick. Blätter gestielt, herz-eiförmig. Blütenschaft mit flacher, außen grünlicher, innen rein weißer Spatha. Bl. 5—7. — Zerstreut und nicht überall in Torfsümpfen, Erlenbrüchen, sumpfigen Bachufern, besonders im Walde.

Gattung Arum Tourn., Aronstab.

Blüten 1häusig, ohne Perigon, weibliche am unteren Ende, männliche darüber an einer oben blütenlosen Achse. Frucht Beere.

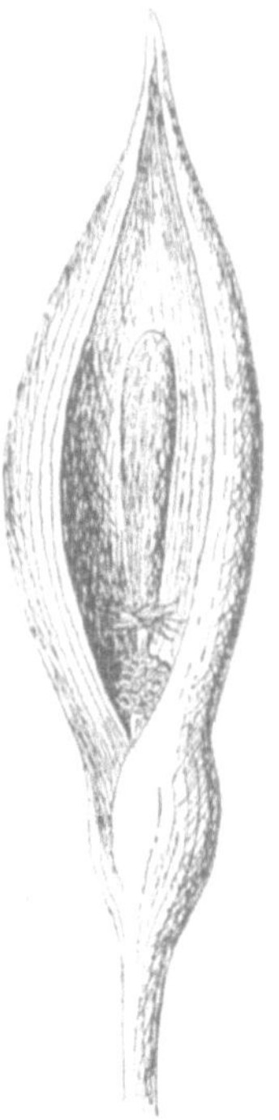

Fig. 36.
Arum maculatum.
Blütenstand mit Scheide.

409. A. maculatum L. Blätter grundständig, langgestielt, länglich-eiförmig, am Grunde pfeilförmig, oft braun gefleckt. Blütenscheide groß, grünlich. Bl. 4—5. — Schattige Wälder, zerstreut, häufig im Südwesten.

Gattung Acorus L., Kalmus.

Blüten zwitterig mit 6 blättriger Blütenhülle, 6 Staubblättern und 3 fächerigem Fruchtknoten, in Ähren.

410. A. Calamus L. Pflanze schilfartig. Blätter linealschwertförmig, am Grunde rötlich. Blütenstengel auf einer Seite scharfkantig, auf der andern rinnig. Pflanze mit aromatischem Geruch. Bl. 6—7. — Zerstreut, Gräben, Fluß- und Teichufer.

Familie Lemnaceae Link, Wasserlinsen.

Blüten getrenntgeschlechtig, einhäusig, nackt, männliche mit 1 Staubblatt, weibliche mit 1 Fruchtblatt. Freischwimmende, nicht in Stamm und Blätter gegliederte kleine Wasserpflanzen, sehr selten blühend.

Gattung Lemna L., Wasserlinse.

a) Laub mit nur 1 Wurzel.

1. Laub beiderseits flach.

411. L. trisulca L. Laub länglich-lanzettlich, an einem Ende stielartig verschmälert, meist zu mehreren Gliedern zusammenhängend und gewöhnlich untergetaucht. Bl. 5. — In Tümpeln, stehenden Gewässern, am Rande langsam fließender Bäche.

412. L. minor L. Laub schwimmend, etwas derb, rundlich-eiförmig, nicht gestielt, meist nur zu wenigen zusammenhängend. Bl. 4—7. — Gemein in stehenden Gewässern.

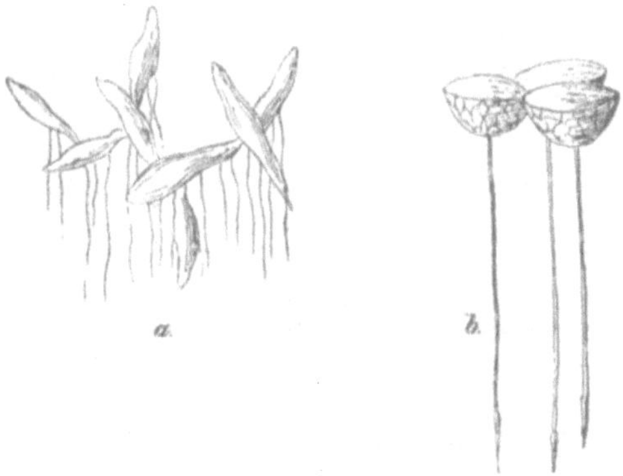

Fig. 37.
a Lemna trisulca. b Lemna gibba.

2. Laub oberseits flach, unterseits gewölbt.

413. L. gibba L. Laub schwimmend, rundlich oder verkehrt-eiförmig, unterseits durch schwammiges Gewebe gewölbt, meist einzeln. — Zerstreut, in stehenden Gewässern der Ebene.

b) **Laub mit zahlreichen Wurzeln.**

414. L. polyrrhiza L. Laub schwimmend, rundlich verkehrt-eiförmig, beiderseits flach, meist nur oberseits grün, unten rötlich bis weißlich mit büscheligen Wurzeln. — Stehende Gewässer, verbreitet.

Familie Juncaceae D.C., Binsen.

Blütenhülle 6blätterig mit am Rande trockenhäutigen Blättern. Staubblätter meist 6, seltener 3. Fruchtknoten 1—3fächerig. Griffel 1 mit 3 Narben.

Gattung Luzula Desv., Marbel, Hainbinse.

Kapsel 1fächerig, 3klappig, 3samig.

a) Blüten der Spirren einzeln oder zu 2—4.

415. L. flavescens Gaud. Wurzelstock mit Ausläufern. Untere Blätter lineal. Äste der Spirren meist 1blütig, nach der Blüte aufrecht. Bl. 6—9. — Selten. Österr.-Schlesien, Elsaß, Bayern (Alpen).

416. L. Forsteri D.C. Wurzel rasig, unterste Blätter lineal, Blüten einzeln, Äste aufrecht. Bl. 6—7. — Elsaß, Baden, Rheinprovinz bis Linz.

417. L. pilosa Willd. Unterste Blätter lanzettlich. Äste 3blütig, obere nach dem Verblühen zurückgebogen. Bl. 3—5. — Wälder, häufig.

418. L. angustifolia Garcke. Blätter lineal, am Rande behaart. Blüten meist zu 4 am Ende der kurzen Äste. Blütenhüllblätter länger als die Kapsel. Blüten weißlich. Bl. 6—7. — Verbreitet in Wäldern, selten in Norddeutschland.

419. L. silvatica Gaudin. Blätter breit lineal-lanzettlich, am Rande behaart. Blütenstiele 3blütig. Blütenhüllblätter etwa so lang als die Kapsel, stachelspitzig. Blüten braun oder grün. Bl. 4—6. — In Bergwäldern, zerstreut.

b) Blüten in dichten Ähren.

420. L. campestris D.C. Lockerrasig mit kurzen Ausläufern. Blätter lineal, am Rande schwach behaart, zuletzt kahl. Ähren eiförmig, doldig, die seitlichen Köpfchen langgestielt, zuletzt überhängend. Bl. 3—6. — Gemein auf trockenen Grasplätzen.

Gattung Juncus L., Binse.

Kapsel unvollkommen 3fächerig, Fächer mehrsamig.

A. Nichtblühende Halme pfriemlich, blattlos.

I. Samen mit Anhängseln.

421. J. maritimus Link. Grundständige Blätter stielrund, stechend. Äußere Blütenhüllblätter spitz, innere stumpf. Bl. 7—8. — Nord- und Ostseestrand.

II. Samen ohne Anhängsel.

a) Staubblätter 3.

422. J. Leersii Marsson. Halm oben deutlich gestreift, graugrün, glanzlos. Blütenhüllblättchen lanzettlich, sehr spitz. Griffelgrund auf erhabenem Buckel. Bl. 5. 6. Sandige, moorige Gegenden.

423. J. effusus L. Halm glatt, dunkelgrün, glänzend. Griffelgrund in einem Grübchen sitzend. — Häufig am Ufer stehender Gewässer, in Sümpfen.

b) Staubblätter 6.

424. J. glaucus Ehrh. Halme tiefgerillt, meergrün. Kapsel länglich ellipsoidisch, stumpf, stachelspitzig. Bl. 7—8. — Häufig an Gräben, nassen Grasplätzen.

425. J. balticus Willd. Halm ganz glatt, trocken, schwach gerillt, sonst der vorigen Art ähnlich. Bl. 7—8. — Ostseestrand.

426. J. filiformis. Halm fadenförmig, glatt, trocken, fein gerillt, blaßgrün. Kapsel kugelig, sehr kurz stachelspitzig. Bl. 6—7. — Sehr zerstreut, im Gebirge an sumpfigen Orten.

B. Pflanze ohne nichtblühende Halme, aber mit Blätterbüscheln.

I. Samen mit Anhängseln.

427. J. trifidus L. Halm fadenförmig, 1—3blütig. Bl. 6—8. Dichtrasig. — Feuchte, steinige Gebirgskämme im Riesengebirge und in Bayern.

II. Samen ohne Anhängsel.

a) Halm blattlos.

α) Staubblätter 3.

428. J. capitatus Weigel. Köpfchen endständig einzeln oder mit noch 1—2 seitlichen gestielten. Bl. 6—8. — Zerstreut in Süd- und Westdeutschland.

β) Staubblätter 6.

429. J. squarrosus L. Blätter lineal-rinnig, abstehend. Staubfäden 4 mal kürzer als der Staubbeutel. Bl. 7—8. — Zerstreut. Heiden, torfige Gegenden.

430. J. tenuis Willd. Blätter aufrecht. Staubfäden länger als die Staubbeutel. Bl. 6—7. — Sehr zerstreut an Wegen, Grasplätzen.

b) Halm beblättert.

α) Pflanzen ausdauernd.

1. **Staubblätter 3.**

431. J. supinus Mönch. Spirre endständig mit verlängerten, meist einfachen Ästen. Äußere Blütenhüllblätter spitz, innen stumpf. Bl. 7—8. — Verbreitet, Wiesengräben, Sumpfwiesen.

2. **Staubblätter 6.**

§ Blüten köpfchenartig gedrängt.

△ Äußere Blütenhüllblätter spitz.

432. J. lamprocarpus Ehrh. Blütenhüllblätter gleichlang, gerade, äußere spitz, innere stumpf, alle kürzer als die länglich-eiförmige, stachelspitzige, glänzende Kapsel. Bl. 7—8. — Gemein an Gräben, Wiesen.

433. J. acutiflorus Ehrh. Blütenhüllblätter zugespitzt begrannt, innere länger als die äußeren, kürzer als die eiförmige, zugespitzt geschnäbelte Kapsel. Bl. 7—8. — Sumpfige Waldstellen, Torfmoore, feuchte Triften.

434. J. atratus Krocker. Alle Blütenhüllblätter glänzend schwarz, so lang als die Kapsel. Bl. 7—8. — Sehr zerstreut, Mitteldeutschland, Bayern (Pfalz).

△ Blütenhüllblätter stumpf, gleichlang.

435. J. obtusiflorus Ehrh. Blütenhüllblätter silberweiß, so lang als die eiförmige, spitze, gelbbraune Kapsel. Bl. 7—8. — Zerstreut, torfige Wiesen.

436. J. alpinus Villars. Blütenhüllblätter kürzer als die eiförmig-längliche, stachelspitzige, schwarzbraune Kapsel. Bl. 7—8. — Zerstreut, torfige Wiesen.

§ Blüten nicht köpfchenartig gedrängt.

437. J. compressus Jacquin. Halm etwas zusammengedrückt. Blütenhüllblätter fast um die Hälfte kürzer als die fast kugelige Kapsel. Bl. 7—8. — Häufig, nasse Wiesen.

438. J. Gerardi Lois. Halm fast stielrund. Blütenhüllblätter fast so lang als die ellipsoidische, etwas 3seitige Kapsel. Bl. 7—8. — Am Meeresstrande und in Westdeutschland.

8. Pflanze einjährig.

439. J. Tenageia Ehrh. Halm mit 1—2 borstlichen, am Grunde rinnigen Blättern. Blütenhüllblätter eilanzettlich, spitz, so lang als die kugelige, sehr stumpfe Kapsel. Bl. 6—8. — Zerstreut an sandigen, feuchten Stellen.

440. J. sphaerocarpus Nees. Blütenhüllblätter länglich-lanzettlich, stachel-

Fig. 38.
Juncus bufonius.

spitzig, merklich länger als die rundlich-stumpfe Kapsel. Bl. 6—7. — Selten, Weimar, Offenbach, Würzburg.

441. J. bufonius L. Blütenhüllblätter lanzettlich, zugespitzt, länger als die längliche stumpfe Kapsel. Bl. 6—8. Gemein an feuchten Orten.

Familie Liliaceae D. C., Liliengewächse.

Blütenhülle meist 6blätterig oder 6teilig, blumenkronartig. Staubblätter 6, Fruchtblätter 3, verwachsen. Fruchtknoten oberständig. Blüten meist regelmäßig, zwitterig.

Gattung Tulipa L., Tulpe.

442. T. silvestris L. Blütenhülle glockenförmig, 6blättrig. Kapsel 3seitig, in jedem Fach mit vielen Samen. Blüten gelb, meist einzeln, endständig, vor dem Aufblühen nickend. Blätter lineal-lanzettlich. Bl. 4—5. — Zerstreut. Weinberge, grasige, buschige Dämme, Waldblößen.

Gattung Lilium Tourn., Lilie.

Blütenhüllblätter am Grunde zusammenneigend, Staubbeutel dem Staubfaden quer aufliegend. Griffel fast keulenförmig, mit 3seitiger Narbe. Samen in jedem Fach zahlreich.

443. L. Martagon L. Türkenbund. Blüten schmutzigpurpurn, auch fleischfarben, dunkler gefleckt, kurzgestielt zu 3—10, traubig. Bl. 6—7. — Laubwälder im Gebirge, zerstreut.

444. L. bulbiferum L. Feuerlilie. Blüten endständig, einzeln oder zu 2—4doldig, rotorange, innen braun gefleckt. Bl. 6—7. — Sehr selten auf Gebirgswiesen, aber öfter in Gärten gebaut. Trägt in den Achseln der oberen Blätter schwärzliche Brutknospen.

Gattung Fritillaria L., Schachblume.

445. Fr. Meleagris. Blütenhülle 6blätterig, Blätter derselben am Grunde mit einer Honiggrube, schachbrettartig purpurrot und weißlich gefleckt. Bl. 4—5. — Selten, im südlichen und nordwestlichen Deutschland.

Gattung Gagea Salisb., Goldstern.

Blütenhüllblätter sternförmig ausgebreitet, bleibend, gelb, am Grunde mit einer Honiggrube. Griffel fadenförmig mit undeutlich 3 lappiger Narbe. Kapsel 3 seitig mit wenig Samen in jedem Fach.

Fig. 39.
Gagea lutea.

I. Zwiebel mit Nebenzwiebeln.

a) **Blütenstiele zottig.**

446. G. arvensis Schultes. Grundständige Blätter 2, lineal, rinnig. Blütenhüllblätter lanzettlich, spitz. Bl. 3—4. — An Dämmen, auf Äckern, verbreitet.

b) **Blütenstiele kahl.**

447. G. pratensis Schultes. Zwiebeln 3. Grundständige Blätter 1—2, lineal, beiderseits verschmälert. — Verbreitet, Äcker, trockene Grasplätze. Bl. 4—5.

448. G. spathacea Salisb. Zwiebeln 2. Grundständige Blätter 2, schmal-lineal, nach unten zu fadenförmig. Blütenhüllblätter länglich-lanzettlich, stumpf. Bl. 4—5. — Sehr zerstreut, feuchte Wälder.

449. G. minima Schultes. Zwiebeln 2. Grundständiges Blatt 1, lineal. Blütenhüllblätter lineal-lanzettlich, zugespitzt. Bl. 3—4. — Grasige Plätze, zerstreut, nicht überall.

II. Zwiebeln 1, ohne Nebenzwiebeln.

450. G. lutea Schultes. 1 grundständiges Blatt, lineal-lanzettlich, flach, plötzlich mützenförmig zusammengezogen und zugespitzt. Blütenhüllblätter länglich, stumpf. Bl. 4—5. — Zerstreut, schattige Grasplätze, Wiesen, Wälder.

Gattung Ornithogalum L., Vogelmilch.

Blütenblätter abstehend, bleibend. Staubbeutel den flachen, oft fast blumenblattartigen Staubblättern quer aufliegend.

451. O. umbellatum L. Blätter rinnig, mit weißem Mittelstreifen. Untere Blütenstiele zur Fruchtzeit wagerecht abstehend oder zurückgeschlagen. Blütenhüllblätter sternförmig geöffnet. Staubblätter lineal-pfriemlich. Bl. 5—6. — Zerstreut, Wiesen, Äcker, Weinberge.

Fig. 40.
Ornithogalum nutans.

452. O. nutans L. Wasserhyazinthe. Blütenhüllblätter glockenförmig, stumpf. Staubblätter blumenblattartig. Bl. 4—5. — Zerstreut, Wiesen, Äcker, Weinberge.

Gattung Anthericum L., Graslilie.

Pflanze ohne Zwiebel. Blütenhülle sternförmig ausgebreitet. Kapselfächer 4—6 samig.

453. A. Liliago L. Blütenstengel einfach. Griffel aufsteigend, so lang als die Hüllblätter. Bl. 5—6. — Sehr zerstreut in trockenen Wäldern.

454. A. ramosum L. Blütenstengel ästig. Griffel gerade, länger als die Hüllblätter. Bl. 6—7. — Zerstreut, sonnige Hügel, lichte Wälder.

Gattung Scilla L., Meerzwiebel.

455. S. bifolia L. Zwiebel zweiblättrig. Blätter lineallanzettlich. Blütenstand lockertraubig, 2—10 blütig. Blütenhülle tief himmelblau, Hüllblätter abstehend. Staubblätter pfriemenförmig. Bl. 3—4. — Sehr zerstreut, in fruchtbaren Laubwäldern, Grasplätzen.

Gattung Allium L., Lauch.

Blütenstand doldenförmig, meist kopfig gehäuft, vor dem Aufblühen von einer 1—2 blättrigen Scheide umschlossen. Staubblätter am Grunde verbreitet. Kapselfächer 1—2 samig.

A. Staubfäden einfach.

I. Blütenhülle sternförmig oder trichterförmig ausgebreitet.

a) Blätter flach.

α) Blätter elliptisch oder lanzettlich.

456. A. ursinum L. Bärenlauch, wilder Knoblauch. Zwiebel dünn, von der häutigen Scheide des untersten Laubblattes eingeschlossen. Blätter elliptisch-lanzettlich, langge-

Fig. 41. Allium ursinum.

stielt, spitz. Bl. 5. — Zerstreut, stellenweise massenhaft.

457. A. Victorialis L. Allermannsharnisch. Zwiebel mit netzförmigen Schalen. Blätter breit-lanzettlich bis elliptisch, kurzgestielt, stumpf. Bl. 7—8. — Selten, grasige oder moosige Stellen in Hochgebirgswäldern.

β) Blätter schmal lineal.

458. A. fallax Schultes. Blätter schwachnervig, kiellos. Staubblätter länger als die Blütenhülle. Bl. 7—8. — Felsen, sonnige Hügel, zerstreut.

459. A. acutangulum Schrad. Schaft oberwärts scharfkantig. Blätter lineal flach, scharf gekielt. Staubblätter so lang als die Blütenhülle. Bl. 6—8. — Feuchte Wiesen, auch an Dämmen, zerstreut und nicht überall.

460. A. suaveolens Jacquin. Stengel stielrund. Blätter flach, etwas rinnig, unterseits scharf gekielt. Bl. 7—8. — Zerstreut und nur im Südwesten des Gebietes, Moorwiesen.

b) Blätter hohl.

α) Stengel und Blätter nicht aufgeblasen.

461. A. Schoenoprasum L. Schnittlauch. Grundachse verzweigt, kaum Zwiebel bildend. Blütenhüllblätter länger als die nicht gezähnten Staubblätter. Bl. 6—7. — Zerstreut an Flußufern, häufig angebaut.

462. A. ascalonicum L. Schalotte. Zwiebel schief-eiförmig. Blütenhüllblätter so lang oder länger als die

Staubblätter; innere Staubblätter jederseits mit 1 kurzen Zahn am Grunde. Bl. sehr selten 6—7. — Angebaut.

β) Stengel und Blätter aufgeblasen.

463. A. Cepa L. Zwiebel. Innere Staubblätter am Grunde 2zähnig. Bl. 6—8. — Angebaut.

464. A. fistulosum L. Winterzwiebel. Der vorigen sehr ähnlich, aber alle Staubblätter ohne Zähne. Bl. 6—7. — Angebaut.

II. Blütenhülle glockenförmig.

465. A. oleraceum L. Blätter schmal lineal, ziemlich dick, deutlich rinnig, am Grunde röhrig. Blütenhüllblätter stumpf, so lang oder kürzer als die Staubblätter. Bl. 6—7. — Waldränder, Gebüsche, häufig.

466. A. carinatum L. Blätter breit lineal, fast flach, schwach rinnig. Blütenhüllblätter gestutzt oder ausgerandet, kürzer als die Staubblätter. Bl. 7—8. — Gebüsche. Selten und sehr zerstreut.

B. Innere Staubblätter 3teilig, mit fadenförmigen Seitenzipfeln.

a) **Blütenstand zwiebeltragend, oft ohne alle Blüten.**

467. A. sativum L. Knoblauch. Blätter breit lineal, flach, graugrün. Blütenscheide 1klappig, sehr lang geschnäbelt, die Dolde weit überragend. Bl. 7—8. — Angebaut.

468. A. Scorodoprasum L. Blätter breit lineal, flach, am Rande rauh. Blütenscheide 2blättrig, kürzer als die Dolde. Bl. 6—7. — Zerstreut in Gebüschen, Hecken, Waldrändern.

469. A. vineale L. Blätter fast stielrund, innen hohl. Blütenscheide 1blättrig, viel kürzer als die Dolde. Bl. 6—8. — Zerstreut. Trockene sandige Hügel, Äcker, Dämme.

b) **Blütenstand ohne Zwiebeln.**

470. A. Porrum L. Porree, Küchenlauch. Blätter breit lineal. Mittlere Haarspitze des Staubblattes halb so lang als dieses. Bl. 6—7. — Angebaut.

471. A. rotundum L. Blätter schmal lineal. Mittlere Haarspitze viel kürzer als das Staubblatt. Bl. 6—8. — Selten, Weinberge, trockene Hügel, Südwestdeutschland.

472. A. sphaerocephalum L. Blätter halbstielrund. Mittlere Haarspitze halb so lang als das Staubblatt. Bl. 6—7. — Zerstreut, fehlt fast ganz in Norddeutschland. Äcker, sonnige Hügel.

Gattung Muscari L., Bisamhyazinthe.

Blütenhülle kugelig-eiförmig oder röhrenförmig, an der Mündung verengt mit kurzem 6zähnigem Saume. Narbe undeutlich 3lappig. Kapsel scharf 3kantig.

a) **Traube sich verlängernd, obere und untere Blüten verschieden.**

473. M. comosum Mill. Blätter lineal, meist gezähnelt. Untere Blüten entfernt, wagerecht abstehend, kaum so lang als ihre Stiele. Obere Blüten geschlechtslos mit 4—6mal so langen Stielen. Bl. 5—6. — Weinberge, sandige Äcker und Raine in Mittel- und Süddeutschland.

474. M. tenuiflorum Tausch. Blätter meist ganzrandig. Untere Blüten meist länger als ihre Stiele, obere so lang oder länger als die Stiele. Bl. 5—6. — Bergwälder in Thüringen, Sachsen, Böhmen, Bayern.

b) **Trauben gedrungen, alle Blüten gleich.**

475. M. racemosum Mill. Blätter lineal, bogig-zurückgekrümmt, länger als der Schaft. Blüten eiförmig. Bl. 4—5. — Zerstreut auf Äckern, Grasplätzen, Weinbergen, Mittel- und Süddeutschland.

476. M. botryoides Mill. Traubenhyazinthe. Blätter lineal-lanzettlich, aufrecht, so lang als der Schaft. Blüten fast kugelig. Bl. 4—5. — Zerstreut an ähnlichen Orten wie die vorige.

Gattung Narthecium Moehring, Beinbrech.

477. N. ossifragum Huds. Untere Blätter lineal-schwertförmig. Blütenhülle 6blättrig. Staubblätter bärtig. Narbe 3seitig. Kapsel spitz, ein wenig länger als die bleibende Blütenhülle. Bl. 7—8. — An torfigen, moorigen Orten in Nordwestdeutschland.

Gattung Asparagus L., Spargel.

478. A. officinalis L. Blüten zweihäusig. Blütenhülle glockenförmig, 6spaltig, am Grunde röhrig, abfallend. Grundachse mit fleischigen Sprossen. Stengel ästig, glatt, kahl mit büscheligen borstenförmigen Blättern. Bl. 6—7. — Zerstreut in trockenen Wäldern, Dämme, sandige Flußufer.

Fig. 42.
Asparagus officinalis.

Gattung Convallaria L., Maiblume, Maiglöckchen.

479. C. majalis L. Maiblume, Springauf. Blütenhülle kugelig-glockenförmig, 6zähnig. Blüten hängend in endständiger 5—10 blütiger Traube. Grundachse kriechend.

Blätter grundständig, elliptisch. Bl. 5. — Laubwälder, verbreitet.

Fig. 43.
Convallaria majalis.

Gattung Majanthemum Weber, Schattenblume.

480. M. bifolium (L.) D. C. Blütenhülle tief 4—6 teilig mit ausgebreiteten oder zurückgebogenen Abschnitten. Griffel kurz dick. Laubblätter am Stengel 2, tief herz-eiförmig, spitz. Bl. 5—6. — Verbreitet, schattige Wälder.

Gattung Polygonatum All., Weißwurz.

Blütenhülle röhrenförmig. Staubblätter in der Mitte der Blütenhülle eingefügt.

I. Blätter zu 3—7 in Quirlen, lanzettlich.

481. P. verticillatum Allioni. Stengel aufrecht kantig. Blätter zugespitzt. Blütenstiele 1—3 blütig.

Fig. 44.
Majanthemum bifolium.

Fig. 45.
Polygonatum multiflorum.

Bl. 5—6. — Meist in schattigen Gebirgswäldern, seltener in der Ebene.

II. Blätter abwechselnd, eiförmig bis elliptisch.

482. P. officinale All. Salomonssiegel. Stengel kantig, oberwärts fast zweischeidig zusammengedrückt. Blätter kahl. Blütenstiele 1—3 blütig. Bl. 5. — Laubwälder, verbreitet.

483. P. multiflorum Allioni. Stengel stielrund. Blütenstiele 3—5 blütig. Bl. 5—6. — Verbreitet in schattigen Wäldern.

Gattung Streptopus Rich., Zapfenkraut.

484. S. amplexifolius D. C. Blütenhülle weitglockig, bis zum Grunde 6 teilig. Griffel fadenförmig. Beere 3 fächerig. Früchte vielsamig. Grund knollig verdickt. Stengel ästig, hin- und hergebogen. Blätter herzförmig, stengelumfassend. Bl. 7—8. Feuchte Gebirgswälder, sehr zerstreut.

Gattung Paris L., Einbeere.

485. P. quadrifolia L. Blütenhülle bis zum Grunde 8 teilig, äußere Abschnitte größer, kelchartig, innere schmal, lineal. Blüten einzeln endständig. Staubblätter 8, Griffel 4. Blätter zu 4 in einem Quirl, netznervig. Bl. 5. — Zerstreut, stellenweise häufig, in schattigen Wäldern. Giftig.

Fig. 46.
Paris quadrifolia.

Gattung Colchicum L., Zeitlose.

486. C. autumnale L. Herbstzeitlose. Knolle von braunen Scheiden umhüllt. Blätter länglich-lanzettlich, beiderseits verschmälert, dunkelgrün, stumpf, nebst der Samenkapsel im Frühjahr erscheinend. Blütenhülle glockig-trichterförmig mit sehr langer Röhre, tief 6 teilig, hellviolettrosa. Staubblätter am Grunde eingefügt. Griffel 3, sehr lang. Blüten ohne Blätter im September erscheinend.

— Mittel- und Süddeutschland gemein, auf Wiesen, selten in Norddeutschland. Giftig.

Gattung Veratrum L., Germer.

487. V. album L. Blütenhülle 6blättrig. Staubbeutel nierenförmig. Griffel 3, sehr kurz. Traube rispig, weichhaarig. Blätter elliptisch, unterseits weichhaarig. Bl. 7—8. — Gebirgswiesen, sehr zerstreut.

Gattung Tofieldia Huds.

488. T. calyculata (L.) Wahlenbg. Stengel einfach, wenig beblättert. Blätter lineal-lanzettlich, schwertförmig, spitz, die grundständigen 2zeilig. Blüten in dichter, oft verlängerter Traube. Blütenhülle 6blättrig, kelchartig. Bl. 7—8. — Torfige Wiesen, sehr zerstreut.

Familie Amaryllidaceae R. Br., Amaryllisgewächse.

Blütenhülle 6blättrig oder 6spaltig, blumenkronartig. Staubblätter 6. Fruchtknoten unterständig.

Gattung Narcissus L., Narzisse.

489. N. Pseudonarcissus L. Märzbecher. — Zwiebel eiförmig, Stengel 2schneidig, einblütig. Blätter lineal, stumpf, etwas rinnig, gekielt. Blütenhülle tellerförmig mit trichterförmiger Röhre, hellgelb, am Schlunde mit becherförmiger, dottergelber Nebenkrone. Bl. 3—5. — Sehr zerstreut und meist nur aus Gärten verwildert, in Gebüschen, auf Bergwiesen.

Gattung Leucoïum L., Knotenblume.

490. L. vernum L. Großes Schneeglöckchen. Blätter grasgrün, lineal, stumpf. Blütenhülle glockenförmig, 6blättrig, ohne Krönchen, Blätter derselben fast gleich, an der Spitze verdickt, weiß, an der Spitze grünlich. Bl. 3—4. — Zerstreut im mittleren und südlichen Deutschland.

Gattung Galanthus L., Schneeglöckchen.

491. G. nivalis L. Schneeglöckchen. Blätter lineal, bereift blaugrün. Blütenhülle 6blättrig, ohne Krönchen, äußere Blätter derselben abstehend, stumpf, weiß, innere aufrecht, ausgerandet, grünlich. Bl. 2—4. — Zerstreut und meist selten, aber viel angepflanzt. Gebüsche, Wiesen.

Fig. 47. Galanthus nivalis.

Familie Iridaceae Juss., Schwertlilien.

Blütenhülle zart, blumenkronartig, 6blättrig. Staubblätter 3, am Grunde der äußeren Blütenhüllblätter eingefügt. Fruchtknoten unterständig.

Gattung Crocus (Tourn.) L., Safran.

492. C. vernus Wulfen (inclus. C. Heufflorianus Herb.). Stengel kurz, 1blütig. Blätter 1—2 verlängert, lanzettlich-lineal. Blütenhülle regelmäßig, mit langer Röhre, violett. Staubblätter mit pfeilförmigen Öhrchen. Bl. 3—4. — Zerstreut, vielfach angepflanzt. (Wird neuerdings meist in mehrere Arten zerlegt.)

Gattung Gladiolus L., Siegwurz.

Blütenhülle unregelmäßig mit fast 2lippigem Saum und kurzer Röhre. Staubbeutel lineal geöhrt. Griffel fadenförmig.

493. G. paluster. Fasern der Knollenhülle stark, netzförmig verbunden, mit rundlichen Maschen. Blüten zu 2—5 in einseitswendigen Ähren, purpurn, untere Abschnitte weiß gefleckt. Kapsel oben abgerundet, glatt. Bl. 6—7. — Sumpfige Wiesen, sehr zerstreut.

494. G. imbricatus L. Fasern der Knollenhülle fein, parallel, nur oben netzförmig verbunden mit sehr schmalen Maschen. Blüten zu 4—10, halb so groß als bei vor. Kapsel oberwärts eingedrückt, abwärts runzelig. Bl. 6. — Sehr zerstreut, im Süden fehlend. Feuchte Wiesen.

Gattung Iris L., Schwertlilie.

Blütenhülle regelmäßig; innere Abschnitte aufrecht, äußere zurückgekrümmt. Staubbeutel länglich, Griffel kurz.

A. Äußere Blütenzipfel innen bärtig.

a) Stengel mehrblütig.

495. I. germanica L. Stengel länger als die Blätter, Blütenhülle dunkelviolett. Narbenlappen eiförmig, auseinandergehend. Bl. 5—6. — Angepflanzt und verwildert.

496. I. sambucina L. Lappen der Narbe eiförmig, mit ihrem inneren Rande zusammenschließend. Bl. 5—6. — Bergwiesen, Weinberge, selten.

497. I. nudicaulis Link. Stengel kaum so lang als die Grundblätter. Blätter sichelförmig gebogen. Blütenhülle violett, am Grunde weißlich, rotbraun geadert. Bl. 5. — Im mittleren und südöstlichen Deutschland, sehr zerstreut und selten auf Waldwiesen, Laubwälder im Gebirge.

b) Stengel einblütig.

498. I. pumila L. Grundständige Blätter kürzer als der einblütige Stengel, blaugrün. Häufig auf Mauern angepflanzt und stellenweise verwildert. Bl. 4—5.

B. Äußere Blütenzipfel bartlos.

499. I. Pseud-Acorus L. Wasser-Schwertlilie. Blätter lanzettlich lineal. Blütenhülle gelb. Bl. 5—6. — Häufig in Gräben und stehenden Gewässern.

Fig. 48.
Iris Pseudacorus.

500. I. sibirica L. Blätter lineal. Blütenhülle hellblau. Bl. 6. — Selten, feuchte Wiesen.

Familie Orchidaceae Juss., Knabenkrautgewächse.

Perigon blumenkronartig, aus 2-3zähligen Kreisen bestehend; 1 Blatt des inneren Kreises meist größer und lippenartig, oft gespornt, die übrigen Blätter unter sich ziemlich gleich. Meist nur 1 Staubblatt. Staubbeutel zweifächerig, Blütenstaub zu wachsartigen keulenförmigen gestielten Häufchen verklebt (Pollinarien). Narbe 3lappig unter dem Staubbeutel; mittlerer Lappen (Schnäbelchen, Rostellum) schleimführend und mit den Pollenhäufchen in Verbindung stehend.

Gattung Orchis L., Knabenkraut, Kuckucksblume.

Oberes äußeres Perigonblatt mit den beiden seitlichen inneren helmartig zusammengeneigt. Lippe fast stets gespornt, Staubbeutelfächer durch einen Fortsatz des Schnäbelchens getrennt; jede Blütenstaubmasse mit besonderer, von einem gemeinsamen 2fächerigen Beutelchen bedeckten Stieldrüse.

A. Wurzelknollen ungeteilt oder nur an der Spitze kurz 2—3lappig.

I. Deckblätter 1nervig.

a) Deckblätter mehrmals kürzer als der Fruchtknoten,

501. O. purpurea Huds. Blätter länglich. Lippe pinselförmig punktiert, Seitenzipfel lineal, der mittlere vom Grunde allmählich verbreitert, zweilappig mit breiten ausgebissen gezähnelten Lappen. Sporen zylindrisch, halb so lang als der Fruchtknoten. — Zerstreut, schattige Bergwälder. Bl. 5—6.

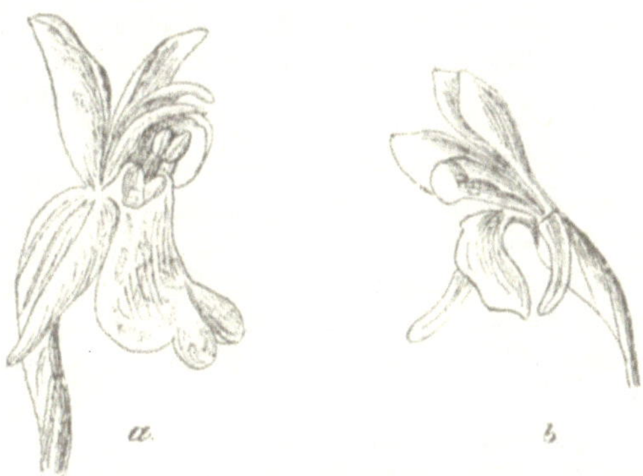

Fig. 49.

a Blüte von Orchis maculata, b Blüte von Coralliorrhiza innata schwach vergrößert.

502. O. Rivini Gouan. Seitenzipfel der Lippe lineal, an der Spitze plötzlich verbreitert, nierenförmig. — Zerstreut auf Wald- und Moorwiesen, gern auf Kalkhügeln. Bl. 5—6.

b) Deckblätter mindestens halb so lang als der Fruchtknoten.

α) Alle 5 Blätter der Blütenhülle helmförmig zusammenneigend.

1. Stengel oberwärts blattlos.

503. O. tridentata Scop. Knollen länglich. Blätter länglich, spitz, nur das oberste tutenförmig. Unterstes Deckblatt zuweilen 3nervig. Sporn länger als der halbe Fruchtknoten. Bl. 5. — Zerstreut und nicht häufig. Bergwiesen, Waldränder, Weinberge.

504. O. ustulata L. Knollen rundlich. Blätter länglich-lanzettlich, die 2—3 oberen viel kleiner, tutenförmig. Sporn 3—4mal kürzer als der Fruchtknoten. Bl. 5—6. — Zerstreut, in den Alpen häufig, auf Wiesen, Waldwiesen.

2. Stengel bis oben beblättert.

505. O. coriophora L. Blätter zahlreich, lineal-lanzettlich. Ähre länglich-walzenförmig, dicht. Helm länglich, schnabelförmig zugespitzt. Lippe tief 3spaltig, Mittelzipfel länglich, spitzlich. Seitenzipfel fast 4eckig oder rautenförmig. Sporn halb so lang als der Fruchtknoten. Bl. 5—6. — Zerstreut, Wiesen.

506. O. globosa L. Blätter länglich lanzettlich, das oberste schuppenartig. Ähre zuletzt kugelig, dichtblütig. Lippe tief 3spaltig mit länglichem, vorn verschmälertem Mittelzipfel und 3eckigen Seitenzipfeln. Bl. 6—7. — Selten und sehr zerstreut. Gebirgswiesen.

507. O. Morio L. Blätter länglich lanzettlich. Unterstes Deckblatt meist 3nervig, so lang als der Fruchtknoten. Lippe 3lappig mit breiten kurzen Lappen. Ähre wenigblütig. Bl. 4—5. — Meist häufig. Wiesen, grasige Hügel.

β) Nur die 3 oberen Blätter der Blütenhülle helmförmig.

508. O. pallens L. Blätter länglich, vorn verbreitert, spitzlich. Lippe seicht 3 lappig, ganzrandig oder sehr fein gekerbt. Die 3 inneren Blätter der Blütenhülle fast gleich. Blüte meist gelblichweiß. — Zerstreut. Bergwiesen, lichte Wälder. Bl. 4.—5.

509. O. mascula L. Blätter länglich oder lanzettlich, stumpflich. Lippe tief 3 lappig mit ziemlich gleichen gezähnelten Lappen. Die 2 innersten Blütenhüllblätter kürzer als das rückenständige. Bl. 5—6. — Zerstreut, stellenweise häufig, Bergwiesen, grasige Lehnen.

II. Alle Deckblätter 3- bis mehrnervig.

510. O. laxiflora Link. Blätter lineal-lanzettlich. Seitenständige Blätter der Blütenhülle zurückgeschlagen. Knolle ungeteilt. Var. palustris Jacqu. Mittellappen der Lippe mindestens so lang als die Seitenlappen. Bl. 5—6. — Nur die Varietät im Gebiet, zerstreut, torfige feuchte Wiesen.

511. O. sambucina L. Blätter länglich-lanzettlich. Seitenständige Blätter der Blütenhülle abstehend. Knolle an der Spitze meist kurz 2—3 teilig. Bl. 5. — Zerstreut auf Gebirgswiesen. Blüte meist gelblichweiß.

B. Wurzelknollen handförmig geteilt.

512. O. maculata L. Geflecktes Knabenkraut. Stengel nicht hohl, meist 10 blättrig; obere Blätter kleiner und meist deckblattförmig, das oberste von der Ähre weit entfernt. Bl. 6. — Verbreitet, Wiesen, Wälder.

513. O. angustifolia Rchb. Stengel nicht hohl, schlank, dünn, 4—5 blättrig. Bl. 6—7. — Zerstreut, torfige, sumpfige Wiesen.

514. O. latifolia L. Stengel röhrig, 4—6 blättrig.

Blätter kurz scheidig, schlaff, untere oval-länglich. Lippe 3lappig. Bl. 5—6. — Häufig. Feuchte Wiesen.

515. O. incarnata L. Stengel röhrig, 4—6blättrig. Blätter langscheidig, aufrecht, verlängert-lanzettlich. Lippe ungeteilt. Bl. 6. — Torfige sumpfige Wiesen, zerstreut.

Gattung Gymnadenia R. Br., Hoswurz.

Lippe 3spaltig oder 3lappig. Staubbeutel am Grunde vom Schnäbelchen umfaßt. Stieldrüsen dem zwischen den Staubbeutelfächern befindlichen Fortsatze des Schnäbelchens eingefügt.

516. G. conopea R. Br. Sporn fadenförmig, fast doppelt so lang als der Fruchtknoten. Äußere Blütenhüllblätter weit abstehend. Bl. 6—7. — Torfige Wiesen, grasige Abhänge, zerstreut.

517. G. odoratissima Rich. Sporn höchstens so lang als der Fruchtknoten. — Sehr zerstreut, feuchte Wiesen. Bl. 6—7.

518. G. albida Rich. Sporn 3mal kürzer als der Fruchtknoten. Blätter der Blütenhülle in einen rundlichen Helm zusammenschließend. Bl. 7—8. — Bergwiesen, Alpentriften, selten.

Gattung Platanthera Rich., Kuckucksblume.

Lippe ungeteilt oder 3zähnig. Fortsatz des Schnäbelchens fehlend. Stieldrüsen den Seitenlappen des Schnäbelchens angefügt.

519. P. bifolia Rchb. 2 gegenständige Blätter. Lippe ungeteilt. Staubbeutelfächer gleichlaufend. Bl. 6—7. — Häufig. Wiesen, Wälder. Blüten grünlichweiß.

520. P. chlorantha Custer. Staubbeutelfächer oben genähert. Bl. 5—6. — Verbreitet an ähnlichen Orten wie vorige Art.

521. P. viridis Lindley. 3 Blätter. Lippe an der Spitze 3zähnig. Sporen sehr kurz. Staubbeutelfächer oben genähert. Bl. 5—7. — Wiesen, grasige Berglehnen, zerstreut.

Fig. 50.
Platanthera bifolia.
Teil des Blütenstandes.

Gattung Ophrys L., Frauenträne.

Lippe spornenlos, oft ungegliedert. Blütenhülle nicht helmartig, Staubbeutel angewachsen, 2, getrennt; Staubmassen gestielt, gelappt.

1. **Lippe ungeteilt.**

522. O. aranifera Huds. Lippe an der Spitze stumpf oder schwach ausgerandet ohne Anhängsel, behaart, in der Mitte mit 2—4 kahlen Längslinien. Bl. 5—6. — Zerstreut, fehlt im Norden und Osten. Kalkberge. Lippe purpurrot und gelblich.

523. O. fuciflora Rchb. Lippe am Grunde gescheckt mit kahlem aufwärts gebogenem Anhängsel. Bl. 6. — Wie vorige.

2. **Lippe 3—5 spaltig.**

524. O. muscifera Huds. Lippe sammetartig, in der Mitte mit einem fast 4eckigen kahlen Fleck, 3spaltig, ohne Anhängsel. Lippe dunkelpurpurn, in der Mitte graubläulich. Bl. 5—6. — Zerstreut, selten im Norden und Osten. Auf feuchten Wiesen, Kalkbergen.

525. O. apifera Huds. Lippe sammetartig gescheckt, meist 5spaltig; mittlerer Zipfel mit kahlem, abwärts gebogenem Anhängsel. Bl. 6—7. Buschige Kalkhügel im mittleren und südlichen Deutschland.

Gattung Herminium R. Br., Ragwurz.

526. H. Monorchis (L.) R. Br. Laubblätter meist 2, über dem Stengelgrunde genähert. Blütenhülle glockenförmig zusammenneigend. Lippe spießförmig-3spaltig, mittlerer Zipfel fast doppelt so lang als die seitlichen, alle lineal-länglich. Blütenstaubmassen sehr kurz gestielt. Stieldrüsen dem kurzen Fortsatze des Schnäbelchens eingefügt. Blüten hellgelb. Bl. 6—7. Fruchtbare Wiesen, Bergabhänge, zerstreut.

Gattung Anacamptis Richard, Hundswurz.

527. A. pyramidalis Rich. Knollen fast kugelig. Blätter schmal-lanzettlich. Blüten klein, karminrot. Lippe 3spaltig mit länglichen Zipfeln, am Grunde oberseits mit 2 länglichen Plättchen. Beide Blütenstaubmassen mit einer gemeinschaftlichen Stieldrüse, daher die Beutelchen 1fächerig. — Bergabhänge, Wiesen, sehr zerstreut. Bl. 6—7.

Gattung Himantoglossum Spreng., Riemenzunge.

528. H. hircinum Spreng. Staubbeutel ganz angewachsen mit gleichlaufenden, unten aneinanderliegenden Fächern. Beutelchen einfächerig, Stieldrüse gemeinschaftlich. Lippe 3teilig, der mittlere Lappen sehr lang, gedreht. Sporn kurz, kegelförmig. Bl. 5—6. Waldränder, buschige Hügel auf Kalk, selten im südlichen mittleren Gebiet.

Gattung Epipogon Gmelin, Widerbart.

529. E. aphyllus Swartz. Wurzelstock korallenförmig. Stengel blattlos, mit scheidigen Schuppen besetzt. Lippe 3lappig mit großem Mittellappen, nebst Sporn nach oben gerichtet. Staubbeutel frei. Ganze Pflanze farblos. — Zerstreut und selten, feuchte, schattige Wälder. Bl. 7—8.

Gattung Cephalanthera Richard, Waldvöglein.

Staubbeutel länglich, frei. Lippe ohne Sporn, 2gliedrig, unteres Glied ausgehöhlt, von den zusammenneigenden Blättern der Blütenhülle verdeckt. Fruchtknoten gedreht, sitzend.

530. C. grandiflora Babingt. Blätter eiförmig oder eilanzettlich. Fruchtknoten kahl. Deckblätter länger als der Fruchtknoten. — Laubwälder, zerstreut. Bl. 5—6. Blüten gelblichweiß.

531. C. xiphophyllum Rchb. f. Blätter lanzettlich bis lineal-lanzettlich. Fruchtknoten kahl. Deckblätter viel kürzer als der Fruchtknoten. Bl. 5. — Sehr zerstreut, meist in Laubwäldern. Blüten weiß mit gelb.

532. C. rubra Rich. Blätter lanzettlich. Fruchtknoten weichhaarig. Blüten purpurrot. Bl. 6—7. — Zerstreut, buschige Hügel, kalkliebend.

Gattung Epipactis Richard, Sumpfwurz.

Blütenhüllblätter glockig zusammenneigend, Lippe etwas abstehend, spornlos, 2gliedrig, unteres Glied ausgehöhlt. Staubbeutel frei, 3eckig, der Narbe aufliegend. Fruchtknoten nicht gedreht, aber auf gedrehtem Stiel.

A. Vorderes Glied der Lippe dem Grunde breit aufsitzend.

533. E. latifolia All. Blätter eiförmig bis eiförmig länglich, die mittleren länger als die Zwischenglieder des Stengels. Platte der Lippe herz- oder eiförmig, spitz. Blütenhüllblätter grünlich. Bl. 6—8. Wälder, schattige Hügel, ziemlich verbreitet.

534. E. rubiginosa Gaudin. Mittlere Blätter länger als die Zwischenglieder. Platte der Lippe herzförmig mit 2 deutlichen, gekerbt-krausen Höckern. Blüte dunkelrot, ganze Pflanze rot überlaufen. Bl. 5—7. — Zerstreut, trockener Waldboden.

535. E. violacea Dur. Duqu. Mittlere Blätter kürzer als die Zwischenglieder. Lippe herzförmig mit 3eckigem Höcker. Blüte grünlich-weiß. Bl. 8—9. — Zerstreut, nicht überall.

536. E. microphylla Swartz. Mittlere Blätter kürzer als die Zwischenglieder. Platte der Lippe herzförmig mit 2 deutlichen tiefgelappten Höckern. Blütenhüllblätter grünlich mit rötlichem Rande. Bl. 6—7. Selten buschige Hügel, Wälder.

B. Vorderes Glied der Lippe vom Grunde durch tiefe Einschnitte getrennt.

537. E. palustris Crantz. Blätter lanzettlich, länger als die Zwischenglieder. Platte der Lippe rundlich, stumpf. Bl. 6. 7. Blütenhüllblätter bräunlichgrün, Lippe rötlichweiß. Bl. 6—7. Zerstreut, sumpfige Wiesen.

Gattung Listera R. Br., Zweiblatt.

Blütenhülle helmartig. Staubbeutel frei. Blütenstaub mehlartig. Lippe nach unten stehend, nicht gespornt, nicht gegliedert, an der Spitze 2—3lappig. Pflanze grün, meist 2blätterig.

538. L. ovata R. Br. Blätter eiförmig. Lippe 2spaltig. Gebüsche, feuchte Wiesen, verbreitet. Bl. 5—6. Blüten grünlichgelb.

539. L. cordata R. Br. Blätter 3eckig-herzförmig. Lippe 3spaltig, mittlerer Zipfel, nochmals gespalten. Blüte klein, grün. Bl. 5—7. — Moosige, feuchte Wälder, zerstreut.

Gattung Neottia L., Nestwurz.

540. N. Nidus avis Rich. Blütenhülle glockig-helmartig. Lippe am Grunde sackartig vertieft, 2lappig, nach unten stehend, nicht gespornt, nicht gegliedert. Blütenstaubmasse mehlartig. Wurzelfasern oft vogelnestartig. Pflanze gelbbraun, nur mit Schuppenblättern.

Gattung Spiranthes Rich., Drehwurz.

Lippe nicht gespornt, nicht gegliedert, nach unten stehend, ganzrandig, aufgerichtet, von den übrigen Blüttenhüllblättern eingeschlossen. Staubbeutel frei, sitzend, Blütenstaub mehlartig.

541. Sp. autumnalis Rich. Stengel blattlos. Blätter eiförmig-länglich. Blüten klein, weißlich. Bl. 8—9. — Wiesen, grasige Abhänge, zerstreut.

542. Sp. aestivalis Rich. Stengel beblättert. Blätter lanzettlich-lineal. Blüten weißlich. Feuchte Triften, Moorwiesen, im Südwesten, zerstreut.

Gattung Goodyera R. Br., Netzblatt.

543. G. repens R. Br. Wurzelstock ästig-kriechend. Stengel oberwärts nebst den Blättern behaart. Lippe nicht gespornt, nicht gegliedert, nach unten stehend, ganzrandig, aufgerichtet, kürzer als die äußeren Blütenhüllblätter. Staubbeutel frei, gestielt. Bl. 3. Blüte grünlich weiß. — Trockene Wälder, zerstreut.

Gattung Coralliorrhiza R. Br., Korallenwurz.

544. C. innata R. Br. Wurzelstock korallenartig verzweigt. Stengel blattlos mit Schuppen besetzt. Lippe nicht gespornt, nicht gegliedert, nach unten stehend, mit den seitenständigen Blütenhüllblättern einen kurzen Sporn bildend. Staubbeutel frei, Blütenstaub wachsartig. Bl. 5—6. — Schattige Nadelwälder, zerstreut.

Gattung Liparis Richard, Glanzkraut.

545. L. Loeselii Richard. Stengel 3kantig, am Grunde mit 2 elliptisch-lanzettlichen Blättern. Lippe nicht gespornt, nicht gegliedert, nach oben stehend, aufrecht, stumpf. Staubbeutel frei, endständig, abfallend. Blütenhülle grünlichgelb. Bl. 6—7. — Zerstreut, moorige Wiesen.

Gattung Malaxis Swartz, Weichkraut.

546. M. paludosa Swartz. Stengel 5seitig, unterwärts 3—4blättrig. Lippe nicht gespornt, nicht gegliedert, nach oben stehend, spitz. Staubbeutel frei, endständig, bleibend, kürzer als das Schnäbelchen. Blütenstaub wachsartig. Blüten grünlich. Bl. 7—8. — Zerstreut, auf moorigen Wiesen, Torfmooren.

Gattung Cypripedium L., Frauenschuh.

547. C. Calceolus L. Stengel meist 1—2blütig. Blüten groß ausgebreitet, 5teilig, da die beiden seitlichen äußeren zu einem verwachsen sind. Lippe schuhförmig ausgehöhlt, hellgelb, übrige Blätter der Blütenhülle braunrot. Staubbeutel 2. Bl. 5—6. — Zerstreut in Gebirgswäldern.

Dicotyledoneae, Zweikeimblättrige Pflanzen.

I. Abteilung. Archichlamydeae. Blütenhülle fehlend, einfach oder doppelt, getrenntblättrig.

Familie Juglandaceae D. C., Walnußgewächse.

Gattung Juglans.

1. J. regia L. Walnußbaum. Blüten eingeschlechtig in getrennten Blütenständen, männliche in bald abfallenden Kätzchen mit 5—6teiligem Perigon und 14—36 Staubblättern. Weibliche Blüten mit 4teiliger, mit Tragblatt und Vorblättern verwachsener Blütenhülle. — Bl. 5. Angepflanzt.

Familie Myricaceae Richard, Gagelgewächse.

Gattung Myrica L., Gagel.

2. M. Gale L. Blüten 2häusig in Kätzchen, ohne Hülle. Staubblätter 4. Frucht eine 1samige Nuß. Blätter verkehrt eiförmig bis lanzettlich, an der Spitze gesägt. — Auf Torfbrüchen in Norddeutschland.

Familie Salicaceae Richard, Weidengewächse.

Männliche und weibliche Blüten in kätzchenartigen Ähren, ohne Hülle mit meist becherförmigem, fleischigem Diskus. Staubblätter 2—30, frei. Fruchtknoten 1 mit 1 Griffel und 2 Narben. Samen am Grunde mit Haarschopf.

Gattung Salix Tourn., Weide.

Tragblätter der Blüten ungeteilt. Blüten mit 1 oder 2 Drüsen. Staubblätter 2—12.

A. Blütenähren am knospentragenden Zweige seitenständig an der Spitze kurzer Seitenästchen.

I. Tragblätter der Blüten einfarbig gelbgrün.

a) **Tragblätter vor der Fruchtreife abfallend: Fragiles, Bruchweiden.**

3. S. pentandra L. Lorbeerweide. Blätter eiförmig-elliptisch. Blätter der Ährenstiele drüsig-gesägt. Bl. 5—6. Zerstreut in Waldsümpfen, auf moorigen Wiesen.

4. S. fragilis L. Bruchweide. Blätter länglich lanzettlich bis lanzettlich, gesägt, kahl. Blätter der Ährenstiele ganzrandig. Tragblätter verkehrt-eiförmig. Bl. 4—5. Gemein auf Wiesen, an Ufern, Waldrändern.

5. S. alba L. Silberweide. Blätter länglich-lanzettlich bis lanzettlich, kleingesägt, unterseits graugrün, seidenhaarig. Tragblätter länglich. Bl. 4—5. — An ähnlichen Orten wie vor.

b) **Tragblätter bleibend: Amygdalinae, Mandelweiden.**

6. S. amygdalina L. Mandelweide. Blätter lanzettlich bis länglich, spitz. Nebenblätter halbherzförmig. Bl. 4—5. — Fluß- und Bachufer. Wiesengräben, gemein.

7. S. babylonica L. Trauerweide. Blätter lineal-lanzettlich, lang zugespitzt, meergrün. Nebenblätter schräg lanzettlich, zugespitzt, zurückgekrümmt. — Angepflanzt.

II. Tragblätter zweifarbig, am Grunde heller, oberwärts dunkler.

a) **Staubfäden ganz oder größtenteils verwachsen: Purpureae, Purpurweiden.**

8. S. purpurea L. Purpurweide. Strauch mit zähen, glänzenden Ästen. Blätter lineal-lanzettlich, vorn breiter, unterseits zuletzt blaugrün. Fruchtknoten sitzend, filzig, Narben sitzend. Bl. 4. — Häufig. Ufer, Waldränder, feuchte Wiesen.

b) **Staubfäden frei.**

α) Fruchtknoten sitzend oder kurz gestielt.

1. **Ähren sitzend, Blätter lineal-lanzettlich.**

† Zweige glatt, meist blau bereift, Blätter oberseits glänzend: **Pruinosae, Schimmelweiden.**

9. S. daphnoides Vill. Schimmelweide. Dickästig. Blätter länglich lanzettlich. Nebenblätter halbherzförmig. Bl. 3—4. — Zerstreut, namentlich an Flußufern und gern im Gebirge.

10. S. acutifolia Willd. Zweige dünn, rutenförmig. Blätter lang und schmal lanzettlich. Nebenblätter lanzettlich. Bl. 3—4. — Viel auf Sandboden angebaut.

† Zweige nicht bereift. Blätter nicht glänzend: **Viminales, Korbweiden.**

11. S. viminalis L. Korbweide. Strauch mit zähen, gelben, anfangs filzigen Zweigen. Blätter schmal lanzettlich, fast ganzrandig, unterseits seidenhaarig glänzend. Bl. 3—4. — Ufer, gemein.

12. S. incana Schrk. Graue Weide. Zweige rotbraun, etwas glänzend. Blätter lineal-lanzettlich, drüsig gezähnt, unterseits grauweiß filzig. Fruchtknoten kurz gestielt, kahl. Bl. 4. — Selten, Schlesien, Süddeutschland, häufiger angepflanzt.

2. **Ähren später gestielt. Blätter länglich oder elliptisch.**

† Blätter eiförmig oder elliptisch, unterseits zuletzt völlig kahl.

13. S. bicolor Ehrh. Fruchtknoten seidenhaarig-filzig. Bl. 5—6. — Selten, Brocken, Riesengebirge, Elsaß, zuweilen angepflanzt.

14. S. hastata L. Fruchtknoten kahl. Bl. 6—7. — Selten, Sudeten, Elsaß, Harz, Alpen. Sumpfige Gebirgsabhänge.

† Blätter elliptisch eiförmig bis lanzettlich, unterseits weißfilzig.

15. S. Lapponum L. Blätter ganzrandig. Fruchtknoten meist filzig. Bl. 5—6. Sumpfige Stellen im Riesengebirge, Gesenke und in den Alpen.

β) Fruchtknoten meist lang gestielt.

1. **Staubbeutel nach dem Verblühen schmutzig gelb:**
Capreae, Salweiden.

† Blätter zuletzt fast kahl, Fruchtknoten meist kahl.

16. S. silesiaca Willd. Blätter verkehrt-eiförmig, kerbig gesägt, dunkelgrün. Fruchtknoten eiförmig-pfriemlich, sein Stiel 3—4 mal so lang als die Drüse. Bl. 4—5. — Im schlesischen Gebirge.

17. S. nigricans Sm. Blätter elliptisch bis länglich-lanzettlich, gesägt, unterseits blaugrün. Fruchtknoten eiförmig-kugelig, sein Stiel meist nur 2—3 mal so lang als die Drüse. — Verbreitet, feuchte Wiesen, Brüche.

† Blätter unterseits mehr oder weniger graufilzig.

§ Knospenschuppen graufilzig.

18. S. cinerea L. Blätter länglich, verkehrt-eiförmig, wellig, gesägt, oberseits trübgrün, unterseits graufilzig. Bl. 3—4. — Gemein an Gräben, Ufern.

§ Knospenschuppen kahl.

19. S. caprea L. Salweide. Blätter elliptisch oder rundlich-spitz, wellig-gesägt bis ganzrandig, zuletzt oberseits kahl, reingrün. Bl. 3—4. — Gemein in Wäldern, buschigen Abhängen.

20. S. aurita L. Ohrweide. Blätter verkehrt-eiförmig mit faltiger, zurückgekrümmter Spitze, trübgrün. Bl. 4—5. — Verbreitet an feuchten Wald- und Wiesenrändern.

21. S. livida Wahlenb. Blätter elliptisch-eiförmig, oberseits zuletzt tiefgrün, glatt, kahl, unterseits blaugrün, zuletzt fast kahl. Bl. 4—5. — Selten, Brüche. Posen, Preußen, Schlesien, Baden, Bayern.

2. **Staubbeutel nach dem Verblühen schwärzlich. Kleine Sträucher.**

22. S. repens C. Junge Zweige filzig. Blätter eiförmig-elliptisch bis lineal-lanzettlich. Ähren kurz gestielt, vor den

Blättern erscheinend. Bl. 4. — Sumpf- und Moorwiesen, verbreitet.

23. S. myrtilloides L. Junge Zweige kahl. Blätter elliptisch oder oval. Ähren mit den Blättern erscheinend, männliche sitzend. Bl. 5—6. — Waldsümpfe im Osten und in Bayern.

B. Blütenähren am knospentragenden Zweige endständig.

24. S. herbacea L. Blätter rundlich bis rundlich-eiförmig, stumpf, kerbig gezähnt, beiderseits gleichförmig, glänzend. Bl. 6. — Felsritzen im Hochgebirge. Sudeten, Alpen.

Gattung Populus L., Pappel.

Tragblätter der Blüte zerschlitzt oder gezähnt. Blüten von einem becherförmigen Perigon umgeben. Staubblätter 8—30. Frucht meist 2 klappig.

A. Staubblätter 8.

25. P. alba L. Silberpappel. Blätter rundlich-eiförmig winkelig gezähnt oder 5 lappig, unterseits schneeweiß, filzig. Bl. 3—4. — Wiesenränder, feuchte Wälder, meist angepflanzt.

26. P. tremula L. Zitterpappel, Espe. Blätter langgestielt, fast kreisrund, gezähnt, zuletzt beiderseits kahl. — Bl. 3—4. Wälder, Gebüsche, häufig.

B. Staubblätter 12—30.

27. P. nigra L. Schwarzpappel. Blätter 3 eckig-eiförmig, zugespitzt, gesägt, am Rande kahl. Äste schlank, abstehend. Bl. 4. — Wälder, Wiesenränder, Dörfer, meist angepflanzt. — Die ebenfalls viel angepflanzte P. balsamifera L., Balsampappel, hat viel dickere, kürzere Äste.

Familie Betulaceae.

Fruchtknoten 2 fächerig. Blütenhülle zuweilen fehlend.

Staubblätter 2—10, oft gespalten. Samnenanlagen je 2, anatrop, mit nur einem Integument.

Gattung Alnus Tourn., Erle, Eller.

Männliche Blüten zu 3, weibliche zu 2 in der Achsel eines Tragblattes, mit je 4 Vorblättern, die bei den weiblichen Blütenständen mit dem Tragblatt zu einer 5lappigen, verholzenden, nicht abfallenden Schuppe verwachsen. Männliche Blüte mit 4spaltiger Hülle. Staubblätter 4, ungeteilt.

A. Weibliche Blütenstände (Kätzchen) erst mit den Blättern erscheinend.

28. A. viridis D. C. Grün-Erle. Blätter eiförmig, spitz, doppelt gesägt, beiderseits grün, kahl. Gebirge: Baden, Bayern. Bl. 5—6.

B. Weibliche Kätzchen schon im Herbst vorgebildet.

29. A. glutinosa Gärtn. Schwarz-Erle. Blätter rundlich, sehr stumpf, kahl, unterseits blasser, grün. Seitliche Fruchtzapfen deutlich gestielt. Bl. 2—3. — Gemein in Brüchen, Ufern von Bächen und Wiesen.

30. A. incana D. C. Weiß-Erle. Blätter eiförmig, spitz, unterseits grau- und weichhaarig bis fast filzig. Seitliche Fruchtzapfen fast sitzend. Bl. 2—4. — Wie vorige, aber viel seltener und zerstreuter. Auch auf trockenem Kalkboden.

Gattung Betula (Tourn.) L., Birke.

Weibliche und männliche Blüten zu je 3, in der Achsel eines Tragblattes mit nur 2 Vorblättern, bei den weiblichen Blüten zu einer 3lappigen abfallenden Schuppe verwachsen. Männliche Blüte mit 4lappiger Hülle. Staubblätter 2—3, bis zum Grunde 2teilig.

A. Blätter spitz.

31. B. verrucosa Ehrh. Blätter rautenförmig-3eckig mit spitzlichen Seitenecken, lang zugespitzt, kahl. Flügel der Frucht 2—3mal so breit als die elliptische Nuß. Bl. 4—5. — Verbreitet, auf trockenem Boden. Baum mit weißer Rinde.

32. B. pubescens Ehrh. Blätter eiförmig bis rauten-eiförmig mit abgerundeten Seitenecken, kurz zugespitzt, anfänglich weichhaarig, später kahl, nur unterseits in den Aderwinkeln bleibend behaart. Flügel der Frucht nur wenig breiter als die verkehrt-eiförmige Nuß. — Bl. 4—5. Meist auf sumpfigem, torfigem Boden, zerstreut. Gewöhnlich nur strauchförmig.

B. Blätter stumpf.

33. B. humilis Schrank. Blätter rundlich-eiförmig, spitz-gesägt. Kätzchen aufrecht, sehr kurz gestielt. Flügel der Frucht halb so breit als die Nuß. Bl. 4—5. — Torfbrüche, zerstreut.

34. B. nana L. Zwergbirke. Blätter rundlich, breiter als lang oder kreisrundlich, stumpfgekerbt. Flügel der Frucht mehrmals schmäler als die Nuß. Bl. 5. — Selten, auf Moorboden, namentlich im Gebirge.

Gattung Carpinus (Tourn.) L., Hainbuche, Weißbuche.

35. C. Betulus L. Weißbuche. Männliche Blüten 1—3 ohne Vorblätter. Staubblätter zu 4—12. Weibliche Blüten in lockeren Kätzchen. Blütenhülle 3lappig, blattartig. Blätter eiförmig, zugespitzt, faltig, doppelt-gesägt. Bl. 4—5. — In Laubwäldern, oft bestandbildend, Gebüsche.

Gattung Corylus (Tourn.) L., Hasel.

36. C. Avellana L. Haselnuß. Weiblicher Blütenstand knospenförmig, ihre pupurnen fädigen Narbenbüschel lang vor dem Erscheinen der Blätter aus den Knospen hervorstreckend, Hülle bei der Reife die Nuß einschließend, zerschlitzt. Blätter rundlich-herzförmig zugespitzt. Bl. 2—3. — Verbreitet, Wälder, Gebüsche.

Fig. 1.
Blüten der Haselnuß.

Familie Fagaceae.

Blüten mit 5—6gliederiger, am Grund verwachsener Hülle. Fruchtknoten meist 3fächerig. Um die einsamige Schließfrucht entwickelt sich eine Wucherung der Achse, die Cupula.

Gattung Fagus (Tourn.) L., Rotbuche.

37. F. silvatica L. Rotbuche. Männlicher Blütenstand kurz, fast kugelig. Perigon glockenförmig. Staubbeutel 8—12. Hülle der weiblichen Blüte meist mit dem 3fächerigen Fruchtknoten verwachsen, zerschlitzt. Narben 3, Frucht 3kantig.

Blätter kahl, eiförmig, undeutlich gezähnt, glänzend, am Rande oft zottig-gewimpert (besonders Schattenblätter). Bl. 4. — Bestandbildender Waldbaum von größter Bedeutung.

Gattung Castanea (Tourn.) L., Kastanie.

38. C. sativa Mill. Edelkastanie. Männlicher Blütenbestand verlängert mit geknäuelten Blüten. Hülle 5—6 teilig. Staubblätter 10—12 und darüber. Fruchtknoten meist 6 fächerig; Narben meist 6. Frucht rundlich. Blätter länglich lanzettlich, spitz, stachelspitzig-gesägt. — Meist nur in Anlagen angepflanzt. Bl. 6.

Gattung Quercus L., Eiche.

Männlicher Blütenstand fadenförmig, unterbrochen mit geknäuelten Blüten; Hülle 6—8 teilig, Staubblätter 6—10. Hülle der weiblichen Blüte den unteren Teil der Frucht napfförmig umgebend. Fruchtknoten 3 fächerig.

39. Qu. Robur L. Stiel- oder Sommereiche. Blätter kurzgestielt, länglich-verkehrt-eiförmig, tief buchtig, am Grunde herzförmig-geöhrt. Früchte gestielt. Bl. 5. — Waldbaum.

40. Qu. sessiliflora Sm. Stein- oder Wintereiche. Blätter langgestielt, am Grunde meist schwach ausgerandet oder in den Blattstiel vorgezogen. Früchte sitzend. Bl. 5. — Wie vorige.

Familie Ulmaceae, Rüstergewächse.

Blüten zwitterig oder eingeschlechtig, mit 4—6 Hüllblättern und ebensoviel Staubblättern. Fruchtknoten aus 2 Fruchtblättern mit einer hängenden anatropen Samenanlage. Bäume.

Gattung Ulmus L., Rüster, Ulme.

Blütenhülle 5 spaltig, Staubblätter 5.

41. U. campestris L. Feldulme. Blätter eiförmig, kurz

zugespitzt, doppelt-gesägt. Blüten fast sitzend. Bl. 3—4. — Wälder, oft angepflanzt.

42. U. montana With. Bergulme. Blätter groß, verkehrt-eiförmig, lang zugespitzt, am Grunde breitgeöhrt. Blüten kurzgestielt. Bl. 3—4. — Wälder, oft angepflanzt.

43. U. effusa Willd. Flatterrüster. Blüten langgestielt, hängend. Blätter elliptisch, beiderseits zugespitzt. Bl. 3—4. — Wälder, oft angepflanzt.

Fig. 2.
Ulmus campestris L., Feldulme. a. Blütentragender, b. Fruchttragender Zweig.

Familie Moraceae, Maulbeergewächse.

Blüten eingeschlechtig, Hülle oder Blütenachse oft fleischig.

Gattung Morus (Tourn.) L., Maulbeerbaum.

Perigon 4blätterig, Staubblätter 4. Narben 2. Weiblicher Blütenstand mit bleibendem fleischig werdenden Perigon, eine Scheinbeere (Maulbeere) bildend.

44. M. alba L. Blätter herz-eiförmig. Blütenhülle am Rande kahl. Frucht weiß. Angepflanzt, aus Asien stammend. Bl. 5.

45. M. nigra L. Blätter tief herzförmig. Rand der Blütenhülle rauhhaarig. Furcht schwarz. Bl. 5. — Ebenfalls aus Asien stammend und angepflanzt.

Familie Cannabaceae, Hanfgewächse.

Zweihäusig. Männliche Blüten mit getrennter fünfblättriger, weibliche mit ungeteilter röhrenförmiger Hülle.

Gattung Cannabis (Tourn.) L., Hanf.

46. C. sativa L. Blätter gefingert, langgestielt. Blättchen schmal lanzettlich, spitz gesägt. Staubblätter hängend. Angebaut. Bl. 7—8.

Gattung Humulus L., Hopfen.

47. H. Lupulus L. Stengel windend. Blätter 3—5 lappig, am Grunde herzförmig, grobgesägt. Staubblätter aufrecht. Bl. 7—8. — Wild an Hecken, Ufern. Viel im Großen gebaut.

Fig. 8. Humulus Lupulus.

Familie Urticaceae, Nesselgewächse.

Blüten meist eingeschlechtig. Fruchtknoten einfächerig mit einer grundständigen orthotropen Samenanlage. Oft mit Brennhaaren.

Gattung Parietaris Tourn., Glaskraut.

Blüten vielehig; männliche und Zwitterblüten 4 teilig

mit 4 Staubblättern. Weibliche Blüten mit krugförmiger, vierzähniger Hülle, kurzem Griffel und sprengwedelförmiger Narbe. Ohne Brennhaare.

48. P. officinalis L. Stengel aufrecht, meist einfach. Blätter länglich-eiförmig. Blütenhülle glockenförmig, so lang als die Staubblätter. — Zerstreut und nur verwildert an Mauern, Zäunen usw.

49. P. ramiflora Moench. Stengel ausgebreitet, ästig. Blütenhüllen zuletzt doppelt so lang als die Staubblätter. Bl. 5—10. — In Mauerritzen, zerstreut.

Gattung Urtica (Tourn.) L., Brennessel.

Blüten ein- oder zweihäusig; männliche mit 4teiliger Blütenhülle und 4 Staubblättern, weibliche mit 4blättriger Hülle. Narbe pinselförmig. Mit Brennhaaren.

50. U. urens L. Kleine Brennessel. Blätter eiförmig, spitz. Rispe kürzer als der Blattstiel. Blüten einhäusig. Bl. 5—10. — Gemein.

51. U. dioica L. Große Brennessel. Blätter länglich-herzförmig. Rispe länger als der Blattstiel. Blüten zweihäusig. Bl. 7—9. — Wie vorige an Schuttplätzen, Mauern, Gartenzäunen, gemein.

Familie Loranthaceae, Riemenblumengewächse.

Chlorophyllgrüne Halbschmarotzer mit zwitterigen oder diklinen Blüten.

Gattung Viscum L., Mistel.

52. V. album L. Stengel wiederholt gabelästig. Blätter gegenständig, länglich bis eiförmig, dick, lederartig. Blüten endständig, sitzend, geknäuelt, meist 4zählig, 1 oder 2häusig. Männliche Blüten mit einfacher 4teiliger Hülle. Staubbeutel den Zipfeln der Hülle angewachsen, mit vielen Löchern sich öffnend. Weibliche Blüte mit undeutlichem Kelchsaume.

Bl. 3—4. — Immergrün, auf Nadel- und Laubbäumen schmarotzend.

Familie Santalaceae R. Br., Santelgewächse.

Blütenhülle 3—5 gliedrig. Samenanlagen an zentralen Plazenten. Staubblätter 3—5 frei, den Zipfeln der Blütenhülle gegenständig.

Gattung Thesium L., Bergflachs.

Blütenhülle trichter- oder glockenförmig, meist 5 spaltig, Staubblätter meist 5. Narbe kopfförmig. — Halbschmarotzer.

A. 3 Deckblätter unter jeder Blüte.

I. Blütenhülle zur Fruchtzeit bis auf den Grund eingerollt.

53. Th. bavaricum Schr. Wurzelstock ästig, vielstengelig. Blätter blaugrün, lanzettlich, lang zugespitzt, 3—5 nervig. Bl. 6—7. — Auf verschiedenen Pflanzen (Wurzelschmarotzer), Bergwälder, selten.

54. Th. linifolium Schr. Wurzelstock kriechend, ausläufertreibend. Blätter gelbgrün, lineal, spitz, meist 1 nervig. Bl. 6—7. — Bergwiesen, Waldränder, zerstreut.

II. Blütenhülle zur Fruchtzeit nur am Rande eingerollt.

55. Th. pratense Ehrh. Blätter lineal, schwach, 3 nervig. Fruchttragende Äste allseits wagerecht abstehend. Bl. 6—7. — Zerstreut, stellenweise häufiger, Bergwiesen.

56. Th. alpinum L. Blätter 1 nervig. Fruchttragende Äste aufrecht abstehend. Bl. 6—7. — Sehr zerstreut, grasige Gebirgslehnen.

B. 1 einziges Deckblatt unter jeder Blüte.

57. Th. ebracteatum Hayne. Wurzelstock kriechend, ausläufertreibend. Bl. 5—6. — Grasige Hügel, Waldplätze im nördlichen und östlichen Gebiete.

Familie **Aristolochiaceae Juss.**, Osterluzeigewächse.

Blüten meist zwitterig mit kronenartiger Blütenhülle, 6—36 Staubblättern, 4—6fächerigem Fruchtknoten mit zahlreichen Samenanlagen.

Gattung Aristolochia L., Osterluzei.

58. A. Clematitis L. Stengel krautig, aufrecht, einfach, Blätter eiförmig, tief herzförmig. Blüten in den Blattwinkeln büschelig mit abfallender, röhrenförmiger, am Grunde bauchiger Hülle. Staublätter 6, dem hohlen Griffel angewachsen. Bl. 5—7. — Zerstreut, stellenweise häufig. Hecken, Zäune, Gebüsche.

Gattung Asarum (Tourn.) L., Haselwurz.

59. A. europaeum L. Wurzelstock kriechend. Stengel sehr kurz mit 2 gestielten nierenförmigen Blättern und einer sehr kurz gestielten, schmutzig braunroten Blüte. Blütenhülle bleibend, krugförmig-glockig, 3spaltig. Staubblätter 12, zweireihig, frei, geschwänzt. Bl. 4—5. — Laubwälder, verbreitet, stellenweise fehlend.

Familie **Polygonaceae Juss.**, Knöterichgewächse.

Blüten in Kreisen oder teilweise spiralig mit 4—6blättriger, kelch- oder kronenartiger Hülle. Staubblätter oft verdoppelt oder teilweise fehlgeschlagen. Fruchtknoten aus 3 Karpellen, einfächerig, einsamig. Blätter mit Nebenblättern, durch deren Verwachsung eine blütenförmige Hülle (Ochrea) um die junge Knospe entsteht.

Gattung Fagopyrum Tourn., Buchweizen.

Blütenhülle 5teilig, blumenkronartig. Staubblätter 8, Griffel 3. Frucht aus der Hülle hervorragend.

60. F. esculentum Moench. Buchweizen, Heidekorn. Stengel aufrecht, zuletzt meist rot. Blätter herz-pfeilförmig. Nüsse 5kantig, Kanten ganzrandig. Bl. 6—9. — Angebaut. — Bei dem ähnlichen F. tataricum Gaertn. sind die Kanten der Nüsse ausgeschweift.

Gattung Polygonum L., Knöterich.

Hülle meist 5teilig und blumenkronartig. Staubblätter 5—8, die äußeren mit den Perigonzipfeln abwechselnd. Griffel 2—3. Frucht 2—3kantig, von der Blütenhülle eingeschlossen.

A. Blüten in Ähren.

I. Eine einzige endständige Ähre.

61. P. Bistorta L. Wiesenknöterich. Blätter eiförmig, wellig, die unteren mit geflügelten Blattstielen. Bl. 6—8. — Feuchte Wiesen, häufig. Blütenhülle rötlichweiß.

Fig. 4. Polygonum Bistorta.

II. Stengel ästig, jeder Ast mit einer Ähre.

1. **Ähren gedrungen, walzenförmig.**

a) **Pflanze ausdauernd.**

62. P. amphibium L. Wurzelstock kriechend. Blätter länglich-lanzettlich. Staubblätter 5. Blütenhülle rosa. Bl. 6—9. — Feuchte Orte, stehende Gewässer.

b) **Pflanze einjährig.**

α) Blütenhülle drüsig-rauh.

63. P. tomentosum Schrank. Stengel wenigästig. Blätter eiförmig, länglich oder lanzettlich, drüsig punktiert. Ähren kurz, dick, nicht verschmälert. Frucht beiderseits vertieft. Blütenhülle grünlich. Bl. 7—10. — Feuchte Äcker, Teiche, häufig.

β) Blütenhülle drüsenlos.

64. P. lapathifolium L. Stengel sehr ästig. Blätter lanzettlich, lang zugespitzt, unterseits drüsig punktiert. Tuten locker, kurz und feingewimpert. Ährchen nach oben verschmälert. Frucht beiderseits vertieft. Blütenhülle rosa oder weiß. Bl. 7—9. — Gemein an feuchten, sumpfigen Orten, Gräben.

65. P. Persicaria L. Blätter länglich-lanzettlich, unterseits nicht drüsig punktiert. Tuten enganliegend, langgewimpert. Frucht beiderseits flach oder gewölbt. Blütenhülle weißlich oder purpurrot. Bl. 6—9. — Gräben, Äcker, gemein.

2. Ähren locker, dünn, fadenförmig.

α) Blütenhülle drüsig punktiert.

66. P. Hydropiper L. Wasserpfeffer. Blätter lanzettlich, an beiden Enden verschmälert. Staubblätter 6. Blütenhülle grünlich oder rötlich. Geschmack pfefferartig, beißend. Bl. 7—9. — Gemein an feuchten Orten.

β) Blütenhülle drüsenlos.

67. P. mite Schr. Blätter lanzettlich. Tuten rauhhaarig, langgewimpert. Frucht glanzlos. Blütenhülle rosenrot. Bl. 7—10. — Zerstreut an feuchten Orten.

68. P. minus Huds. Blätter breit-lineal aus abgerundetem Grunde. Tuten angedrückt, behaart, langgewimpert. Frucht glänzend, beiderseits gewölbt. Blütenhülle meist rosa, klein. Bl. 7—10. — Teich- und Flußufer, feuchte Stellen, zerstreut.

B. Blüten in den Blattwinkeln.

I. Griffel 3.

69. P. aviculare L. Vogelknöterich. Stengel meist niederliegend, meist sehr ästig, Äste meist bis zur Spitze beblättert.

Blätter elliptisch bis lineal-lanzettlich, am Rande rauh. Tuten 2spaltig. Nüsse fast glanzlos. Blütenhülle grün, am Rande rosa. Bl. 6—10. — Überall auf Wegen, Äckern, gemein.

II. Griffel 1.

70. P. Convolvulus L. Stengel windend. Die 3 äußeren Zipfel der Blütenhülle stumpf gekielt. Fruchtstiel kürzer als die Blütenhülle. Blütenhülle grün. Bl. 7—10. — Gemein, Äcker.

71. P. dumetorum L. Stengel windend. Äußere Zipfel der Blütenhülle häutig geflügelt. Fruchtstiel so lang als die grüne Blütenhülle. Bl. 7—9. — Häufig an Zäunen, Hecken.

Gattung Rumex L., Ampfer.

Blütenhülle 6teilig, die 3 inneren Zipfel nach dem Blühen vergrößert und die Frucht einschließend. Staubblätter 6, am Grunde der Blütenhülle eingefügt. Narben 3. Fruchtknoten 3kantig.

A. Griffel frei. Blätter nicht spieß- oder pfeilförmig.

I. Innere Zipfel der Fruchthülle mit Zähnen, schwielentragend.

72. R. maritimus L. Pflanze 1- u. 2jährig. Blätter lineal-lanzettlich. Zipfel der Fruchthülle rautenförmig, beiderseits mit 2 Zähnen. Bl. 7—8. — Teichränder, Flußufer, verbreitet.

73. R. obtusifolius L. Untere Blätter herzförmig, oberste lanzettlich. Zipfel der Fruchthülle 3eckig-länglich, am Grunde mit pfriemlichen Zähnen. Pflanze ausdauernd. Bl. 7—8. — Wiesen, Ufer, feuchte Wälder, häufig.

II. Innere Zipfel der Fruchthülle ohne Zähne.

1. Innere Zipfel bedeutend länger als breit.

74. R. conglomeratus Murr. Untere Blätter herz- oder eiförmig-länglich, mittlere herz-lanzettförmig, zugespitzt.

Innere Zipfel der Fruchthülle lineal-länglich, ganzrandig, sämtlich schwielentragend. Bl. 7—8. — Ufer, Gräben. Gemein.

75. R. sanguineus L. Nur einer der inneren Fruchtzipfel schwielentragend. Bl. 7—8. — Verbreitet. Feuchte Wälder und Gebüsche.

2. Innere Zipfel so lang oder wenig länger als breit.

a) Innere Zipfel wenigstens z. T. schwielentragend.

76. R. crispus L. Blätter spitz lanzettlich, wellig kraus, untere am Grunde gestützt oder etwas herzförmig. Innere Zipfel der Fruchthülle rundlich, meist nur einer schwielentragend. Bl. 6—8. — Dorfanger, Wegränder, Wiesen, gemein.

77. R. Hydrolapathum Huds. Blätter lanzettlich, untere sehr groß, fast flach, nur am Rande schwach wellig. Innere Zipfel der Fruchthülle eiförmig-3eckig, alle oder doch 2 schwielentragend. Bl. 6—8. — Verbreitet, Uferränder.

78. R. maximus Schreb. Untere Blätter länglich, spitz, am Grunde schief ei- oder herzförmig. Blattstiel beiderseits durch eine vorragende Rippe berandet. Innere Zipfel der Fruchthülle fast 3eckig-herzförmig, wenigstens 2 Schwielen tragend. Bl. 7—8. — Zerstreut. Gräben, Teiche.

b) Innere Zipfel schwielenlos.

79. R. aquaticus L. Untere Blätter länglich-eiförmig, spitz, am Grunde verbreitert, tief-herzförmig. Bl. 7—8. — Zerstreut. Teich- und Flußränder.

80. R. alpinus L. Untere Blätter rundlich-herzförmig, abgerundet stumpf oder kurz gespitzt. Bl. 7—8. — Zerstreut, an quelligen Stellen von Gebirgswiesen.

B. Griffel an den Kanten des Fruchtknotens angewachsen, Blätter spieß- oder pfeilförmig.

I. Äußere Zipfel der Fruchthülle angedrückt, innere schwielenlos.

81. R. scutatus L. Stengel ausgebreitet. Blätter blaugrün meist rundlich-herzförmig oder fast geigenförmig. Bl. 6—8. — Zerstreut in Süd- und Westdeutschland.

82. R. Acetosella L. Kleiner Sauerampfer. Stengel aufrecht, Blätter spießförmig, lanzettlich oder lineal. Bl. 5—8. — Auf trockenen Plätzen gemein.

II. Äußere Zipfel der Fruchthülle zurückgeschlagen, innere mit kurzer Schwiele.

83. R. Acetosa L. Sauerampfer. Blätter pfeil- oder spießförmig. Nebenblätter geschlitzt-gezähnt. Bl. 5—8. — Wiesen, Grasplätze, Wälder, gemein.

84. R. arifolius Allioni. Nebenblätter ganzrandig. Bl. 7—8. — Zerstreut auf Wiesen höherer Gebirge.

Familie Chenopodiaceae Vent., Gänsefußgewächse.

Kräuter mit zyklischen oder spiraligen Blüten. Hülle meist kelchartig, 5zählig. Staubblätter 5, vor den Hüllblättern stehend. Fruchtblätter 2, Fruchtknoten einfächerig.

Gattung Salsola L., Salzkraut.

85. S. Kali L. Stengel ausgebreitet-ästig. Blätter pfriemlich, an der Spitze dornig. Blütenhülle 5teilig, zur Fruchtzeit knorpelig. Blüten blattwinkelständig. Bl. 7—8. — Sandige, salzhaltige Orte.

Gattung Salicornia (Tourn.) L., Glasschmalz.

86. S. herbacea L. Stengel krautartig, meist ästig und aufrecht, gegliedert. Blüten in fleischigen Ähren, Hülle fleischig, ungeteilt. Staubblätter meist 2. Bl. 8—9. — Meeresufer, selten an salzhaltigen Orten des Binnenlandes.

Gattung Chenopodium (Tourn.) L., Gänsefuß.

Blüten zwitterig. Blütenhülle meist 5teilig, zur Fruchtzeit krautig oder wenig fleischig, ohne Vorblätter. Staubblätter 5, frei, dem Grunde der Blütenhülle eingefügt. Narben meist 2.

A. Pflanze ausdauernd, Narben sehr lang.

87. Ch. bonus Henricus L. Guter Heinrich. Blätter

Fig. 5.
Chenopodium Bonus Henricus.

langgestielt, spießförmig=3eckig, ganzrandig oder etwas ausgeschweift, oberseits glänzend. Pflanze in der Jugend mehlig bestaubt.

B. Pflanze einjährig, Narben kurz.

I. Pflanze nicht behaart, drüsenlos.

a) **Blätter gezähnt, ziemlich lang gestielt.**

1. **Blätter am Grunde herzförmig.**

88. Ch. hybridum L. Blätter groß, 3eckig=eiförmig, buchtig=gezähnt. Blütenstände geknäuelt in endständiger, unbeblätterter Rispe. Perigonzipfel nicht gekielt. Bl. 7—9. — Dorfstraßen, Gärten, Zäune, verbreitet.

2. Blätter am Grunde gestutzt oder verschmälert.

α) Blütenstände locker.

89. Ch. murale L. Blätter rautenförmig oder fast 3eckig-herzförmig, ungleich scharf gesägt, dunkelgrün, glänzend. Bl. 7—10. — Schutt, Dorfstraßen, häufig.

β) Blütenstände geknäuelt.

† Blätter glänzend. Zipfel der Blütenhülle ungekielt.

90. Ch. urbicum L. Blätter 3eckig-rautenförmig, buchtig gezähnt, die oberen fast ganzrandig, dünn bestäubt. Perigonzipfel die Frucht nicht ganz bedeckend. Bl. 7—9. — Zerstreut, Dorfstraßen, Weideplätze.

91. Ch. rubrum L. Stengel rot oder gestreift. Blätter meist fast spießförmig-3lappig, eingeschnitten-gezähnt, unbestäubt. Perigonzipfel die Frucht bedeckend. Bl. 7—10. — Schuttplätze, Äcker.

† Blätter glanzlos.

§ Blütenhülle nicht mehlig bestäubt.

92. Ch. glaucum L. Blätter länglich, meist stumpf, unterseits blaugrün und mehlig bestäubt. Bl. 7—10. — Straßen, Schuttplätze.

§ Blütenhülle mehlig bestäubt.

93. Ch. album L. Blätter eiförmig-rhombisch oder eiförmig-länglich, doppelt so lang als breit. Bl. 7—9. — Äcker, Schutt, gemein.

94. Ch. opulifolium Schrad. Blätter rundlich-rautenförmig, fast 3lappig, sehr stumpf, mit kurzen gestutzten oder abgerundeten Lappen, mittlerer wenig länger als die seitlichen. Pflanze mehlig bestäubt. Bl. 7—9. — Zerstreut, Wege, Zäune.

b) Blätter ganzrandig.

95. Ch. Vulvaria L. Stinkende Melde. Pflanze grau bestäubt. Blätter klein, rhombisch-eiförmig, stachelspitzig.

Bl. 7—9. — Zerstreut, Mauern, Schutt, Wege. Nach faulen Heringen riechend.

96. Ch. polyspermum L. Pflanze nicht bestäubt. Blätter langgestielt, untere eiförmig, stumpf, obere länglich bis lanzettlich, stachelspitzig. Bl. 7—9. — Verbreitet. Wege, Gartenland, Ufer.

II. Pflanze drüsig-kurzhaarig.

97. Ch. Botrys L. Blätter länglich, stumpf, buchtig-fiederspaltig, mit stumpflichen Abschnitten, hellgrün, oberste lanzettlich-ganzrandig. Bl. 6—8. — Unbekannte Orte, verwildert.

Gattung Beta (Tourn.) L., Runkelrübe, Mangold.

98. B. vulgaris L. Wurzel walzen- oder rübenförmig. Stengel aufrecht, ästig, kantig gefurcht. Grundblätter eine Rosette bildend, eiförmig, stumpf, am Rande wellig. Blüten zwitterig. Blütenhülle 5spaltig, am Grunde mit dem Fruchtknoten verwachsen. Staubblätter 5, einem dem Fruchtknoten umgebenden Ringe eingefügt. — Var. Cicla L., Mangold mit walziger Wurzel, und var. Rapa Dum., Zuckerrübe mit dicker, fleischiger Wurzel. — Angebaut. Bl. 7—9.

Gattung Spinacia (Tourn.) L., Spinat.

99. Sp. oleracea L. Blüten 2häusig. Hülle der männlichen Blüten 4—5teilig, der weiblichen 2—4zähnig. Staubblätter 4—5, Narben 4. Blätter spießförmig, obere ungeteilt und meist länglich. Bl. 5—9. — Angebaut.

Gattung Atriplex (Tourn.) L., Melde.

Blüten 1häusig, weibliche gewöhnlich sämtlich ohne Hülle mit 2 die Frucht einschließenden Vorblättern. Narben 2.

A. Weibliche Blüten teils ohne teils mit 3—5 teiliger Hülle.

100. A. nitens Schk. Blätter länglich 3eckig, oberseits glänzend, unterseits grau- oder weißschülferig. Frucht mehrmals länger als ihr Stiel. Bl. 7—9. — Dorfstraßen, Zäune, Hecken, zerstreut. — Bei der aus Asien stammenden, stellenweise bei uns verwilderten A. hortense L. ist die Frucht etwa so lang als ihr Stiel.

B. Weibliche Blüten sämtlich ohne Hüllen.

I. Vorblätter nur am Grunde knorpelig oder ganz krantig.

a) **Blätter lineal-lanzettlich.**

101. A. litorale L. Meist weißschülferig. Vorblätter zur Fruchtzeit rauten-eiförmig, gezähnt. Bl. 7—9. — Ufer der Nord- und Ostsee.

b) **Untere Blätter eilanzettförmig bis spießförmig.**

1. **Vorblätter zur Fruchtzeit rauten-eiförmig.**

102. A. oblongifolium W. u. K. Untere Blätter eilanzettförmig, obere lanzettlich. Vorblätter ganzrandig. Bl. 7—9. — Auf Wegen, an Hecken, selten, fehlt im nördlichen und östlichen Deutschland.

103. A. patulum L. Untere Blätter lanzettlich, obere lineal-lanzettlich. Vorblätter mit spießförmigen Seitenecken. Bl. 7—9. — Gemein an Wegen, Schutthaufen.

2. **Vorblätter 3eckig.**

104. A. hastatum L. Untere Blätter 3eckig-spießförmig gezähnt, oberste lanzettlich, ganzrandig. Vorblätter nur am Grunde verwachsen. Bl. 6—8. — Häufig an Wegen, Zäunen, Schuttplätzen.

II. Vorblätter zur Fruchtzeit bis zur Mitte knorpelig.

105. A. roseum L. Blätter buchtig gezähnt, weißschülferig eiförmig-rhombisch, obere eiförmig-lanzettlich. Bl. 7 bis 10. — An gleichen Orten wie vorige. Zerstreut.

Familie Amarantaceae Juss., Amarantgewächse.

Von den Chenopodiaceen dadurch verschieden, daß die Staubblätter am Grunde mehr oder weniger vereint sind.

Gattung Albersia Kunth.

106. A. Blitum (L.) Kunth. Stengel und Blätter kahl. Blätter eiförmig-rautenförmig. Blüten klein, in Winkeln meist 3, selten 5zählig. Frucht dünnhäutig, nicht aufspringend. Bl. 7—10. — Zerstreut auf bebautem Boden.

Gattung Amarantus (Tourn.) L., Fuchsschwanz.

107. A. retroflexus L. Stengel kurzhaarig. Blätter eiförmig, kurz stachelspitzig. Blüten 1häusig-vielehig mit meist 5, selten 3teiliger Hülle, meist 5 Staubblättern, 2—3 sitzenden Narben in rispig geordneten, dichten Ähren stehend. Frucht quer aufspringend. Bl. 7—10. — Zerstreut an Wegrändern, Äckern.

Gattung Polycnemum L., Knorpelkraut.

108. P. arvense L. Stengel niederliegend oder aufsteigend, fast kahl. Blätter sitzend, lineal-pfriemförmig, 3kantig stachelspitzig. Blüten einzeln, achselständig, zwitterig, mit 5blättriger trockenhäutiger Blütenhülle. Staubblätter 3 Narben 2. Bl. 7—10. — Trockene, sandige Äcker, zerstreut.

Familie Portulacaceae Juss., Portulakgewächse.

Blüten in Kelch und Krone gegliedert, mit 2 Kelchblättern, 4—5 Kronenblättern, 5 Staubblättern und 2—5 zu einem einfächerigen unterständigen Fruchtknoten verwachsenen Fruchtblättern.

Gattung Portulaca (Tourn.) L., Portulak.

109. P. oleracea L. Stengel und Äste niedergestreckt, kahl, Blätter fast gegenständig, länglich-keilförmig, fleischig. Blüten zu 1—3 in den Blattwinkeln, sitzend. Kelch 2spaltig mit abfallendem Saume. Staubblätter 8—15. Bl. 6—10. — Sandige Äcker, zerstreut. Blumenkrone gelb.

Gattung Montia Micheli Montie.

Kelch 2spaltig, bleibend. Staubblätter 3.

110. M. minor Gmel. Stengel aufrecht oder aufsteigend. Blätter gegenständig, lineal-länglich. Samen höckerig rauh, glanzlos, schwarz. Bl. Mai. — Feuchte Sandfelder, zerstreut.

111. M. rivularis Gmel. Stengel niederliegend oder flutend. Samen sehr feinhöckerig, glänzend, dunkelbraun. Blumenkrone wie bei voriger klein, weiß. Bl. 5—9. — Quellen, kleine Bäche, Gräben, sehr zerstreut.

Familie Caryophyllaceae, Nelkengewächse.

Blüten mit Kelch und Krone, letztere selten fehlend. Staubblätter in 2 Kreisen, deren innerer zuweilen fehlt. Fruchtblätter 2—5, einen einfächerigen, oberständigen Fruchtknoten mit meist zentraler Placenta bildend.

I. Unterfamilie Silenoideae. Kelchblätter verwachsen.

1. Gruppe Diantheae. Kelch ohne Kommissuralrippen.

Gattung Gypsophila L., Gipskraut.

Kelch kurz glockenförmig, 5spaltig oder 5zähnig mit breiten Hautstreifen zwischen den Abschnitten. Blumenkrone glockenförmig. Kronenblätter in den Nagel keilförmig verschmälert, ohne Flügelleisten und Krönchen. Samen nierenförmig-kugelig.

A. Stengel am Grunde niederliegend oder aufstrebend.

112. G. repens L. Stengel oben locker-ebensträußig, nebst den Ästen kahl. Staubblätter kürzer als die weiße oder rötliche Krone. Bl. 5—7. — Gipshügel, selten und sehr zerstreut.

113. G. fastigiata L. Stengel am Gipfel gedrungen ebensträußig, oberwärts nebst den Ästen drüsig-weichhaarig. Staubblätter länger als die weiße oder rötliche Blumenkrone. Bl. 7—10. — Gipshügel, Sandfelder, sehr zerstreut. — Bei der stellenweise eingeschleppten G. paniculata L. ist der Stengel nebst den Blättern unterwärts behaart, Rispe oben kahl.

B. Stengel steif aufrecht.

114. G. muralis L. Blüten zerstreut, hellrosa mit dunkleren Adern. Bl. 7—10. — Lehmig-sandige Äcker, Mauern.

Gattung Tunica Scopoli, Felsennelke.

115. T. prolifera Scop. Stengel meist kahl. Blätter lineal, am Rande rauh. Blüten kopfig gehäuft, von 3 Paaren kopfiger Deckschuppen eingehüllt. Kelch glockenförmig oder zylinderisch mit Hautstreifen zwischen den Abschnitten. Kronblätter klein, rötlich-lila mit langem, mit Flügelleisten versehenen Nagel. Bl. 7—8. — Zerstreut, Sandfelder, sonnige Hügel.

Gattung Dianthus L., Nelke.

Kelch zylinderisch 5zähnig, ganz krautig, von mehreren meist begrannten Kelchschuppen umgeben. Kronblätter plötzlich in einen langen, meist mit Flügelleisten versehenen Nagel verschmälert, ohne Krönchen. Samen schildförmig, flach.

A. Blüten büschelig, sehr kurz gestielt.

116. D. armeria L. Stengel oberwärts nebst Blättern schwach rauhhaarig. Kelchschuppen mit der pfriemförmigen Granne so lang als die Kelchröhre. Bl. 7—8. — Zerstreut, Gebüsche, buschige Hügel. Kronblätter purpurn.

117. D. Carthusianorum L. Kartäusernelke. Stengel kahl, Blätter lineal. Kelchblätter mit der pfriemenförmigen Granne etwa halb so lang als die Kelchröhre. Bl. 6—9. — Trockene Wiesen, sandige, steinige Hügel. Kronblätter blutrot.

B. Blüten einzeln oder in Rispen, länger gestielt.

I. Kronblätter gezähnt.

118. D. deltoides L. Stengel weichhaarig mit 1blütigen Ästen. Blätter lineal-lanzettlich, am Rande rauh. Kelchschuppen mit der pfriemlichen Granne halb so lang als die Kelchröhre. Krone hell oder dunkelpurpurn, weiß punktiert. Bl. 6—9. Trockene Wiesen, verbreitet.

119. D. caesius Smith. Stengel kahl, meist 1blütig. Kelchschuppen 4mal kürzer als die Kelchröhre. Kronblätter am Schlunde bärtig, rosa. Blüte wohlriechend. Bl. 5—6. — Sehr zerstreut. Felsige Orte im Gebirge, sandige Kiefernwälder.

II. Kronblätter fiederspaltig eingeschnitten.

120. D. superbus L. Federnelke. Stengel kahl, 2-, mehrblütig. Kelchschuppen kurz begrannt, 3—4mal kürzer als die Kelchröhre. Bl. 6—9. — Trockene Wiesen, buschige Hügel.

Gattung Saponaria L., Seifenkraut.

121. S. officinalis L. Wurzelstock weitkriechend. Stengel aufrecht. Blätter länglich-lanzettlich. Kelch zylindrisch, etwas bauchig, ohne Kanten, 5zähnig, am Grunde ohne Hochblätter. Kronblätter plötzlich in den linealen mit Flügelleisten versehenen Nagel verschmälert, mit 2 spitzen Zähnchen am Grunde der Platte, weiß oder fleischfarben, ausgerandet. Bl. 7—9. — Flußufer, Hecken.

2. Gruppe Lychnideae. Kelch mit Kommissuralrippen.

Gattung Cucubalus (Tourn.) L., Taubenkropf.

122. C. baccifer L. Stengel gespreizt-ästig nebst den Blättern kurzhaarig. Blüten kurz gestielt, einzeln. Kelch kurz glockenförmig mit 20 undeutlichen Rippen, zuletzt aufgeblasen. Kronblätter mit zurückgebogener 2spaltiger Platte und kurzem Krönchen, ohne Flügelleisten. Frucht einfächerig, reif schwarz, beerenartig. Bl. 7—8. — Zerstreut in Gebüschen, namentlich an Bachrändern. Kronblätter weiß.

Gattung Silene L., Leimkraut.

Kelch fünfzähnig oder 5 spaltig, 10—20—30 rippig. Kronblätter meist mit Krönchen, lang benagelt. Narben meist 3, innen behaart. Kapsel am Grunde meist 3 fächerig mit meist 6 Zähnen aufspringend.

A. Kronblätter am Schlunde mit Nebenkrone.

I. Platte ungeteilt, gezähnelt oder ausgerandet.

a) Kelch 10 rippig.

123. S. gallica L. Stengel und Blüten kurzhaarig, oberwärts drüsig. Blüten in traubigen Wikeln. Kapsel kurzgestielt. Bl. 6—9. — Äcker, zerstreut. Kronblätter fleischfarben.

124. S. Armeria L. Stengel und Blätter kahl, bläulich bereift. Blüten in dichten Trugdolden. Kapsel langgestielt. Bl. 7—9. — Auf Äckern, in Gebüsch, felsigen Orten, sehr zerstreut. Kronblätter rosa.

b) Kelch 30 rippig.

125. S. conica L. Stengel meist ästig, nebst Blättern und Kelchen kurzhaarig, oberwärts meist drüsenhaarig. Kronblätter hellpurpurn. Kapsel sehr kurz gestielt. Bl. 5—7. — Sandige Orte, selten, am häufigsten im Rheingebiet.

II. Platte der Kronblätter 2teilig oder 2spaltig.

a) Kelch 10 rippig.

126. S. nutans L. Stengel einfach, nebst den Blättern kurzhaarig, oberwärts drüsenhaarig. Blüten in Rispen mit 3—7 blütigen Ästen. Kelch mit spitzen Zähnen. Bl. 5—7. — Trockene Wälder, Dämme, häufig. Kronblätter weißlich.

127. S. chlorantha (Willd.) Ehrh. Pflanze kahl. Rispenäste 1—3 blütig. Kelch mit stumpfen Zähnen. Kronblätter gelblichgrün. Bl. 6—7. — Selten, grasige Hügel, Nadelwald.

128. S. noctiflora L. Stengel oberwärts drüsig-weichhaarig, Blüten einzeln oder in 3—4blütigen Trugdolden. Kelchzähne lineal-pfriemlich. Krone meist schmutzig-weiß. Bl. 7—10. — Verbreitet. Äcker mit Lehmboden.

b) **Kelch 20rippig.**

129. S. rupestris L. Ganz kahl. Stengel und Blätter bläulichgrün. Blüten langgestielt, meist weiß. Kronblätter verkehrt herzförmig, fast doppelt so lang als die Kelchblätter. Bl. 6—9. — Trockene, felsige Orte, im Südwesten.

B. Kronblätter am Schlunde ohne Nebenkrone.

I. Kronblätter 2spaltig.

130. S. tatarica Pers. Kahl. Blüten in Trauben. Kronblätter weiß, 2spaltig. Blüten 2geschlechtig. Bl. 7—8. — Im Nordosten in Flußniederungen.

131. S. vulgaris Garcke. Blütenstand ebensträußig-rispig. Kelch eiförmig, aufgeblasen, vielstreifig, netzadrig. Pflanze meist zweihäusig. Krone weiß. Bl. 6—8. — Verbreitet, trockene Wiesen, Wegränder. (Silene inflata Sm.)

II. Kronblätter ungeteilt, höchstens ausgerandet.

132. S. Otites Smith. Blütenstände rispig. Kronblätter ungeteilt, lineal, grünlich. — Sandfelder, zerstreut. Bl. 5—8.

Gattung Viscaria Rochl., Pechnelke.

133. V. vulgaris Rochl. Stengel kahl, unter den oberen Knoten klebrig. Blätter lanzettlich bis lineal-lanzettlich, sitzend. Blüten traubig-rispig. Kelch 5zähnig, schwach 10rippig. Kronblätter ausgerandet mit linealem Nagel und Nebenkrone, hellpurpurn. Narben 5, innen behaart. Kapsel rundlich-eiförmig, am Grunde 5fächerig, in der Mitte der Fruchtblätter aufspringend. Samen nierenförmig, höckerig. Bl. 5—6. — Trockene Wiesen, buschige Hügel.

Gattung Coronaria L., Kranzrade, Kuckucksnelke.

134. C. flos cuculi A. Br. (Lychnis flos cuculi L.) Stengel oberwärts rauhhaarig. Grundblätter länglich-lanzettlich, obere lineal-lanzettlich. Kelch 5zähnig oder spaltig, 10rippig. Kronblätter rosa, bis über die Mitte vierspaltig. Kapsel 1fächerig. Bl. 5—7. — Wiesen, gemein.

Gattung Melandryum Rochl., Lichtnelke.

Kelch bauchig, 5zähnig, 10- oder 20rippig. Blumenblätter mit Krönchen und 2spaltiger Platte. Narben 5, innen behaart. Kapsel kurz gestielt, 1fächerig.

135. M. album (Mill.) Garcke. Stengel zottig, oberwärts drüsig-weichhaarig. Untere Blätter elliptisch, obere lanzettlich bis länglich-lanzettlich. Kapsel mit aufrechten Zähnen. Krone weiß. Bl. 5—9. — Häufig, Waldränder, Gebüsche.

136. M. rubrum (Weigel) Garcke. Stengel und Blätter zottig, nicht drüsig. Obere Blätter eiförmig, plötzlich zugespitzt. Kapsel mit zurückgerollten Zähnen. Krone purpurrot. — Verbreitet, feuchte Wälder, Bachränder.

Fig. 6. Blüte der Kornrade Agrostemma Githago.

Gattung Agrostemma L., Rade.

137. A. Githago L. Kornrade. Stengel meist gabelig, ästig, langhaarig. Blätter lineal bis lineal-lanzettlich. Blüten einzeln. Kelch 5spaltig, 10rippig, oben verengt mit schmalen blattartigen Zipfeln. Kronblätter purpurn, eingeteilt, ohne Krönchen. Narben 5, ringsum behaart. Kapsel sitzend, einfächerig. Bl. 6—7. — Gemein, unter Getreide.

II. Unterfamilie Alsinoideae. Kelchblätter frei, Kapsel mit Zähnen sich öffnend.

1. Gruppe Alsineae. Blätter ohne Nebenblätter.

Gattung Sagina L., Knebel.

Kelchblätter 4—5. Kronblätter 4—5, ungeteilt, selten fehlend, Staubblätter 4, 5 oder 10. Griffel 4—5. Kapselklappen in der Mitte der Fruchtblätter aufspringend.

A. Blüten 4zählig.

138. S. procumbens L. Stengel niederliegend mit aufsteigenden Ästen. Kelchblätter alle stumpf ohne Stachelspitze. Blütenstiele nach dem Verblühen hakenförmig herabgebogen. Kronblätter klein, weiß. Bl. 5—10. — Grasplätze, gemein.

139. S. apetala Ard. Stengel aufrecht. Die beiden äußeren Kelchblätter kurz stachelspitzig. Blütenstiele stets aufrecht. Krone sehr klein, weiß. Bl. 5—10. — Äcker, Grasplätze, zerstreut.

B. Blüten 5zählig.

140. S. Linnaei Presl. Blätter kahl, lineal, kurz stachelspitzig. Kronblätter kürzer als der Kelch, Kapsel fast doppelt so lang als der Kelch. Krone weißlich. Bl. 6—8. — Grasige Hochgebirgslehnen, zerstreut.

141. S. subulata (Sw.) Torr. et Gray. Blätter schwach behaart, lang stachelspitzig. Kronblätter so lang als der Kelch, Kapsel wenig länger. Kronblätter weiß. Bl. 6—7. — Sandige Brachäcker, zerstreut.

142. S. nodosa Fenzl. Blätter kahl, kurz stachelspitzig. Kronblätter weiß, doppelt so lang als der Kelch. Bl. 7—8. — Feuchter Sandboden.

Gattung Alsine Wahlenb., Miere.

Kelchblätter und Blumenblätter 5, Staubblätter 10, die des äußeren Kreises mit 2 Drüsen am Grunde. Griffel meist 3. Samen nierenförmig, ungeflügelt.

143. A. verna Barth. Stämmchen rasenbildend. Blätter lineal pfriemförmig. Kronblätter etwas länger als der Kelch, weiß. Bl. 5—10. — Steinige Orte, nicht häufig.

144. A. tenuifolia Wahlenb. Stengel einzeln, fast völlig kahl. Kelchblätter etwas länger als die weißen Kronblätter, eilanzettlich. Bl. 5—6. — Sand- und Kalkboden, zerstreut.

145. A. viscosa Schreb. Pflanze drüsig behaart. Kelchblätter länger als die weißen Kronblätter, schmal lanzettlich-pfriemlich. Bl. 5—6. — Sandfelder, zerstreut.

Gattung Moehringia L.

146. M. trinervis Clairv. Pflanze kurzhaarig. Stengel aufsteigend. Blätter eiförmig bis eiförmig-länglich, spitz. Blüten in beblätterten Trugdolden, 5zählig. Griffel 2—3. Kronblätter weiß, kürzer als die breit hauträndigen Kelchblätter. Bl. 5—6. — Gemein, Gebüsche, Laubwälder, Zäune.

Gattung Arenaria L., Sandkraut.

147. A. serpyllifolia L. Pflanze weichhaarig oder kahl, gabelig vieläftig. Blätter eiförmig, zugespitzt, durchscheinend punktiert. Kelchblätter 5, lanzettlich, breit-hautrandig, länger als die 5 weißen Kronblätter. Staubblätter 10, Griffel 3. Bl. 5—10. — Gemein auf Äckern, Bergrändern.

Gattung Holosteum L., Spurre.

148. H. umbellatum L. Pflanze blaß bläulich grün. Stengel unten kahl, oberwärts drüsenhaarig. Blätter sitzend eiförmig, spitzlich, etwas fleischig. Kelchblätter 5, halb so lang als die 5 ausgefressen-gezähnten weißen Kronblätter. Staubblätter meist 3, Griffel meist 3. Bl. 3—5. — Trockene Äcker und Grasplätze, meist gemein.

Gattung Stellaria L., Sternmiere, Vogelkraut.

Kelchblätter 5, Kronblätter 5, 2spaltig bis tief 2teilig. Staubblätter meist 10, Griffel 3. Samen nierenförmig, ohne Anhängsel.

A. Stengel stielrund.

149. St. nemorum L. Stengel schlaff, oberwärts zottig. Untere Blätter gestielt, herzförmig zugespitzt, gewimpert, Kronblätter weiß, bis fast zum Grunde 2spaltig, doppelt so lang als die Kelchblätter. Bl. 5—9. — Gebüsche, feuchte Wälder, zerstreut.

150. St. media Cyr. Vogelmiere. Stengel einzeilig behaart. Blätter eiförmig, kurz zugespitzt, gestielt. Kelchblätter länglich, stumpflich, so lang oder länger als die 2teiligen weißen Kronblätter. Bl. 3—10. — Überall auf Äckern, Wegen, ganz gemein.

151. St. pallida Piré. Kronblätter fehlend oder wenn vorhanden, sehr klein. Bl. 3—5. — Gartenboden, Hecken, zerstreut.

Fig. 7.
Stellaria nemorum.

B. Stengel 4kantig.

I. Kelch am Grunde abgerundet.

a) **Deckblätter krautig.**

152. St. Holostea L. Blätter lanzettlich, lang zugespitzt mit unterseits rauhen Nerven und Rande. Kronblätter fast doppelt so lang als die Kelchblätter. Bl. 4—5. Gebüsche, Wälder, häufig.

b) **Deckblätter trockenhäutig.**

153. St. glauca With. Stengel glatt. Blätter lineal-lanzettlich, ganz kahl. Deckblätter am Rande kahl. Bl. 6—7. — Zerstreut. Feuchte Wiesen.

154. St. gramminea L. Stengel glatt. Blätter schmal lanzettlich, kahl, nur am Grunde etwas gewimpert. Deckblätter am Rande gewimpert. Bl. 5—10. — Wiesen, Grasplätze, gemein.

155. St. Frieseana Ser. Stengel oberwärts rauh. Blätter am Rande und auf dem Mittelnerv rauh. Bl. 7—9. — Zerstreut im Osten, grasige Plätze, Brüche, feuchte Waldstellen.

II. Kelch am Grunde trichterförmig.

156. St. uliginosa Murr. Blätter sitzend, länglich-lanzettlich spitz, am Grunde etwas bewimpert. Deckblätter trockenhäutig. Bl. 6—7. — Feuchte Stellen, Sümpfe, Quellen, im Gebirge.

157. St. crassifolia Ehrh. Blätter ganz kahl, Deckblätter krautartig, kürzer als die Kronblätter. Bl. 7—8. — Sumpfwiesen, Brüche, Norddeutschland.

Gattung Moenchia Ehrh.

158. M. erecta (L.) Fl. Wett. Pflanze kahl, etwas blaugrün. Stengel 1—2 blütig. Blätter lineal-lanzettlich. Kelchblätter trockenhäutig, meist 4, Kronblätter kürzer ungeteilt oder seicht ausgerandet, weiß, meist 4. Staubblätter 4 oder 8—10. Griffel meist 4. Kapsel mit 8 oder 10 Zähnen aufspringend. Bl. 5—6. — Sehr zerstreut, Brachäcker, lichte Waldstellen, Süd- und Mitteldeutschland.

Gattung Malachium Fries, Weichling, Wasserdarm.

159. M. aquaticum Fries. Stengel gestreckt, kletternd. Blätter herz-eiförmig, zugespitzt. Deckblätter krautig. Kelchblätter 5, Kronblätter zweiteilig 5. Staubblätter 10, Griffel 5. Kapsel mit 5 zweizähnigen Klappen aufspringend. Bl. 6—10. — Schattige Orte, Bachufer, häufig.

Gattung Cerastium L., Hornkraut.

Kelchblätter meist 5. Kronblätter meist 5, ausgerandet oder bis zur Mitte 2 spaltig, Staubblätter 10, Griffel meist

5. Kapsel an der Spitze mit meist 10 kurzen Zähnen aufspringend.

A. Kronblätter so lang oder kürzer als der Kelch.

160. C. glomeratum Thuill. Blätter rundlich-eiförmig, Deckblätter sämtlich krautig, nebst den Kelchblättern überall behaart. Bl. 3—10. — Zerstreut, feuchte Äcker, Laubwälder.

161. C. semidecandrum L. Blätter länglich bis eiförmig. Alle Deckblätter hautrandig. Kapseln meist kürzer als der Kelch. Bl. 4—5. — Gemein, trockene Hügel, Grasplätze, Wegränder.

162. C. triviale Lk. Stengel am Grunde niederliegend und wurzelnd. Untere Deckblätter meist krautig. Kapseln bis doppelt so lang als der Kelch. Bl. 4—10. — Trockene Wiesen, Äcker, gemein.

B. Kronblätter doppelt so lang als der Kelch.

163. C. arvense L. Stengel niedergestreckt, am Grunde wurzelnd. Blätter lineal-lanzettlich. Deckblätter breit trockenhäutig. Bl. 4—5. — Trockene Wiesen, Grasplätze, Wegränder, gemein.

2. Gruppe Sperguleae. Blätter mit Nebenblättern.

Gattung Spergula L., Sperk, Spark.

Kelchblätter 5. Kronblätter ungeteilt, 5, Staubblätter meist 10, ohne Drüsen, Griffel 5. Krone weiß. Kapsel 5klappig.

164. Sp. arvensis L. Zerstreut behaart. Blätter lineal-pfriemlich, unterseits mit einer Furche. Samen kugelig-linsenförmig, sehr schmal geflügelt. Bl. 6—10. — Gemein, Sandfelder.

165. Sp. Morisonii Bor. Kahl. Blätter unterseits ohne Furche. Kronblätter eirund, sich gegenseitig deckend. Samen flach zusammengedrückt, breit bräunlichweiß geflügelt. Bl. 4—5. — Kiefernwälder, Sandplätze, zerstreut.

166. Sp. pentandra L. Kronblätter sich nicht deckend, lanzettlich. Staubblätter meist 5. Samen mit breitem, reinweißem Flügelrande. Blätter ohne Furche. Bl. 4—5. — Sehr zerstreut, Kiefernwälder, Sandplätze.

Gattung Spergularia Presl., Schuppenmiere.

Kelchblätter 5, Kronblätter 5, Staublätter 10, die äußeren am Grunde mit je 2 Drüsen, Griffel 3, Kapsel 5klappig.

167. S. segetalis Fenzl. Stengel aufrecht, kahl. Kelch- und Kronblätter weiß. Bl. 6—7. — Selten, unter der Saat.

168. S. rubra Presl. Kurzhaarig. Kapsel so lang als der Kelch. Kronblätter rosa. — Auf Äckern, gemein. Bl. 5—10.

169. S. salina Presl. Kapsel mindestens $1^1/_2$mal so lang als der Kelch. Samen ungeflügelt. Kronblätter blaßrot. Bl. 5—9. — Salzige Orte, Meerstrand. — Die ähnliche Sp. marginata hat weißgeflügelte Samen.

III. Unterfamilie Paronychioideae. Kelchblätter meist frei, Frucht eine Schließfrucht.

Gattung Herniaria (Tourn.) L., Bruchkraut.

Kelchblätter etwas konkav, krautig. Blüte 5zählig, Narben 2, fast sitzend. Blüten grün.

170. H. glabra L. Stengel niedergestreckt, ästig. Blätter kahl, gelbgrün. Kelch glockig, kürzer als die reife Frucht. Bl. 7—10. — Gemein, Brachäcker, trockene Grasplätze.

171. H. hirsuta L. Blätter dunkler grün, steifhaarig gewimpert. Kelch ei-walzenförmig, länger als die Frucht. Bl. 7—10. — Sandige Äcker, zerstreut.

Gattung Illecebrum (Rupp.) L., Knorpelkraut.

172. I. verticillatum L. Pflanze kahl. Stengel niedergestreckt, oft wurzelnd, ästig, rot. Blätter verkehrt-eiförmig-rundlich. Blüten achselständig. Kelchblätter knorpelig verdickt. Griffel kurz 2narbig. Kronblätter klein, weiß. Bl. 6—10. — Zerstreut, feuchte Sandplätze, sandige Flußufer.

Gattung Scleranthus L., Knäuel, Knörich.

Blütenhülle einfach, kelchartig, 5teilig mit glockenförmiger Röhre. Staubblätter 10, 5 unfruchtbar oder zuweilen fehlend. Griffel 2.

173. S. annuus L. Stengel ästig. Blätter lineal-pfriemförmig. Blüten in geknäuelten Tragdolden. Kelchzipfel zugespitzt, schmal hautrandig, zur Fruchtzeit aufrecht abstehend. Staubblätter mehrmals kürzer als die Kelchzipfel, nur z. T. fruchtbar. Bl. 5—10. — Sandige Äcker, gemein.

174. S. perennis L. Kelchzipfel stumpf, breit hautrandig, zur Fruchtzeit zusammenneigend, Staubblätter ungefähr ebenso lang, sämtlich fruchtbar. Bl. 5—10. — Sandige Plätze, verbreitet.

Familie Nymphaeaceae D. C., Seerosengewächse.

Blüten spiralig bis zyklisch. Kelch 4—6blättrig, oft blumenblattartig. Krone regelmäßig. Staubblätter zahlreich, unterständig oder einer fleischigen Scheibe eingefügt. Fruchtknoten vielfächerig, mit zahlreichen Samen. Wasserpflanzen.

Gattung Nymphaea L., Seerose.

175. N. alba L. Weiße Seerose. Blätter rundlich tief herzförmig, ganzrandig, schwimmend. Nebenblätter lanzettlich. Innerste Staubbeutel breiter als die Träger. Kronblätter weiß. Bl. 5—8. — Stehende und langsam fließende Gewässer, verbreitet.

176. N. candida Presl. Der vorigen sehr nahestehend; alle Staubbeutel schmäler als die Filamente. — Wie vorige, doch seltener.

Gattung Nuphar Smith, Mummel.

Kelch 5blättrig, gefärbt, blumenblattartig. Kronblätter auf dem Rücken mit einer Honiggrube, viel kleiner als die Kelchblätter. Fruchtknoten ganz frei.

177. N. luteum Smith. Gelbe Seerose, Mummel. Nebenblätter fehlend. Narbe schildförmig mit vertiefter Mitte, ganzrandig. Staubbeutel länglich-lineal. Bl. 6—8. — Stehende und langsam fließende Gewässer, verbreitet.

178. N. pumilum Smith. Narbe flach, sternförmig, spitz gezähnt. Staubbeutel fast viereckig. — Wie vorige, aber sehr viel seltener.

Familie Ceratophyllaceae Gray, Hornblattgewächse.

Gattung Ceratophyllum L., Igellock.

Blüten getrenntgeschlechtig, einhäusig, regelmäßig. Staubblätter 12—16. Fruchtblätter 1 mit 1 geradläufiger hängender Samenanlage. Wasserpflanzen.

179. C. submersum L. Früchte eiförmig, flügellos, am Grunde ohne Dornen. Stengel flutend, ästig. Blätter 3mal gabelspaltig, in 5—8 weiche, stachelig-gezähnte Zipfel geteilt. Bl. 6—8. — Zerstreut, stehende Gewässer.

180. C. demersum L. Früchte am Grunde mit 2 zurückgekrümmten Dornen. Blätter 1—2mal gabelspaltig in 3—4 starre, dicht stachelig-gezähnte Zipfel geteilt. Bl. 7—8. — Verbreitet in Teichen, Gräben.

Familie Ranunculaceae Juss., Hahnenfußgewächse.

Blütenhülle meist in Kelch und Krone gegliedert, meist regelmäßig, ganz oder teilweise spiralig. Staubblätter zahlreich, Fruchtblätter zahlreich, meist nicht verwachsen.

1. Gruppe Clematideae. Kelch blumenblattartig, in der Knospenlage dachig oder eingefaltet klappig. Krone fehlend oder kleiner als der Kelch.

Gattung Clematis L., **Waldrebe.**

181. Cl. Vitalba L. Stengel kletternd, Blätter oft rankend gefiedert mit meist herzförmigen Blättchen (zu 5—7). Kelchblätter länglich, auf beiden Seiten filzig. Kelch 4blättrig, meist früh abfallend. Kronblätter fehlen. Früchtchen mit sehr langem bleibendem zottigem Griffel. Bl. 6—7. — Gebüsche und Wälder, kalkliebend, Süd- und Mitteldeutschland. Die seltene Cl. recta hat aufrechten, krautigen Stengel.

2. Gruppe Anemoneae. Kelch in der Knospenlage dachziegelig.

Gattung Thalictrum (Tourn.) L., Wiesenraute.

Blütenhülle einfach, kronenartig, klein, 4—5blättrig, abfallend. Fruchtknoten ungeschwänzt.

A. Staubfäden nach oben verdickt.

182. Th. aquilegiifolium L. Blätter 2—3fach gefiedert. Früchtchen 3kantig geflügelt. Kelchblätter blaßgrün. Bl. 5—6. — Zerstreut. Wiesen, schattige Wälder, Gebüsche.

B. Staubfäden gleich dick.

I. Blüten in lockeren rispigen Ständen, hängend.

183. Th. minus L. Blätter 2—3fach gefiedert, graugrün. Blättchen rundlich oder verkehrt ei-keilförmig. Bl. 6—7. — Wiesen, sonnige Hügel, Wegränder, zerstreut.

II. Blüten in gedrängten Ständen, aufrecht.

184. Th. angustifolium Jacqu. Blättchen länglich keilförmig bis schmal lineal. Verzweigungen des Blütenstiels ohne Nebenblättchen. Bl. 6—7. — Feuchte Wiesen, Gebüsche, zerstreut.

185. Th. flavum L. Blättchen verkehrt ei-keilförmig, meist 3spaltig. Verzweigungen des Blütenstiels mit Nebenblättchen. Bl. 6—7. — Feuchte Wiesen, zerstreut.

Gattung Hepatica Dill., Leberblümchen.

186. H. triloba Gil. Grundachse mit schuppenförmigen, häutigen Nebenblättern. Blätter herzförmig 3lappig. Blüten vor den Blättern erscheinend. Blütenhülle einfach, kronenartig, blau. Früchtchen mit kurzem kahlem Griffel. Bl. 3—4. — Zerstreut, schattige Wälder, buschige Hügel.

Gattung Pulsatilla (Tourn.) Miller, Kuhschelle.

Blütenhülle einfach blumenkronartig, meist 6. Kronblätter verkümmert, drüsenartig. Fruchtboden halbkugelig. Früchtchen mit verlängertem, zottigem Griffel. — Giftig.

A. Grundblätter im Herbst absterbend.

187. P. vulgaris Miller. Kuhschelle, Küchenschelle. Untere Blätter 3fach fiederspaltig, Zipfel lineal, spitz. Blüten aufrecht. Kelchblätter schwach auswärts gebogen. Bl. 3—4. — Zerstreut, im Osten fehlend, sonnige Hügel. Blüten blauviolett.

188. P. pratensis Miller. Untere Blätter 2—3fach fiederspaltig. Zipfel lineal. Blüten niederhängend. Kelchblätter an der Spitze nach außen zurückgerollt. Blüten meist schwarzviolett. Bl. 4—5. — Zerstreut, sandige Grashänge, Hügel. Fehlt im Westen.

189. P. patens Miller. Untere Blätter 3zählig. Blättchen fingerig geteilt, Zipfel länglich, an der Spitze eingeschnitten, 2—3zähnig oder vielspaltig. Blüten blauviolett. Bl. 4—5. — Dürre Kiefernwälder, Sandhügel, zerstreut.

B. Grundblätter überwinternd.

190. P. vernalis Miller. Untere Blätter einfach gefiedert, Blättchen eiförmig, 3spaltig mit ungeteilten oder 2—3zähnigen Zipfeln. Blütenhülle innen weiß, außen violett oder rosa. Bl. 4—5. — Zerstreut, Kiefernwälder, dürre Sandhügel.

Gattung Anemone (Tourn.) L., Windröschen.

Blütenhülle blumenkronartig, 5—11blättrig, einfach. Fruchtboden halbkugelig-kegelig. Früchtchen mit kurzem kahlem Griffel.

191. A. silvestris L. Blätter der Blütenhülle weiß, unterseits seidenhaarig. Bl. 4—5. — Zerstreut, sonnige, bebuschte Hügel, Laubwälder, kalkliebend. Fehlt stellenweise.

192. A. nemorosa L. Buschwindröschen, Anemone. Blätter der Blütenhülle weiß, beiderseits kahl. Bl. 3—4. — Wälder, Gebüsche, gemein.

193. A. ranunculoides L. Gelbe Anemone. Blätter der Blütenhülle gelb, unterseits weichhaarig. Bl. 4—5. — Laubwälder, nicht überall.

Gattung Adonis (Dill.) L., Teufelsauge.

Kelch 5blättrig, am Grunde etwas höckerig, Kronblätter 5—15, flach. Früchtchen zahlreich, auf verlängertem Fruchtboden.

A. Früchtchen kahl.

194. A. autumnalis L. Krone 5blättrig, dunkelrot, am Grunde schwarz. Früchtchen zahnlos mit geradem Schnabel. Bl. 6—9. — Äcker.

195. A. aestivalis L. Adonisröschen. Krone 6—8blättrig, mennigrot oder strohgelb. Früchtchen mit schiefem Schnabel, am Grunde mit Zahn. Bl. 5—7. — Auf Äckern unter Saat.

B. Früchtchen behaart.

196. A. vernalis L. Krone hellgelb, 12—20blättrig. Bl. 4—5. — Sonnige Hügel, kalkliebend, zerstreut und nicht überall.

8. Gruppe Ranunculeae. Kelch und Krone in der Knospenlage dachziegelig. Kronblätter am Grunde mit Honiggrübchen, Fruchtknoten mehrere, einsamig.

Gattung Myosurus Dillen., Mäuseschwanz.

197. M. minimus L. Blätter sämtlich grundständig schmal lineal. Stengel 1 blütig, oberwärts verdickt. Kelchblätter 5, am Grunde mit pfriemförmigem Sporn, abfällig. Kronblätter 5. Früchtchen sehr zahlreich auf sehr verlängertem, walzenförmigem Fruchtboden. Blüten grünlichgelb. Bl. 4—6. — Feuchte Äcker, zerstreut.

Fig. 8.
Myosurus minimus.

Gattung Ranunculus L., Hahnenfuß.

Kelchblätter meist 5, abfällig, Kronblätter 5, am Nagel mit Honiggrube. Staubblätter zahlreich. Früchtchen auf kegeligem oder halbkugeligem Fruchtboden.

A. Untergattung Batrachium. Kronblätter weiß, Honiggrübchen unbedeckt. Wasserpflanzen.

I. Blätter sämtlich nierenförmig, stumpf, 5lappig.

198. R. hederaceus L. Stengel fadenförmig, kriechend. Früchtchen kahl. Bl. 5—7. — Zerstreut, nicht überall. Quellen, Bäche, Teiche.

II. Untergetauchte Blätter borstlich-vielteilig.

199. R. fluitans Link. Blätter meist sämtlich untergetaucht, gestielt, sehr langzipfelig. Staubblätter kürzer als das Fruchtknotenköpfchen. Bl. 6—8. — Zerstreut, Flüsse, Bäche.

200. R. aquatilis L. Nur die unteren Blätter untergetaucht, vielteilig, obere schwimmend, nierenförmig. Staubblätter länger als das Fruchtknotenköpfchen. Bl. 6—8. — Gemein, stehende Gewässer.

201. R. divaricatus Schr. Blätter meist sämtlich untergetaucht, Staubblätter zahlreich, länger als das Fruchtknotenköpfchen. Bl. 7—8. — Häufig in stehenden Gewässern.

B. Untergattung Euranunculus. Kronblätter meist gelb, Honiggrübchen meist von einer Schuppe bedeckt. Landpflanzen.

I. Kronblätter weiß.

202. R. aconitifolius L. Blätter handförmig, 3—7teilig, Zipfel 3spaltig oder ungeteilt, eingeschnitten, gesägt. Bl. 5—6. — Gebirgswälder.

II. Kronblätter gelb.

a) Honiggrübchen unbedeckt.

203. R. sceleratus L. Stengel hohl. Blätter etwas fleischig, glänzend, 3teilig, die unteren mit 2—3spaltigen, eingeschnittenen Abschnitten. Früchtchen sehr klein, feinrunzelig. Kronblätter blaßgelb, sehr klein. Sehr giftig! Bl. 6—8. — Verbreitet, feuchte Orte.

b) Honiggrübchen bedeckt.

1. Blätter ungeteilt.

204. R. Flammula L. Blätter elliptisch bis lineallanzettlich. Blütenstiele gefurcht. Früchtchen mit kurzem, geradem Schnabel. Blüten klein, hellgelb. Bl. 6—9. — Feuchte Wiesen, Gräben, gemein.

205. R. Lingua L. Blütenstiele stielrund. Blüten sehr groß, goldgelb. Früchtchen mit sichelförmig gekrümmtem Schnabel. Bl. 7—8. — Zerstreut, Sümpfe, Teiche, gern zwischen Schilf.

2. Blätter zusammengesetzt oder geteilt oder gelappt.

α) Früchtchen nur 4—8, runzelig-stachelig.

206. R. arvensis L. Unterste Blätter 3teilig mit keilförmigen eingeschnitten-gezähnten Abschnitten. Kronblätter blaßgelb, klein. Früchtchen groß mit langem Schnabel. Bl. 3—6. — Äcker, häufig.

β) Früchtchen zahlreich, meist glatt.

† Früchtchen behaart.

207. R. auricomus L. Untere Blätter mehrere. Blattstiele am Grunde scheidig. Bl. 4—5. — Wiesen, Gebüsche, feuchte Wälder, gemein.

208. R. cassubicus L. Nur 1 meist ungeteiltes, nierenförmiges Grundblatt. Bl. 4—5. — Schattige Wälder, nur im Osten.

† Früchtchen kahl.

§ Blütenstiele nicht gefurcht.

209. R. acer L. Scharfer Hahnenfuß. Pflanze angedrückt, behaart. Schnabel vielmals kürzer als das Früchtchen. Bl. 5—10. — Wiesen, Wälder, gemein.

210. R. lanuginosus L. Stengel und Blattstiele abstehend-rauhhaarig. Schnabel fast halb so lang als das Früchtchen. Bl. 5—6. — Schattige, fruchtbare Wälder, zerstreut.

§ Blütenstiele gefurcht.

! Kelchblätter nicht zurückgeschlagen.

211. R. silvaticus Thuill. Pflanze überall anliegend, behaart. Untere Blätter 3teilig oder 3spaltig. Früchtchen mit breitem an der feinen Spitze eingerolltem Schnabel. Bl. 5—6. — Gebirgswälder.

212. R. polyanthemus L. Pflanze unterwärts abstehend, oberwärts anliegend behaart. Grundblätter handförmig-5teilig. Früchtchen mit geradem, an der Spitze hakig gekrümmtem Schnabel. Bl. 5—6. — Wiesen, lichte Wälder und Gebüsche, zerstreut.

213. R. repens L. Stengel mit kriechenden Ausläufern. Pflanze weichhaarig. Untere Blätter 3zählig. Früchtchen mit kurzem, fast geradem Schnabel. Bl. 5—9. — Feuchte Äcker, Gräben, gemein.

! Kelchblätter zurückgeschlagen.

214. R. bulbosus L. Stengel am Grunde knollenförmig, ohne Ausläufer. Schnabel der Früchtchen gekrümmt. Bl. 4—6. — Meist häufig, Äcker, Grasplätze.

215. R. sardous Crantz. Stengel am Grunde nicht knollenförmig. Früchtchen mit geradem Schnabel. Bl. 5—8. — Feuchte Äcker, zerstreut.

Gattung Ficaria (Dill.) Huds., Scharbockskraut.

216. F. verna Huds. Feigwurz. Wurzel vielknollig. Blätter glänzend, herzförmig, die unteren geschweift, obere eckig-gebuchtet. Kelch meist 3blättrig, Krone 8—10blättrig, goldgelb. Bl. 4—5. — Schattige Wälder und Gebüsche, gemein.

4. Gruppe Helleboreae. Kelch und Krone in der Knospe dachziegelig. Äußerer Kreis der Blütenhülle blumenkronartig, innerer unregelmäßig, verkümmert oder fehlend.

Gattung Caltha L., Dotterblume, Butterblume.

217. C. palustris L. Stengel kahl, aufsteigend, hohl, saftig. Untere Blätter gestielt, rundlich, obere herz-nierenförmig, alle glänzend, gekerbt. Blütenhülle einfach, blumen-

Fig. 9.
Caltha palustris.

kronartig, goldgelb, 5blättrig. — Wiesen, Gräben, quellige Stellen, gemein. Bl. 4—10.

Gattung Helleborus L., Nieswurz.

Kelchblätter grün, 5blättrig, bleibend. Kronblätter klein mit röhrenförmiger 2lippiger Platte. Früchtchen 3—10, langgeschnäbelt.

218. H. viridis L. Blätter fußförmig, Blättchen lanzettlich, bis fast zum Grunde scharf gesägt. Kelch grün, ausgebreitet. Giftig! Bl. 3—4. — Zerstreut, Gebirgswälder.

219. H. foetidus L. Stengel holzig mit derbkrautigen Laubblättern. Blättchen schmal, lanzettlich, vorn angedrückt-gesägt. Kelch glockig, grün, meist rot berandet. Giftig! Bl. 3—4. — Hecken, steinige Triften, kalkliebend. Zerstreut, nicht überall.

Gattung Isopyrum L., Tolldocke.

220. I. thalictroides L. Muschelblümchen. Grundachse kriechend. Kelchblätter meist 5, weiß. Kronblätter klein mit kurzröhriger, 1lippiger Platte, stumpf. Früchtchen 3—mehrere fast ganz frei. Blätter zart, doppelt, 3zählig. Bl. 4. — Fruchtbare Laubwälder, nur im Osten.

Gattung Nigella L., Schwarzkümmel.

221. N. arvensis L. Stengel ästig. Blätter 2—3fach, fiederteilig, mit schmal linealen, spitzen Abschnitten. Kelchblätter 5, weißlich, abfallend. Kronblätter klein, zweispaltig, mit bedeckter Honiggrube. Früchtchen 3—10, bis zur Mitte verwachsen. Bl. 7—9. — Äcker, zerstreut.

Gattung Delphinium (Tourn.) L., Rittersporn.

222. D. Consolida L. Blätter 3teilig, mit geteilten, schmallinealen Zipfeln. Traube wenigblütig. Kelchblätter 5, das obere gespornt. Kronblätter verwachsen, klein, 4, die beiden oberen gespornt und in den Sporn des Kelchblattes eingeschlossen. Bl. 5—9. — Zerstreut, Äcker.

Familie Berberidaceae Ventenant, Sauerdorngewächse.

Gattung Berberis L., Sauerdorn, Berberitze.

223. B. vulgaris L. Strauch. Blätter kurzgestielt, in Büscheln, länglich, verkehrt-eiförmig, wimperig-gesägt. Nebenblätter zu 3teiligen Stacheln umgebildet. Blüten in hängenden, vielblütigen Trauben. Kelchblätter 6, abfallend. Kronblätter 6, gelb. Frucht eine 2samige, scharlachrote Beere. Bl. 5—6. — Zerstreut in Gebüschen, sonnigen Hügeln. Wirtspflanze der Äcidiumform (Aecidium Berberidis) des Getreiderostes Puccinia graminis.

Fig. 10. Berberis vulgaris.

Familie Papaveraceae D. C., Mohngewächse.

Blüten regelmäßig. Kelchblätter 2, Kronblätter 4, Staubblätter 4 oder zahlreich. Fruchtblätter 2 bis mehrere, zu einem oberständigen Fruchtknoten verwachsen. Samenanlagen zahlreich. Oft Milchsaft führend.

Gattung Papaver (Tourn.) L., Mohn.

Narbe scheibenförmig. Kapsel unvollständig, 4—20-fächerig.

224. P. Argemone L. Staubblätter oberwärts verbreitert. Kapsel mit zerstreuten aufrechten Borsten. Krone dunkelrot. Bl. 5—7. — Äcker, häufig.

225. P. Rhoeas L. Klatschrose. Staubblätter pfriemförmig. Kapsel kahl, am Grunde abgerundet. Narbenläppchen einander deckend. Krone scharlachrot. Bl. 5—7. Äcker, häufig.

226. P. dubium L. Staubblätter pfriemförmig. Kapsel kahl, am Grunde verschmälert. Narbenläppchen deutlich voneinander gehend. Bl. 5—7. Krone scharlachrot. — Äcker, verbreitet.

Gattung Chelidonium (Tourn.) L., Schellkraut.

227. C. majus L. Stengel ästig. Blätter fiederspaltig, unterseits blaugrün, mit gelbem Milchsaft. Kronblätter gelb. Narbe 2lappig. Kapsel einfächerig, schotenartig, 2klappig. Bl. 5—10. — Häufig an Zäunen, Hecken, Mauern, Schutt.

Fig. 11. Chelidonium majus.

Familie Fumariaceae D. C., Erdrauchgewächse.

Blüten transversal zygomorph. Meist 1 Blatt des äußeren Kronkreises gespornt. 2—3 teilige Staubblätter.

Gattung Corydalis D. C., Lerchensporn.

Kelchblätter 2 oder fehlend. Krone 2lippig, 4blättrig. Kapsel 2klappig, vielsamig. Samen mit kammförmigem Anhängsel.

228. C. cava Schwägr. & Körte. Wurzelstock knollig, hohl. Deckblätter ganzrandig. Bl. 4—5. Krone trüb-purpurn oder weiß. — Gebüsche, Wälder, meist häufig.

229. C. solida Smith. Wurzelstock nicht hohl, knollig.

Deckblätter fingerig geteilt. Krone trüb-purpurn. Bl. 3—4. — Wie vor., doch seltener.

Gattung Fumaria (Tourn.) L., Gebrauch.

Kelch 2blättrig, klein. Frucht eine 1samige Nuß. Samen ohne Anhängsel.

A. Kelchblätter klein, mehrmals kürzer als die Blumenkrone.

230. F. officinalis L. Kelchblätter 3mal kürzer als die purpurrote Krone. Blätter graugrün, doppelt gefiedert. Blättchen tief eingeschnitten mit lineal-lanzettlichen Zipfeln. Bl. 5—10. — Äcker, gemein.

231. F. Schleicheri Soyer-Willem. Kelchblätter 5mal kürzer als die dunkelrote Krone. Frucht mit kurzem Spitzchen. Bl. 6—9. — Äcker, zerstreut.

232. F. Vaillantii Lois. Kelchblätter kaum erkennbar. Frucht ohne Spitzchen. Bl. 6—9. Krone blaßrosa. — Äcker, zerstreut.

B. Kelchblätter groß.

233. F. rostellata Knaf. Krone purpurrot. Frucht kurz bespitzt und mit 2 länglichen Grübchen. Bl. 6—9. — Äcker, zerstreut.

Familie Cruciferae Juss., Kreuzblütler.

Kelchblätter 4, in 2 Kreisen, Kronblätter 4, Staubblätter 6, zwei äußere kürzere und 4 längere innere. Fruchtknoten oberständig, aus 2 Fruchtblättern gebildet. Frucht eine Schote mit falscher Scheidewand.

I. Unterfamilie Siliquosae. Schoten meist lineal oder lineal-lanzettlich, mehrmals länger als breit.

1. Gruppe Arabideae. Würzelchen seitlich, dem Spalt der scharfen Kronblätter anliegend.

Gattung Nasturtium R. Br., Brunnenkresse.

Kelchblätter locker abstehend. Schoten lineal bis fast kugelig. Samen zweireihig.

234. N. amphibium R. Br. Stengel am Grunde wurzelnd, oft mit Ausläufern. Untere Blätter kammförmig oder leierförmig, fiederspaltig, obere lanzettlich-länglich, gezähnt. Kronblätter sattgelb, länger als der Kelch. Schötchen ellipsoidisch bis fast kugelig. Bl. 5—7. — Stehende Gewässer, gemein.

235. N. silvestre R. Br. Blätter sämtlich tief-fiederspaltig. Schötchen lineal. Krone sattgelb, länger als der Kelch. Bl. 6—9. — Gräben, Äcker.

236. N. palustre D. C. Alle Blätter leierförmig bis fiederspaltig. Kronblätter blaßgelb, kaum länger als der Kelch. Schötchen länglich. Bl. 6—9. — Feuchte Orte, verbreitet.

Gattung Barbaraea R. Br., Winterkresse.

Kelchblätter aufrecht, Schote lineal, abgerundet-vierkantig, geschnäbelt. Samen 1reihig.

237. B. vulgaris R. Br. Blätter herzförmig-stengelumfassend, mit abstehenden Öhrchen, untere leierförmig-fiederteilig, obere ungeteilt. Kronblätter goldgelb, doppelt so lang als die Kelchblätter. Bl. 5—6. — Feuchte Orte, Wegränder, Gebüsche, zerstreut.

238. B. stricta Andry. Kronblätter nur wenig länger als der Kelch, hellgelb. Bl. 5—7. — Flußufer, Gräben, zerstreut.

Gattung Arabis L., Gänsekresse.

Schoten lineal, zusammengedrückt, ungeschnäbelt. Samen in jedem Fach meist 1reihig. Narbe ganz oder ausgerandet.

239. A. glabra Bernh. Untere Blätter rauh, obere kahl, mit tief-herz-pfeilförmigem Grunde, stengelumfassend, bereift. Samen in jedem Fach mehr oder weniger deutlich, 2reihig. Bl. 6—7. — Steinige Orte, Wälder, verbreitet. Krone gelblichweiß.

240. A. hirsuta Scop. Blätter rauhhaarig, herzförmig-stengelumfassend. Krone weiß. Samen in jedem Fache einreihig. Bl. 5—6. — Wälder.

241. A. arenosa Scop. Untere Blätter gestielt, nicht herzförmig=stengelumfassend. Samen einreihig. Krone meist lila. Bl. 4—7. — Sandige oder steinige Orte, zerstreut.

Gattung Cardamine L., Schaumkraut.

Narbe kopfförmig. Schote lineal, flach zusammengedrückt. Klappen nervenlos. Wurzelstock faserig.

A. Kronblätter ungefähr doppelt so lang als der Kelch.

242. C. silvatica Link. Stengel mehrblättrig. Staubblätter meist 6. Schoten die weißen Blüten wenig überragend. Bl. 4—6. — Feuchte Wälder.

243. C. hirsuta L. Stengel armblättrig. Staubblätter meist 4. Schoten die weißen Blüten weit überragend. 3—5. — Schattige, feuchte Orte, zerstreut.

B. Kronblätter fast 3mal so lang als der Kelch.

244. C. pratensis L. Wiesenschaumkraut. Stengelblätter mit linealen, ganzrandigen Blättchen. Kronblätter blaßlila, doppelt so lang als die Staubblätter. Bl. 3—5. — Feuchte Wiesen und Wälder, gemein.

245. C. amara L. Blättchen eckig gezähnt. Kronblätter weiß, wenig länger als die Staubblätter. Bl. 4—5. — Quellen, Gräben, verbreitet.

Gattung Dentaria (Tourn.) L., Zahnwurz.

Schote lineal=lanzettlich, zusammengedrückt. Klappen nervenlos. Wurzelstock fleischig.

246. D. enneaphyllos L. Stengel 3blättrig. Blätter quirlig, gestielt, gefingert 3zählig. Krone gelblichweiß. Bl. 4—5. — Schattige Laubwälder, besonders im Gebirge.

247. D. digitata Link. Blätter wechselständig, gefingert, 3—5zählig. Krone rosenrot. Bl. 5—7. — Gebirgswälder, zerstreut.

248. D. bulbifera L. Stengel vielblättrig, untere Blätter gefiedert, obere ungeteilt. Blattwinkel Bulbillen tragend. Krone blaßrot. Bl. 5—6. — Schattige Wälder, zerstreut.

2. Gruppe Sisymbrieae. Keimblätter flach, Würzelchen dem Rücken eines Keimblattes anliegend.

Gattung Sisymbrium L., Raukensenf.

Schoten fast stielrund. Klappen meist 3nervig.

249. S. officinale Scop. Schoten an den Stengel angedrückt. Krone gelb. Bl. 5—10. — Wegränder, Schutt, gemein.

250. S. Loeselii L. Schoten abstehend. Blätter schrotsägig-fiederteilig. Krone gelb. Bl. 5—10. — Schutt, Mauern, zerstreut.

251. S. Sophia L. Schoten abstehend. Blätter 3fach, fiederteilig. Krone gelb. Bl. 5—10. — Wegränder, Schutthaufen, häufig.

Gattung Stenophragma Celak., Schmalwand.

252. St. Thalianum (L.) Cel. Blätter länglich-lanzettlich, stumpf, entfernt-gezähnelt, mit 2—3gabeligen Haaren besetzt. Schoten etwas von der Seite zusammengedrückt, schmalwandig, Klappen 1nervig. Krone weiß. Bl. 4—5 und Herbst. — Brachäcker, gemein.

Gattung Alliaria Rupp., Lauchhederich.

253. A. officinalis Andrzj. Blätter ungeteilt, untere nierenförmig, grob geschweift, gekerbt, obere herzeiförmig, spitz gezähnt. Schoten rundlich-vierkantig, abstehend, vielmal länger als das abstehende Stielchen. Klappen mit 1 stärkerem Mittelnerv und 2 schwächeren Seitennerven. Blätter gerieben nach Knoblauch riechend. Krone weiß. Bl. 5—6. — Hecken, Gebüsche, häufig.

Gattung Erysimum L., Schotendotter.

Schoten 4kantig, Klappen 1nervig.

A. Blütenstielchen so lang oder länger als der Kelch.

254. E. cheiranthoides L. Blätter länglich-lanzettlich, geschweift. Blütenstielchen 2—3 mal so lang als der Kelch. Krone dottergelb. Bl. 5—10. — Häufig. Flußufer, feuchte Äcker.

255. E. hieraciifolium L. Schoten weichhaarig. Blütenstielchen so lang als der Kelch. Krone zitronengelb. Bl. 6—7. — Mauern, Ufer, Gebüsche.

B. Blütenstielchen kürzer als der Kelch.

256. E. odoratum Ehrh. Schoten grau, fast aufrecht. Krone zitronengelb. Blüte wohlriechend. Bl. 6—7. — Kalkberge, zerstreut.

8. Gruppe Brassiceae. Keimblätter einfach rinnig gespaltet, Würzelchen in der Rinne.

Gattung Brassica L., Kohl.

Schoten lineal, geschnäbelt. Klappen mit einem starken Nerven. Samen in jedem Fache 1 reihig.

257. B. oleracea L. Gartenkohl. Blätter kahl, blaugrau bereift, untere leierförmig, obere länglich. Traube während des Aufblühens verlängert. Staubblätter sämtlich aufrecht. Samen glatt. Krone meist weißgelb. Bl. 5—6. — Bei uns nur in zahlreichen Spielarten gebaut: v. acephala, Blattkohl, quercifolia Grünkohl, sabauda Welschkohl, capitata Kopfkohl, Kraut, gongylodes Kohlrabi, botrytis Blumenkohl.

258. B. Rapa L. Rübchen. Traube während des Aufblühens verkürzt, flach, geöffnete Blüten über die Knospen hervorragend. Kürzere Staubfäden bogig aufstrebend. Samen grubig-punktiert. Krone goldgelb. Bl. 4—5. — Gebaut in folgenden var.: annua Sommerrübchen, oleifera Winterrübchen, esculenta Wasserrübe, weiße Rübe.

Fig. 12.
Brassica Napus.

259. B. Napus L. Raps. Von vor. Art dadurch verschieden, daß die Traube sich während des Aufblühens verlängert, die Knospen also höher stehen als die geöffneten Blüten. Krone goldgelb. Bl. 4—5. — Gebaut: var. oleifera Raps, esculenta Erdrübe, Kohlrübe.

260. B. nigra Koch. Schoten im Gegensatze zu den vorigen aufrecht der Spindel angedrückt. Bl. 6—7. — Zerstreut, Flußufer.

Gattung Sinapis (Tourn.) L., Senf.

261. S. arvensis L. Stengel ästig, steifhaarig. Blätter gestielt, eiförmig-länglich, ungleich gezähnt, untere fast leierförmig-fiederspaltig. Schoten lineal, stielrund, langgeschnäbelt, länger als der abfallende 3nervige Schnabel. Krone goldgelb. Bl. 6—8. — Äcker, häufig. — Der stellenweise gebaute und verwilderte weiße Senf S. alba L. hat 5nervigen bleibenden Schnabel.

Gattung Errucastrum Presl., Hundsrauke.

262. E. Polichii Schmp. & Spen. Blätter tief-fiederspaltig, Zipfel länglich, stumpfzähnig, an der Basis durch eine gerundete Bucht gesondert. Schoten lineal, Klappen konvex, mit 1 Nerven. Samen in jedem Fache 1reihig, eiförmig-länglich. Krone gelblichweiß. Bl. 4—10. — Zerstreut, Wegränder, Brachäcker.

Gattung Diplotaxis D. C., Rampe.

Schoten lineal oder lineal-lanzettlich. Klappen konvex, 1nervig. Samen in jedem Fach 2reihig.

263. D. tenuifolia D. C. Stengel ästig, am Grunde halbstrauchig, beblättert. Krone gelbbräunlich. Bl. 6—10. — Zerstreut, Schutt, Wegränder, Mauern.

264. D. muralis D. C. Stengel krautig, nur am Grunde mit Blattrosette. Krone gelb, später braun. Bl. 5—10. — Äcker, Schutt, Mauern, zerstreut.

II. Unterfamilie Siliculosae, Schötchenfrüchtige. Schötchen kaum länger als breit.

4. Gruppe Alyssineae. Würzelchen auf der Spalte der flachen Keimblätter. Schötchen meist der Scheidewand parallel zusammengedrückt.

Gattung Alyssum L., Schildkraut.

Kronblätter ungeteilt oder ausgerandet. Staubblätter wenigstens teilweise am Grunde mit Anhängsel. Schötchen über dem Kelchansatz sitzend, rundlich. Klappen nervenlos. Samen 2 in jedem Fach.

265. A. montanum L. Blätter verkehrt eiförmig bis lanzettlich. Krone goldgelb. Bl. 3—5. — Zerstreut auf Felsen.

266. A. calycinum L. Krone blaß, schwefelgelb. Bl. 5—10. — Auf Äckern, Sandplätzen, sonnigen Hügeln, Dämmen, häufig.

Gattung Berteroa D. C., Graukresse.

267. B. incana D. C. Stengel grau, sternhaarig. Blätter lanzettlich, spitz, ganzrandig oder ausgeschweift. Kronblätter 2spaltig, weiß. Samen 6 und mehr in jedem Fach. Bl. 6—10. — Sandhügel, Wegränder, Abhänge, meist häufig, stellenweise fehlend.

Gattung Lunaria L., Silberblatt.

268. L. rediviva L. Alle Blätter gestielt, tief-herzförmig, gezähnt. Schötchen elliptisch-lanzettlich, über dem Kelchansatz gestielt. Klappen nervenlos. Samen zu 4—6, mit ihren Stielen an der Scheidewand angewachsen. Kronblätter ungeteilt, rotviolett. Bl. 5—6. — Feuchte Laubwälder, stellenweise.

Gattung Draba L., Hungerblume.

269. D. muralis L. Stengel beblättert, am Grunde mit Blattrosette, mittlere und obere Blätter sitzend, halbstengelumfassend, Schötchen kahl, eliptisch. Kronblätter weiß, ungeteilt. Staublätter ohne Anhängsel. Bl. 4—5. — Sehr zerstreut. Felsen, steinige Abhänge.

Gattung Erophila D. C., Hungerblümchen.

270. E. verna Meyer. Blätter sämtlich grundständig, rosettenbildend, lanzettlich. Kronblätter 2spaltig, weiß. Staubblätter ungezähnt. Schötchen über dem Kelchansatz nicht gestielt, länglich-lanzettlich. Bl. 3—5. — Grasplätze, Sandplätze, Äcker, gemein,

Gattung Cochlearia L., Löffelkraut.

271. C. Armoracia L. Meerrettich. Wurzeln und unterirdische Sprosse dick, fleischig, Stengel ästig, kahl. Grundblätter sehr groß, am Grunde herzförmig, gekerbt. Untere Stengelblätter, kammförmig-fiederspaltig, obere länglich. Kronblätter ungeteilt, weiß. Staubblätter nicht gezähnt. Schötchen über dem Kelchansatz nicht gestielt. Klappen 1nervig. Samen in jedem Fach 2reihig. Bl. 5—7. — Gebaut, an feuchten Plätzen verwildert.

5. Gruppe Camelineae. Keimblätter flach, Würzelchen auf dem Rücken des einen.

Gattung Camelina Crantz, Dotter.

272. C. sativa Crantz. Mittlere Stengelblätter länglich-lanzettlich, am Grunde pfeilförmig. Kronblälter ungeteilt, hellgelb. Schötchen über dem Kelchansatz kurz gestielt. Klappen 1nervig, mit einem dem Griffel angewachsenen

Fortsatz abfallend. Bl. 5—7. — Weg und Äckerränder, auch gebaut.

6. Gruppe Thlaspideae. Keimblätter flach, Würzelchen auf der Spalte derselben. Schötchen quer auf die Scheidewand zusammengedrückt.

Gattung Thlaspi (Dill.) L., Pfennigkraut.

Kronblätter fast gleich. Staubblätter ohne Anhängsel. Schötchen oben ausgerandet. Klappen kahnförmig, geflügelt.

273. T. arvense L. Täschelkraut. Pflanze kahl. Grundblätter länglich-verkehrt-eiförmig, gestielt. Stengelblätter mit pfeilförmigem Grunde sitzend. Schötchen fast kreisrund. Fächer vielsamig, bogig-runzelig. Krone weiß. Bl. 5—10. Äcker, Schutt, gemein.

274. T. perfoliatum L. Stengelblätter stengelumfassend. Schötchen verkehrt herzförmig, Fächer 4samig, Samen glatt. Bl. 3—5. — Zerstreut, Äcker, sonnige Hügel, selten in Norddeutschland.

Gattung Teesdalia R. Br., Bauernsenf.

275. T. nudicaulis R. Br. Blätter rosettenbildend, leierförmig, fiederspaltig. Kronblätter ungleich, weiß. Staubblätter am Grunde mit Anhängsel. Schötchen rundlich, oben ausgerandet. Fächer 2samig. Bl. 4—6. — Sandboden, verbreitet.

Gattung Iberis L., Schleifenblume.

276. I. amara L. Blätter länglich, stumpf, keilförmig in den Blattstiel verschmälert, vorn beiderseits mit 2—3 großen, stumpfen Zähnen. Kronblätter weiß, ungleich. Staubblätter ungezähnt. Schötchen fast kreisrund, ausgerandet. Fächer 1samig. Bl. 5—8. — Zerstreut, kalkliebend, Äcker.

7. Gruppe Lepidineae. Keimblätter flach, Würzelchen auf dem Rücken des einen, sonst wie Gruppe 6.

Gattung Lepidium L., Kresse.

Kronblätter gleich. Schötchen rundlich-eiförmig. Klappen kahnförmig, meist gekielt oder geflügelt. Fächer 1 samig.

277. L. sativum L. Gartenkresse. Untere Blätter gestielt, fiederteilig, mit oft eingeschnittenen Abschnitten und lineal-länglichen Zipfeln. Schötchen an die Spindel angedrückt. Pflanze blaugrün bereift. Krone weiß. Bl. 6—7. — Gebaut und stellenweise verwildert.

278. L. campestre R. Br. Untere Blätter buchtig, gezähnt. Schötchen abstehend. Krone weiß. Bl. 6—7. — Brachfelder, Kalkboden, zerstreut.

279. L. ruderale L. Untere Blätter 1—2 fach fiederteilig. Staubblätter nur 2. Widerlich riechend. Krone grünlichweiß. Bl. 8—9. — Schutt, Mauern, Zäune, häufig.

Gattung Capsella Medicus, Täschel.

Fig 13.
Capsella bursa pastoris.

280. C. Bursa pastoris Moench. Hirtentäschel. Untere Blätter schrotsägig-fiederspaltig, mit 3 eckigen, etwas gezähnten Zipfeln, oberste ganzrandig. Schötchen verkehrt 3 eckig herzförmig bis länglich, seicht ausgerandet. Klappen ungeflügelt. Fächer vielsamig. Krone weiß. Bl. 3—10. — Äcker, Wege, Schutt, gemein.

8. Gruppe. Keimblätter hufeisenförmig gekrümmt.

Gattung Coronopus Halla, Krähenfuß.

281. C. Ruellii All. Stengel

niederliegend, ästig. Blätter tief, fiederspaltig, kahl, etwas fleischig. Schötchen nierenförmig, 2knotig, nicht aufspringend, 2fächerig, Fächer 1samig. Krone klein, weiß. Bl. 7—8. — Wege, Gräben, Grasplätze, nicht überall.

9. Gruppe Isatideae. Keimblätter flach, Würzelchen auf dem Rücken des einen, Schötchen nicht aufspringend.

Gattung Isatis L., Waid.

282. I. tinctoria L. Untere Blätter gestielt, länglich-lanzettlich, obere pfeilförmig, stengelumfassend. Schötchen länglich, mit durchbrochener Scheidewand, 1fächerig, 1samig. Krone gelb. Bl. 5—6. — Abhänge, Ackerränder, Ufer, meist angebaut.

Gattung Neslea Desv., Finkensame.

283. N. paniculata Desv. Blätter lanzettlich, untere gestielt, obere mit tief-pfeilförmigem Grunde sitzend. Schötchen klein, fast kugelig, hart, 1fächerig, 1samig. Krone goldgelb. Bl. 5—7. — Äcker, Wegränder, häufig.

10. Gruppe Raphaneae. Keimblätter um das Würzelchen rinnig gefaltet. Schoten der Quere nach in 1samige Glieder sich trennend.

Gattung Raphanus L., Rettich.

284. R. Raphanistrum L. Hederich. Untere Blätter leierförmig, obere lanzettlich. Kelchblätter aufrecht. Samen glatt. Krone meist gelb. Bl. 6—8. — Äcker, gemein.

285. R. sativus. L. Rettich. Untere Blätter leierförmig. Samen netzig-grubig. Schoten nicht eingeschnürt. Krone weiß oder lila. Bl. 5—7. — Gebaut in den Kulturformen Rettich und Radieschen, stellenweise verwildert.

Familie Resedaceae D. C., Waugewächse.

Gattung Reseda L., Wau, Reseda.

Blüten unregelmäßig. Kelch 4—6teilig, Kronblätter meist vorn eingeschnitten, am Nagel verbreitert und oberseits mit einem Krönchen, die unteren einfacher. Griffel 3—6, Kapsel 3—6 kantig, 1 fächerig, an der Spitze offen.

286. R. lutea L. Kelch 6 teilig. Kronblätter 6. Krone grünlich — blaßgelb. Bl. 6—9. — Zerstreut. Steinige Hügel, Wegränder.

287. R. luteola L. Färber-Wau. Kelch 4 teilig. Kronblätter 4, blaßgelb. Bl. 6—8. — Wege, Dämme, stellenweise, auch als Farbpflanze gebaut.

Familie Droseraceae D. C., Sonnentaugewächse.

Blüten zwitterig mit 4—5 Kelchblättern, ebensoviel Kronblättern, 5 oder mehr Staubblättern und 3 oder 5 zu einem einfächerigen, oberständigen Fruchtknoten verwachsenen Fruchtblättern. Blätter z. T. mit Drüsenhaaren, die reizbar sind und auffliegende kleine Insekten festhalten, sich danach hinkrümmen, durch ausgeschiedene Enzyme auflösen und die Eiweißkörper aufnehmen.

Gattung Drosera L., Sonnentau.

288. D. rotundifolia L. Blätter grundständig, eine zierliche Rosette bildend, kreisrund, lang-gestielt, dicht mit roten Drüsenhaaren besetzt. Blüten in ährenartigen Wickeln, klein, weiß. Kelch tief 5 teilig. Kronblätter und Staubblätter 5, Griffel 3, zweispaltig. Bl. 6—8. — Torfmoore, Sumpfwiesen, kalkmeidend. Die beiden anderen in Deutschland vorkommenden, viel selteneren Arten sind: D. intermedia Hayne mit verkehrt ei-keilförmigen und D. anglica Huds. mit lineal-keilförmigen Blättern.

Gattung Aldeovandia L.

289. A. vesiculosa L. Stengel untergetaucht, fadenförmig. Blätter dicht quirlständig mit bauchig aufgetriebener, sich blasenförmig zusammenschließender Platte, beiderseits mit langen Borsten. Griffel 5, Kapsel an der Spitze 5 klappig.

Krone weiß. Bl. 7—8. — Sehr selten in Teichen, Seen, Gräben. Oberschlesien, Posen, Bayern usw.

Familie Crassulaceae D. C., Dickblattgewächse.

Blütenkreise 3—20 gliederig. Kelch bleibend. Staubblätter so viel oder doppelt so viel als Kronblätter. Fruchtblätter so viel als Kronblätter und diesen gegenüberstehend. Blätter ungeteilt, fleischig.

Gattung Sedum L., Fetthenne.

Blüten zwitterig, Kelch 5teilig. Krone 5blätterig. Staubblätter 10.

A. Wurzelstock stark, vielköpfig.

290. S. maximum Sut. Fetthenne. Blätter länglich oder eiförmig, stumpf ungleich gesägt, gegenständig oder in 3zähligen Quirlen, die unteren sitzend. Krone grünlichgelb. Bl. 8. — Wälder, Felsen, sonnige Abhänge, Mauern, verbreitet.

291. S. purpureum Link. Untere Blätter kurz gestielt. Krone purpurrot. Bl. 7. — Zerstreut, stellenweise fehlend, Raine, Wälder.

B. Wurzelstock dünn, mit kriechenden Stämmchen.

292. S. album L. Blätter grasgrün, walzenförmig, stumpf. Krone gelb. Bl. 6—7. — Felsen, Mauern, Dächer. Mittel- und Süddeutschland.

293. S. acre L. Mauerpfeffer. Blätter klein, eiförmig, dicht, dachziegelig — 6zeilig, am Grunde gestutzt, nicht gespornt. Krone gelb. Bl. 6—7. Sand- und Grasplätze, trockene Hügel, Mauern, gemein.

Fig. 14. Sedum acre.

294. S. boloniense Loisl. Blätter locker, lineal, stielrund, am Grunde mit einem unter die Anheftungsstelle herabreichenden Sporn. Krone blaßgelb. — Wie vorige, aber etwas seltener.

Gattung Sempervivum L., Dachwurz.

Kelch 6—20teilig, Kronblätter 6—20.

295. S. tectorum L. Kronblätter und Kelchzipfel meist 12, ausgebreitet. Grundblätter rosettenbildend, dunkelgrün, länglich-verkehrt eiförmig, gewimpert. Krone schmutzig rosa. Bl. 7—8. — Felsen im Rheingebiet. Vielfach auf Dächern und Mauern gepflanzt.

296. S. soboliferum Sims. Kronblätter geblichweiß, 6, nebst den 6 Kelchzipfeln glockig zusammenneigend. Bl. 7—9. — Felsen, Sandhügel sehr zerstreut, aber oft auf Dächern und Mauern angepflanzt.

Familie Saxifragaceae Vent., Steinbrechgewächse.

Kräuter oder Holzgewächse mit zwitterigen, regelmäßigen vier- oder 5gliederigen Blüten. Staubblattkreise 2 (obdiplostemon). Fruchtblätter meist 2.

Gattung Saxifraga L., Steinbrech.

Kelch 5spaltig, dem Fruchtknoten z. T. angewachsen. Kronblätter 5. Staubblätter 10. Kapsel 2fächerig, 2schnabelig, zwischen den Schnäbeln durch eine Spalte aufspringend.

297. S. Aizoon Jacq. Pflanze mit beblätterten, nicht blühenden Stengeln. Blätter der Grundrosette zungenförmig, knorpelig-gesägt. Kronblätter rundlich, weiß, oft rot punktiert. Bl. 6—7. — Zerstreut in Felsritzen höherer Gebirge.

298. S. granulata L. Pflanze ohne beblätterte Nebenstengel. Grundblätter lang gestielt, rundlich-nierenförmig. Wurzelstock mit kleinen Knöllchen besetzt. Kronblätter weiß, groß. Bl. 5—7. — In der Ebene häufig. Grasplätze, trockene Wiesen, Dämme.

Gattung Chrysosplenium (Tourn.) L., Milzkraut.

Kelchsaum 4spaltig. Kronblätter fehlend.

299. Chr. alternifolium L. Goldmilzkraut. Blätter rundlich-nierenförmig, eingeschnitten gekerbt, stengelständige 1—3, abwechselnd. Blüten goldgelb. Bl. 3—5. — Quellige oder sumpfige Stellen, häufig.

300. Chr. oppositifolium L. Stengelblätter gegenständig. Wie vorige, doch viel seltener.

Gattung Parnassia L., Herzblatt.

301. P. palustris L. Stengel aufrecht-kantig mit meist einem stengelumfassenden Blatt. Grundblätter herzförmig, langgestielt. Kelch 5blättrig, bleibend. Kronblätter 5, weiß, geadert, davor 5 sterile, als Nebenkronblätter entwickelte gelbgrüne Staubblätter. Staubblätter 5, Narben 4. Bl. 7—9. — Moorwiesen, häufig.

Fig. 15. Parnassia palustris.

Gattung Ribes L., Johannisbeere.

Holzgewächse. Staubblätter 5. Fruchtknoten unterständig, 1fächerig.

302. R. Grossularia L. Stachelbeere. Strauch stachelig. Trauben 1—3blütig. Blätter rundlich-eckig 3—5lappig. Krone weißlich. Bl. 4—5. — Felsen, Wälder, Gebüsche im Gebirge viel angepflanzt.

303. R. nigrum L. Schwarze Johannisbeere. Strauch ohne Stacheln. Trauben vielblütig. Blätter unterseits mit gelben Drüsen. Bl. 4—5. Blüte außen grünlich, innen rötlich. Frucht schwarz. — Feuchte Wälder, Bachränder, zerstreut, auch angepflanzt.

304. R. rubrum L. Rote Johannisbeere. Strauch stachellos, Blüten in reichen Trauben. Blätter drüsenlos. Blüten grünlichgelb. Früchte rot. Bl. 4—5. — Wie vor., doch häufig angepflanzt.

Fig. 16.
Ribes rubrum.

Familie Rosaceae Juss., Rosengewächse.

Blüten regelmäßig, in Kreisen, perigyn oder epigyn. Krone und Kelch meist 5gliederig, Staubblätter meist zahlreich. Fruchtblätter frei, aber oft mit der Blütenachse verwachsen. Blätter mit Nebenblättern.

1. Unterfamilie Spiraeoideae. Blüten perigyn mit 1—12 nicht in die Blütenachse eingesenkten Fruchtblättern.

Gattung Aruncus L., Geißbart.

305. A. silvester Rost. Stengel aufrecht, ästig. Blätter kurzgestielt 3zählig, doppelt gefiedert. Blüten in langen, dünnen, rispig zusammengesetzten Ähren, 2häufig. Kelch am Grunde mit dem Blütenboden verwachsen. Krone gelblichweiß. Bl. 6—7. — Bachufer, Wiesen, zerstreut.

2. Unterfamilie Pomoideae. Fruchtknoten unterständig mit der hohlen Blütenachse verwachsen.

Gattung Mespilus L., Mispel.

306. M. germanica L. Dornenloser Strauch oder kleiner Baum mit eilanzettlichen, ganzrandigen, unterseits filzigen Blättern. Blüten einzeln, endständig, weiß. Kelchröhre kreiselförmig. Kelchzipfel blattartig. Fruchtknoten 5fächerig.

Bl. 5. — Mittel- und Süddeutschland, in Wäldern, viel angepflanzt.

Gattung Crataegus L., Weißdorn, Mehlbeere.

Kelchröhre krugförmig, Kelchzipfel kurz. Frucht meist 1—2 fächerig.

307. C. Oxyacantha L. Dorniger Strauch oder Baum. Blätter verkehrt-eiförmig, 3—5 lappig. Griffel meist 2. Früchte eiförmig, 1—3 steinig. Krone weiß. Bl. 5—6. Hecken, Zäune, Waldränder, gemein.

308. C. monogyna Jacq. Griffel meist 1. Früchte 1 steinig. — Wie vor., aber später blühend.

Gattung Pirus (Tourn.) L., Birne, Apfel.

Früchte 2—5 fächerig. Fächer pergamentartig oder dünnhäutig, mit meist 2 Samen am Grunde des inneren Winkels.

A. Blüten in wenigblütigen Dolden (Pirus).

309. P. communis L. Birnbaum. Blätter rundlich oder eiförmig, etwa so lang als der Blattstiel, kleingesägt. Griffel frei, Krone weiß. — Wälder, viel in Kulturformen gezogen. Bl. 5.

310. P. Malus L. Apfelbaum. Blätter eiförmig, meist doppelt so lang als die Stiele. Griffel am Grunde verwachsen. Krone weiß, außen rötlich. — Wie vorige.

B. Blüten in vielblütigen Doldenrispen (Sorbus).

I. Blätter unpaarig gefiedert.

311. P. aucuparia Gaertn. Eberesche, Vogelbeere Knospen filzig, trocken. Griffel meist 3. Kronblätter weiß. Bl. 5—6. — Wälder, Gebüsche, häufig.

312. P. domestrica Smith. Knospen kahl, klebrig. Griffel 5. — Selten, wild, aber öfter angepflanzt.

II. Blätter einfach oder gelappt. Griffel 2.

313. P. Aria Ehrh. Mehlbeere. Blätter unterseits filzig, rund-eiförmig. Krone weiß. Bl. 5. — Gebirgswälder, zerstreut.

314. P. torminalis Ehrh. Elsbeere. Blätter beiderseits kahl, breit eiförmig. Krone weiß. Bl. 5. — Gebirgswälder, zerstreut.

B. Unterfamilie Rosoideae. Fruchtblätter zahlreich. Blütenboden gewölbt, Blüten perigyn.

Gattung Rosa (Tourn.) L., Rose.

Kelchröhre dicht krugförmig, innen dicht steifhaarig. Kelchsaum 5teilig. Kronblätter 5. Staubblätter 20 und mehr. Früchtchen behaart.

A. Kelchzipfel ungeteilt.

315. R. alpina L. Stacheln ungleich, an den mehrjährigen Stämmchen ganz fehlend. Blättchen zu je 7, 9 oder 11, doppelt gesägt. Krone satt rosenrot. — Waldschluchten im Gebirge, zerstreut. Bl. 6—7.

316. R. pimpinellifolia D. C. Blättchen einfach gesägt. Krone weiß, nicht häufig. Sonnige Hügel auf Kalk und Sand. Bl. 6—7.

317. R. arvensis Huds. Stacheln gleich, derb, sichelförmig. Äste verlängert, peitschenförmig, niederliegend. Blättchen grobgesägt. Krone weiß. Bl. 6. — Wegränder, Hecken, Gebüsche, zerstreut.

B. Kelchzipfel fiederteilig.

I. Stacheln gleich.

a) **Stacheln lang, kaum gebogen.**

318. R. pomifera Herrm. Apfel-Rose. Blättchen länglich-lanzettlich, hellgraugrün, dicht doppelt-drüsig-gesägt. Kronblätter meist drüsig gewimpert. Krone rosenrot. Früchte sehr groß, stachelig. Bl. 6. — Bergwälder, Hügel, aber meist angebaut.

319. R. tomentosa Smith. Blättchen graugrün, oberseits weich, unterseits filzig behaart. Krone nicht drüsig gewimpert, meist blaßrosa. Bl. 6. — Häufig, Hecken, Wälder.

b) Stacheln sichelförmig gekrümmt.

320. R. canina L. Hundsrose. Blättchen völlig kahl, klein, 5—7, elliptisch oder eiförmig mit drüsigen nach vorn gerichteten Zähnchen. Blütenstiel so lang als die Kelchröhre. Kelchzipfel nach dem Verblühen zurückgeschlagen. Griffel schwach behaart. Krone rosa. Bl. 6. — Hecken, Gebüsche, gemein.

321. R. glauca Vill. Blättchen kahl, groß, dunkelgrün, breit-oval, mit tiefen, lang zugespitzten, zusammenneigenden Zähnen. Blütenstiel kurz. Kelchzipfel nach dem Verblühen abstehend. Griffel weißwollig. Krone lebhaft rosa. Bl. 6—7. — Wie vor., doch seltener.

322. R. dumetorum Thuill. Heckenrose. Blättchen unterseits anliegend behaart, drüsenlos. Krone blaßrosa. Bl. 6. — Häufig, Hecken, Waldränder, Hügel.

II. Stacheln ungleich.

323. R. rubiginosa L. Weinrose. Blättchen klein, 2- bis 3fach gezähnt, oberseits kahl, unterseits etwas behaart und reichdrüsig, Zähne kurz abstehend. Griffel kurz, wollig. Krone lebhaft rosa. Bl. 6—7. Blätter gerieben, angenehm nach Obst riechend. — Verbreitet, Waldränder, Gebüsche, Hecken.

324. R. gallica L. Blättchen groß, einfach gesägt. Stamm unterirdisch mit aufrechten Zweigen. Pflanze niedrig. Blüten groß, rosapurpurn, wohlriechend. Bl. 6. — Lichte Gebüsche, Dämme, grasige Ackerraine, zerstreut.

Gattung Rubus L., Brombeere.

Kelchblätter 5, in der Knospenlage meist dachziegelig, ohne Außenkelch. Kronblätter 5. Früchtchen zahlreich eine maulbeerartige Scheinbeere bildend.

Zur Bestimmung sind auch die jungen nicht blühenden Schößlinge neben den blühenden heranzuziehen.

A. Strauchige Arten.

I. Früchte schwarz oder braunschwarz, oft blau bereift.

a) Schößling aufrecht oder hochbogig gekrümmt, am Ende nicht wurzelnd.

1. Kelchzipfel außen grün, nur am Rande weißfilzig.

325. R. suberectus Adans. Schößling am Grunde stielrund mit schwachen kleinen kugelförmigen Stacheln besetzt. Blättchen beiderseits grün, kahl. Krone weiß, Frucht rotbraun. Bl. 6. — Waldränder, lichte buschige Hügel, verbreitet.

326. R. plicatus W. & K. Schößling kantig, schwach gefurcht mit starken, am Grunde breit zusammengedrückten Stacheln. Blättchen beiderseits grün, oberseits kahl, unterseits schwach weichhaarig. Staubblätter höchstens so lang als die Griffel. Kelchzipfel nach der Blüte abstehend. Krone weiß bis blaßrötlich. Bl. 6—8. — Waldränder, Gebüsche, gemein.

327. R. montanus Wirtz. Schößlingsstacheln breit-zusammengedrückt, Kelchzipfel nach der Blüte abstehend. Staubblätter die Griffel überragend. Krone weiß. Bl. 6—7. — Hecken, Wegränder, verbreitet.

328. R. sulcatus Vest. Schößling kantig, gefurcht, mit starken, geraden Stacheln. Blättchen hellgrün. Kelchzipfel nach der Blüte zurückgeschlagen. Staubblätter länger als die Griffel. Bl. 6—7. — Gebüsche, Waldplätze, zerstreut.

2. Kelchzipfel außen grau- oder weißfilzig.

α) Fruchtkelch abstehend.

329. R. vulgaris W. & N. Schößling kantig, oberwärts gefurcht. Blättchen oberseits glänzend, unterseits blaß, behaart bis dünn filzig. Endblättchen meist elliptisch. Staubblätter die Griffel kaum überragend. Krone weiß oder blaßrosa. Bl. 7. — Waldstellen im Hügelland.

330. R. gratus Focke. Blättchen beiderseits grün, behaart. Endblättchen breit eiförmig bis rundlich. Äußere Staubblätter viel länger als die Griffel. Krone weiß bis pfirsichblütrot. Bl. 6—7. — Gebüsche.

β) Fruchtkelch zurückgeschlagen.

331. R. affinis W. & N. Schößling unterwärts rundlich. in der Mitte stumpfkantig. Blättchen breit, oberseits dunkelgrün, unterseits blaßgrün, filzig. Krone groß, meist rötlich- Bl. 7—8. — Waldplätze, Mitteldeutschland.

332. R. macrophyllus W. & N. Schößling stumpfkantig. Blättchen groß, oberseits zuletzt fast kahl, unterseits weichhaarig. Krone weiß oder rötlich. Bl. 7—8. — Wälder, zerstreut.

333. R. villicaulis Koehl. Schößling scharfkantig, gefurcht, mit zahlreichen, starken Stacheln und zuweilen einigen Drüsen. Blättchen unterseits grün oder grau behaart bis filzig. Endblättchen lang zugespitzt. Kronblätter blaßrot. Bl. 7—8. — Wälder, verbreitet.

334. R. pubescens W. & N. Schößling scharfkantig, gefurcht, büschelig behaart. Blättchen schmal, unterseits dicht weißfilzig. Krone meist weiß. Bl. 7—8. — Zerstreut, fehlt im Osten.

b) Schößling meist niedrig-bogig oder kriechend, im Herbst an der Spitze wurzelnd.

1. Stacheln sämtlich ziemlich gleichförmig, ohne Übergänge zu den Stachelborsten.

α) Äußere Blättchen anfangs deutlich gestielt.

△ Blättchen unterseits mit langen schimmernden Haaren, weich.

335. R. pyramidalis Kaltenb. Schößling ohne Stachelborsten rauhhaarig. Blätter unterseits fast sammetartig, grauzottig. Krone blaßrot. Bl. 7—8. — Wälder, Gebüsche, stellenweise häufig.

336. R. vestitus W. & N. Schößling stumpfkantig, bisweilen drüsig, dicht und abstehend behaart, an den Kanten mit großen, schmal lanzettlichen Stacheln. Blätter oberseits dunkelgrün, dicht behaart, unterseits dicht zottig, filzig. Krone weiß oder rosenrot. Fr. sehr groß. Bl. 6—8. — Waldränder, Gebüsche, im Westen.

337. R. Schummelii Weihe. Schößling kantig, kahl, gefurcht. Stacheln oft etwas ungleich. Blättchen unterseits graugrün, weichhaarig. Sehr veränderlich. Krone hellrosa. Bl. 6—7. Sehr zerstreut, aber verbreitet, Waldränder.

△ Blättchen unterseits nicht langhaarig, meist graufilzig.

338. R. rudis Weihe & N. Schößling am Grunde kantig, unbereift, unbehaart. Blütenstiele filzig-kurzhaarig. Krone blaßrot. Bl. 6—7. — Bergwälder, sonnige Hügel, im mittleren und westlichen Gebiete.

339. R. Radula Weihe. Schößling dick, sehr rauh. Blütenstiele abstehend behaart, mit kräftigen Stacheln. Krone weiß. Bl. 7. — Wälder, Gebüsche.

340. R. pallidus W. & N. Schößling oberwärts dicht behaart, wenig bestachelt. Blütenstand locker mit nadelförmigen Stacheln. Krone weiß. Bl. 7. — Wälder, quellige Stellen.

341. R. thyrsiflorus W. & N. Blätter meist 3zählig. Blütenstand dicht, gedrungen, mit langen rückwärts gebogenen dünnen Stacheln. Krone klein, weiß. Bl. 7. — Feuchte Wälder.

β) Äußere Blättchen anfangs sitzend.

342. R. dumetorum W. & N. Schößling oberwärts kantig. Früchte kaum bereift. Krone groß, weiß oder rot. Formenreich. Bl. 6—7. — Hecken, Zäune, Ackerränder, verbreitet.

343. R. caesius L. Kratzbeere, Rahmbeere. Schößling stielrund. Blätter meist 3zählig. Frucht blau bereift. Krone weiß oder rötlich. Bl. 5—9. — Häufig, Hecken, Äcker, Ödplätze.

2. Stacheln ungleichartig mit allerlei Übergängen.

α) Schößling meist unbereift. Blütenstand mit trugdoldigen Verzweigungen.

344. R. Koehleri W. & N. Schößling spärlich behaart. mit starken geraden, ungleichen Stacheln und Drüsenborsten, Krone weiß. Bl. 7. — In Wäldern, besonders im Gebirge.

β) Schößling meist bereift. Blütenstand ohne trugdoldige Verzweigungen.

345. R. Schleicheri W. & N. Schößling mit dichtstehenden kräftigen Stacheln. Kelch dünnfilzig. Krone meist weiß-Bl. 6—7. — Wälder.

346. R. Bellardii W. & N. Schößling schwach behaart, mit kleinen rückwärts geneigten Stacheln. Endblättchen länglich-elliptisch. Kelch graufilzig. Krone weiß. Bl. 7. — Verbreitet, feuchte Wälder.

347. R. serpens Weihe. Schößling behaart, mit schwachen Stacheln. Endblättchen herzeiförmig, elliptisch oder länglich verkehrt-eiförmig. Kelch grau-rötlich-filzig. Krone weiß. Bl. 7. — Bergwälder.

348. R. hirtus W. & K. Schößling mit ungleichen schwachen Stacheln. Kelche durch dichte dunkle Stieldrüsen schwarzrot. Krone weiß. Bl. 6—7. — Bergwälder, verbreitet.

II. Früchte rot.

349. R. Idaeus L. Himbeere. Schößling bereift, wenig stachelig. Blättchen unterseits weißfilzig. Krone weiß. Früchte rot. Bl. 5—8. — Wälder, Hecken, häufig.

B. Krautige Arten.

350. R. saxatilis L. Steinbeere. Schößling niedergestreckt ausläuferartig, stachellos. Blätter 3zählig, beiderseits grün. Krone klein, weiß. Bl. 5—6. Frucht rot. — Trockene Laubwälder, zerstreut. Kalkliebend.

Gattung Geum L., Nelkenwurz.

Kelchblätter 5, in der Knospe klappig, mit gleichviel Außenkelchblättern. Früchtchen nußartig, mit endständigem bleibenden Griffel.

351. G. urbanum L. Untere Blätter, unterbrochen leierförmig gefiedert. Kronblätter klein, ohne Nagel, goldgelb. Bl. 6—9. — Feuchte Laubwälder, Gebüsche, häufig.

352. G. rivale L. Kronblätter doppelt so groß als bei voriger, mit langem Nagel, innen gelb, außen rotbraun. Bl. 5—6. — Wiesen, verbreitet.

Gattung Fragaria L., Erdbeere.

Kelch 5teilig, in der Knospenlage klappig, mit 5teiligem Außenkelch. Früchtchen nußartig auf dem vergrößerten fleischigen, eine Scheinbeere bildenden Blütenboden. Krone weiß.

1. Fruchtkelche abstehend oder zurückgekrümmt.

353. F. vesca L. Walderdbeere. Blättchen sitzend. Haare der seitenständigen Blütenstielchen aufrecht oder angedrückt. Blüten zweigeschlechtig. Bl. 5—9. — Gebüsche, Wälder, gemein.

Fig. 17.
Fragaria vesca.

354. F. elatior Ehrh. Blättchen kurzgestielt. Haare aller Blütenstiele wagerecht, abstehend. Blüten unvollkommen, zweihäusig. Bl. 5—6. — Bergwälder, Gebüsche, weniger häufig.

2. Fruchtkelche angedrückt.

355. F. collina Ehrh. Haare an den seitlichen Blütenstielen aufrecht oder angedrückt. Blüten unvollkommen, 2häusig. Bl. 5—6. — Sonnige Hügel. Gebüsche, zerstreut.

Gattung Potentilla L., Fingerkraut.

Kronblätter 5. Fruchtboden gewölbt bis kugelig, bei der Reife trocken oder schwammig, nicht abfallend.

A. Früchtchen kahl.

I. Blätter gefingert. Blumenkrone gelb.

1. Blütenstengel endständig.

α) Früchtchen gekielt.

356. P. recta L. Stengel und Blätter mit langen und drüsentragenden Haaren. Blätter 5—7zählig. Bl. 6—7. — Waldige steinige Orte, sonnige Hügel, zerstreut, stellenweise häufig.

β) Früchtchen nicht gekielt.

357. P. argentea L. Stengel filzig. Blättchen zu 5, unterseits weißfilzig. Blütenstiele nach dem Verblühen aufrecht oder abstehend. Bl. 6—10. — Wegränder, trockene Hügel, häufig.

358. P. Wiemanniana Günther & Schummel. Blättchen unterseits dünn graufilzig. Blütenstiele nach dem Verblühen wagerecht oder zurückgekrümmt. Bl. 5—6. — Sandige Orte, Hügel, Dämme, zerstreut.

2. Blütenstengel seitlich.

a) Stengel liegend bis aufstrebend, nicht wurzelnd.

359. P. silvestris Necker. Blätter 3zählig, sitzend oder kurz gestielt. Blütenteile meist 4zählig. Bl. 6—10. — Wälder, Bergwiesen, häufig.

b) Stengel liegend, meist an den Gelenken wurzelnd.

360. P. arenaria Borkh. Grundblätter 5zählig, obere Stengelblätter meist 3zählig, ebenso wie die Stengel von Sternhaaren, dicht graufilzig. Bl. 4—5. — Trockene, sandige Hügel, Dämme.

361. P. verna (L.) Roth. Pflanze nicht mit Sternhaaren, grün. Grundblätter 5—7zählig. Bl. 3—5. — Grasplätze, sonnige Hügel, Mauern, stellenweise häufig.

362. P. opaca (L.) Roth. Stengel und Blätter mit langen wagerecht abstehenden Haaren, rauh. Grundblätter 7—9 zählig. Bl. 5—6. — Waldränder, Raine, sonnige Hügel, zerstreut.

363. P. reptans L. Stengel ausläuferartig, meist einfach. Blätter meist 5, zuweilen 3 zählig, kahl oder unterseits angedrückt, behaart. Blüten einzeln. Bl. 5—8. Wiesen, Wege, Gräben, gemein.

II. Blätter gefiedert.

364. P. Anserina L. Gänserich. Stengel rankenartig kriechend. Blätter vielpaarig, unterbrochen gefiedert. Krone gelb. Bl. 5—10. — Wege, Grasplätze, gemein.

B. Früchtchen am Nabel behaart.

365. P. alba L. Pflanze kriechend mit schwach aufsteigendem meist 3 blütigem Stengel. Krone weiß. Bl. 5—6. — Trockene Waldränder, zerstreut.

Gattung Alchemilla (Tourn.) L., Sinau, Frauenmantel.

Kelch 4 teilig, in der Knospenlage klappig, mit Außenkelch. Kronblätter fehlend. Staubblätter 4 oder 1—2.

366. A. vulgaris L. Pflanze ausdauernd. Grundblätter rundlich-nierenförmig, 5—9 spaltig, mit fast halbkreisförmigen Lappen. Blüten in gestielten endständigen Trugdolden. Bl. 5—10. Staubblätter 4. — Wiesen, Wälder, häufig.

Fig. 18.
Alchemilla vulgaris.

367. A. arvensis L. Pflanze einjährig. Blätter handförmig, 3teilig. Blüten in sitzenden Trugdolden. Staubblätter 1—2. Bl. 5—10. — Äcker.

Gattung Sanguisorba L., Wiesenknopf.

Blüten köpfchenförmig gedrängt. Kelch 4zähnig, ohne Außenkelch. Kronblätter fehlen. Staubblätter 4 oder viele.

368. S. officinalis L. Blätter unpaarig gefiedert mit herzförmig-länglichen Blättern. Blüten 2geschlechtig in dunkelbraunen Köpfchen. Griffel 1, Narbe kopfig. Bl. 6—8. — Wiesen.

369. S. minor Scop. Blättchen rundlich-eiförmig bis länglich. Blüten in grünen, später rötlichen Köpfchen, untere männlich, obere weiblich. Griffel 2. Narbe pinselig. Bl. 5—7. — Trockene Hügel.

Gattung Agrimonia (Tourn.) L., Odermennig.

Kelch kreiselförmig mit 5spaltigem Saume, am Grunde der Zipfel mit hakenförmigen Stacheln. Kronblätter 5, goldgelb. Staubblätter 6, 12, 18. Narbe 2lippig. Früchtchen 1—2.

370. A. Eupatoria L. Stengel fast stielrund. Blätter unterbrochen gefiedert. Kelchröhre dicht rauhhaarig, bis zum Grunde tiefgefurcht. Bl. 6—9. — Wegränder, Zäune, trockene Hügel.

371. A. odorata Mill. Stengel krautig, gefurcht. Kelchröhre schwach behaart, bis zur Mitte gefurcht. Pflanze größer, angenehm riechend. Bl. 6—8. — Gebüsche, Hecken, Waldränder, zerstreut.

Gattung Filipendula L., Mädesüß.

Blüten zwitterig. Blütenboden klein, nicht scheibenförmig erweitert. Früchtchen meist mehr als 5, frei, aufrecht oder gewunden, 2samig. Stauden mit fiederteiligen Blättern.

372. F. Ulmaria Mat. Blätter unterbrochen gefiedert, Blättchen groß. Früchtchen 5—9, spiralig gewunden, kahl. Bl. 6—7. — Krone weiß. — Bachufer, feuchte Wiesen, häufig.

373. F. hexapetula Gilibert. Wurzelfasern in der Mitte knollig verdickt. Blättchen klein. Früchtchen bis 12, aufrecht, behaart. Krone weiß. Bl. 6—7. — Zerstreut, trockene Wiesen, Hügel.

4. Unterfamilie Prunoideae. Fruchtknoten nicht mit der Blütenachse verwachsen. 1 Fruchtblatt. Frucht eine Steinfrucht.

Gattung Prunus L., Pflaume, Kirsche.

Fleisch der Steinfrucht saftig, Steinschale nicht oder nur schwach gefurcht, ohne punktförmige Gruben.

I. Blätter in der Knospenlage gefaltet.

374. P. avium L. Vogelkirsche, Süßkirsche. Blüten büschelig, ihre Knospen ohne Laubblätter. Blätter leicht runzelig. Krone weiß. Bl. 4—5. — Selten wild, meist angebaut.

375. P. Cerasus L. Sauerkirsche. Blütenknospen mit 1—2 Laubblättern. Steinkern kugelig. Blätter glatt. Krone weiß. Bl. 4—5. — Angebaut, stellenweise verwildert.

376. P. Padus L. Traubenkirsche, Ahlkirsche. Blüten traubig, nach den Blättern erscheinend. Blüten stark riechend. Krone weiß. Bl. 5. — Zerstreut, feuchte Wälder, Gebüsche, Ufer.

II. Blätter in der Knospenlage gerollt.

377. P. spinosa L. Schlehe, Schwarzdorn. Jüngere Zweige behaart, zuletzt kahl, dornig. Blütenstiele meist kahl, Früchte aufrecht. Krone weiß. Bl. 4—5. Hecken, Hügel, gemein.

378. P. insititia L. Kriechel, Reineclaude. Zweige sammetartig, meist dornenlos. Blütenstiele weichhaarig. Früchte kugelig, nickend. Krone weiß. Bl. 4—5. — Angebaut, zuweilen verwildert.

379. P. domestica L. Pflaume, Zwetsche. Zweige kahl, meist dornenlos. Blütenstiele weichhaarig. Früchte länglich, hängend. Bl. 4—5. Krone weiß. — Angebaut.

Familie Leguminosae, Hülsenfrüchtige.

Blüten zyklisch, meist median zygomorph, meist zwitterig, hypogyn, fünfgliederig, mit Kelch und Krone. 1 Fruchtblatt mit zahlreichen Samen an der Bauchnaht. Frucht eine einfächerige Hülse. Blätter zusammengesetzt, oft gefiedert. Bei uns nur die Unterfamilie Papilionatae (Papilionaceae), Schmetterlingsblütler. Kronblätter ungleich, das hinterste (Fahne, Vexillum) am größten, die beiden seitlichen (Flügel, Alae) decken meist die beiden vorderen, welche gewöhnlich zu dem gestielten Schiffchen (Carina) verwachsen sind. 10 Staubblätter, sämtlich oder nur 9 zu einer Röhre verwachsen, 1 frei.

1. Gruppe Genisteae. Staubfäden sämtlich in 1 Bündel verwachsen. Flügel oben faltig-runzelig. Hülsen einfächerig. Blätter einfach oder gefingert, Blättchen ganzrandig.

Gattung Ulex L., Heckensame.

380. U. europaeus L. Stechginster. Blätter lineal, in eine stechende Stachelspitze endigend, abstehend behaart. Kelch bis zum Grunde 2lippig geteilt, Oberlippe 2-, Unterlippe 3zähnig. Krone gelb, kaum länger als der Kelch, mit stumpfem Schiffchen. Bl. 5—6. — Sandige Heiden und Hügel, zerstreut im nördlichen und westlichen Gebiet, öfters angebaut.

Gattung Genista L., Ginster.

Kelch 2lippig mit vorgestreckten Lippen: Oberlippe bis zum Grunde 2teilig, Unterlippe 3zähnig. Fahne schmal, oval, nicht zurückgekrümmt. Krone gelb.

381. G. pilosa L. Stengel dornenlos. Blätter länglich-lanzettlich, unterseits ebenso wie Kelch, Fahne, Schiffchen seidenhaarig. Blüten seitenständig. Bl. 4—6. — Dürrer Boden, zerstreut.

382. G. tinctoria L. Färbeginster. Blätter länglich bis elliptisch, am Rande weichhaarig. Blumenkrone kahl, Blüten in endständigen Trauben. Bl. 6—7. — Trockene Wälder, Wiesen, Hügel.

383. G. germanica L. Stengel dornig, Ästchen rauhhaarig. Deckblätter pfriemlich, halb so lang als die Blütenstielchen. Bl. 5—6. — Trockene, lichte Wälder, verbreitet.

384. G. anglica L. Ästchen kahl, Deckblätter blattartig, länger als die Blütenstielchen, sonst wie vorige. Bl. 5—6. — Seltener und meist nur im Nordwesten. Torfige, feuchte Haiden.

Gattung Sarothamnus Wimmer, Besenginster.

385. S. scoparius (L.) Wimmer. Strauch mit rutenförmigen, kantigen, grünen Ästen. Blätter gestielt, dreizählig, mit verkehrt eiförmigen bis länglichen Blättchen. Kelch 2lippig, kurz, voneinander abstehend; Oberlippe 2-, Unterlippe 3zähnig. Fahne kreisförmig, zurückgekrümmt. Krone gelb. Bl. 5—6. — Sandige Wälder.

Gattung Cytisus L., Geißklee.

Lippen des Kelches kurz, voneinander abstehend. Fahne oval zurückgekrümmt. Krone gelb.

386. C. laburnum L. Goldregen. Blüten in unbeblätterten seitenständigen, reichblütigen, hängenden, angedrückt-behaarten Trauben. Blättchen elliptisch. Bl. 4—5. — In Anlagen angepflanzt.

387. C. nigricans L. Trauben verlängert, aufrecht. Blättchen verkehrt-eiförmig oder länglich. Bl. 6—7. — Trockene lichte Wälder, steinige Hügel, zerstreut.

388. C. sagittalis Koch. Stengel niederliegend, geflügelt, 2schneidig, gegliedert. Blätter einfach, wechselständig. Blüten in endständigen fast kopfigen Trauben mit tief 2lippigem

Kelch. Bl. 5—6. — Zerstreut, stellenweise ganz fehlend. Trockene Wiesen, Nadelwälder.

2. Gruppe Trifolieae. Blätter 3zählig, Blättchen meist gezähnelt.

Gattung Ononis L., Hauhechel.

Kelch glockenförmig 5spaltig, bleibend, zur Fruchtzeit offen. Schiffchen pfriemförmig geschnäbelt. Hülse eiförmig-länglich, gedunsen, wenigsamig. Krone meist rosenrot.

389. O. spinosa L. Stengel aufrecht, von 1—2reihigen Haaren, zottig Blätter 3zählig, Blättchen länglich, gezähnt. Dornen meist zu 2. Hülsen eiförmig, so lang oder länger als der Kelch. Bl. 6—7. — Wege, Grasraine, Dämme, verbreitet.

390. O. repens L. Stengel liegend, ringsum zottig. Blättchen eiförmig gezähnelt. Dornen an der Spitze des Stengels. Hülsen kürzer als der Kelch. Bl. 6—7. — Sandige Grasplätze, trockene Wiesen.

391. O. arvensis L. Stengel aufrecht, meist dornenlos, ringsum zottig, an der Spitze weichblütig. Bl. 6—7. — Wiesen, grasige Stellen im nördlichen und östlichen Gebiet, zerstreut.

Gattung Medicago L., Schneckenklee.

Kelch 5spaltig oder 5zähnig. Krone abfallend, mit den Staubfäden nicht verwachsen. Hülse aus dem Kelch weit herausragend, nierenförmig bis spiralig zusammengerollt, 1- bis vielsamig.

392. M. sativa L. Luzerne. Stengel aufrecht. Trauben länglich. Hülsen spiralig mit 2—3 Wendungen. Krone violettblau. Bl. 6—9. — Angebaut.

393. M. falcata L. Schwedische Luzerne. Stengel niederliegend bis aufsteigend. Trauben kurz bis fast kugelig. Hülsen sichelförmig-spiralig mit höchstens einer Windung. Krone gelb. Bl. 6—9. — Trockene Wiesen, Kalkboden.

394. M. lupulina L. Hopfenklee. Stengel meist ausgebreitet. Trauben ährig-kopfförmig. Hülsen nierenförmig. Krone gelb. Bl. 4—10. — Wiesen, grasige Wege, Dämme, gemein.

Gattung Melilotus (Tourn.) Link, Steinklee.

Hülse gerade, oval oder länglich, sonst wie vor. Gattung.

395. M. altissimus Thuill. Flügel und Schiffchen so lang als die Fahne. Hülsen eiförmig, kurz zugespitzt, netzig-runzelig, kurz-weichhaarig. Krone gelb. Bl. 7—9. — Gräben, Wiesen, Ufer, verbreitet.

396. M. officinalis Desv. Flügel und Fahne länger als das Schiffchen. Hülsen eiförmig, stumpf, stachelspitzig, quer-runzelig-faltig, kahl. Krone gelb. — Ackerränder, Wege, verbreitet.

397. M. albus Desv. Flügel und Schiffchen kürzer als die Fahne. Hülsen stumpf, stachelspitzig, kahl. Krone weiß. Bl. 7—9. — Wegränder, Schutt, trockene Hügel, häufig.

Gattung Trifolium (Tourn.) L., Klee.

Kelch 5zähnig oder 5spaltig. Krone verwelkend, bleibend, die ovale oder längliche Hülse einschließend.

A. Einzelne Blüten des Köpfchens sitzend.

I. Kelchröhre außen weichhaarig oder zottig.

1. Ausdauernde Arten.

398. T. pratense L. Rotklee. Ausdauernd. Nebenblätter eiförmig, plötzlich in eine Granne übergehend. Kelch 10nervig. Krone purpurrot. Bl. 6—10. — Wiesen, Grasplätze, als Futter viel gebaut.

399. T. alpestre L. Nebenblätter lanzettlich-pfriemlich. Kelch 20nervig. Krone purpurrot. Bl. 6—8. — Trockene Wälder, zerstreut.

400. T. ochroleucum L. Nebenblätter lanzettlich-pfriemlich. Kelch 10 nervig. Krone gelblichweiß. Bl. 6—7. — Waldwiesen, Wegränder, zerstreut.

2. Einjährige Arten.

401. T. incarnatum L. Inkarnatklee. Ähren eiförmig, zuletzt walzlich. Krone purpurrot. Bl. 6—7. — Angebaut und oft verwildert.

402. T. arvense L. Hasenklee. Ähren köpfchenförmig. Krone klein, weißlich bis fleischfarben. Bl. 7—9. — Äcker, Sandfelder, gemein.

II. Kelchröhre außen kahl.

403. T. medium L. Köpfchen einzeln, kugelig. Kelch 10 nervig. Krone purpurrot. Bl. 6—8. — Wälder, trockene Wiesen, Grasplätze.

B. Einzelne Blüten gestielt.

a) Kelchschlund kahl, obere Kelchzähne nicht kürzer als die unteren.

404. T. montanum L. Stengel fast aufrecht. Blütenstiele kürzer als die Kelchröhre. Krone weiß. Bl. 5—6. — Bergwälder, Wiesen.

405. T. repens L. Weißklee. Stengel niederliegend. Blütenstiele so lang als die Kelchröhre. Krone weiß bis rötlich-weiß. Bl. 5—10. — Wiesen, grasbewachsene Wege, gemein.

406. T. hybridum L. Schwedischer Klee. Stengel aufsteigend, ganz kahl, röhrig. Blütenstiele so lang als die Kelchröhre. Krone anfangs weiß, später rosenrot, Köpfchen daher oft in der Mitte weiß, am Grunde rosenrot. Bl. 5 bis 9. — Feuchte Wiesen, häufig.

b) Obere Kelchzähne kürzer als die unteren.

407. T. agrarium L. Goldklee. Köpfchen kugelig,

seitenständig, gestielt. Griffel so lang als die Hülse. Krone goldgelb. Bl. 6—7. — Wälder, trockene Wiesen, zerstreut.

408. T. procumbens L. Fahne wie bei voriger Art vorn löffelförmig erweitert, gefurcht; Griffel viel kürzer als die Hülse. Krone gelb. Bl. 6—9. — Äcker, Wege, Grasplätze gemein.

409. T. minus Relh. Fahne fast glatt, zusammengefaltet. Griffel viel kürzer als die Hülse. Krone blaßgelb. Bl. 5—9. — Wiesen, Grasplätze, gemein.

3. Gruppe Loteae. Blätter 3zählig oder gefiedert. Blättchen ganzrandig, Blüten einzeln oder in Köpfchen.

Gattung Anthyllis L., Wundklee.

410. A. vulneraria L. Stengel meist zu mehreren, liegend bis aufsteigend. Unterste Blätter lang gestielt, einfach oder nur mit wenigen kleinen Seitenblättchen. Blüten in einem endständigen kugeligen Köpfchen. Kelch röhrenförmig, 5zähnig, zur Fruchtzeit vertrocknend und über der eiförmig-länglichen, 1—2samigen Hülse geschlossen. Schiffchen stumpf oder kurz zugespitzt. Krone goldgelb. Fahne und Schiffchen oft rot. Bl. 6—7. — Trockene Wiesen, Grasplätze, häufig.

Gattung Lotus (Tourn.) L., Hornklee.

Kelch 5zähnig oder 5spaltig. Schiffchen geschnäbelt. Flügel oben zusammenstoßend. Griffel allmählich verschmälert. Hülse lineal, ungeflügelt. Krone gelb.

411. L. corniculatus L. Stengel fest und hart. Kelchzähne vor dem Aufblühen zusammenschließend. Schiffchen plötzlich in den Schnabel zugespitzt. Bl. 5—9. — Grasplätze, Wiesen, gemein.

412. L. uliginosus Schkuhr. Stengel meist hohl. Kelchzähne vor dem Aufblühen zurückgebogen. Schiffchen allmählich in den Schnabel zugespitzt. Bl. 6—7. — Sumpfige Wiesen.

4. Gruppe Astragaleae. Blätter unpaarig gefiedert, Hülse oft 2fächerig oder halbzweifächerig.

Gattung Astragalus (Tourn.) L., Tragant.

413. A. glycyphyllos L. Bärenschote. Pflanze kahl oder spärlich behaart. Stengel niederliegend. Blättchen 9—13. Kelch 5zähnig. Schiffchen stumpf, ohne Spitze. Schiffchen 2fächerig, lineal, kahl. Blüten grünlich-weißgelb. Bl. 5—8. — Verbreitet. Buschige Hügel, trockene Wälder, Wiesenränder.

5. Gruppe Hedysareae. Hülsen quer gegliedert.

Gattung Coronilla L., Kronenwicke.

414. C. varia L. Stengel krautig, niederliegend, kantig, hohl, kahl. Kelch kurzglockig. Schiffchen geschnäbelt. Hülse 4kantig, an den Gelenken eingeschnürt, Glieder einsamig, Fahne rosa, Flügel und Schiffchen weiß. Bl. 6—9. — Hügel, Wegränder, trockene Wiesen.

Gattung Ornithopus L., Klauenschote.

Kelch röhrenförmig, 5zähnig, die beiden oberen Zähne am Grunde verwachsen. Schiffchen stumpf. Hülse an den Gelenken eingeschnürt. Krone rötlichgelb.

415. O. perpusillus L. Blätter 7—12 paarig. Kelchzähne eiförmig, 3mal kürzer als die Röhre. Hülse etwas gekrümmt. Bl. 5—7. — Sandfelder, Kiefernwälder, zerstreut.

416. O. sativus Brotero. Serradella. Kelchzähne pfriemlich, fast so lang als die Röhre. Hülse meist gerade. — Angebaut.

Gattung Onobrychis (Tourn.) Scop., Esparsette.

417. O. sativa Link. Stengel aufsteigend, 9—12paarig. Blättchen lineal länglich. Blütentrauben verlängert, sehr lang gestielt. Kelch 5zähnig, Schiffchen schief abgestutzt. Hülse verkehrt eiförmig, netzförmig-runzelig, 1samig mit kammförmig gezähntem oder stacheligem unteren Rande. Krone rosa. Bl. 5—7. — Zerstreut, sonnige Hügel, Wiesen, oft angebaut.

6. Gruppe Vicieae. Hülse einfächerig. Blätter paarig, gefiedert mit Endspitze oder Wickelranke.

Gattung Vicia (Tourn.) L., Wicke.

Kelch 5zähnig bis 5spaltig, obere Zähne kürzer. Griffel fast stielrund. Hülse 2—mehrsamig.

I. Griffel außen bärtig.

A. Trauben reichblütig.

418. V. dumetorum L. Heckenwicke. Stengel kahl. Blätter 4—5paarig. Nebenblätter mit vielen langhaarspitzigen Zähnen. Griffel von oben nach unten zusammengedrückt. Krone rotviolett. Bl. 7—8. — Zerstreut, Gebüsche, Laubwälder.

419. V. cracca L. Vogelwicke. Stengel angedrückt-weichhaarig. Blätter 10—12paarig. Nebenblätter ganzrandig. Griffel von der Seite zusammengedrückt. Platte der Fahne so lang als der Nagel. Krone rötlich-violett. Bl. 6—8. — Wiesen, Zäune, Hecken, häufig.

B. Blüten einzeln oder in armblütigen Trauben.

I. Blättchen 4—8paarig.

420. V. sepium L. Zaunwicke. Blättchen breit-eiförmig bis eiförmig-länglich. Kelchzähne ungleich, 2—3mal kürzer als die Röhre. Kerne meist schmutzig-violett. Bl. 4—10. — Zäune, Wiesen, Gebüsche, häufig.

421. V. sativa L. Futterwicke. Blättchen verkehrt, eiförmig bis länglich, stachelspitzig-ausgerandet. Kelchzähne gleichlang, etwa so lang als die Röhre. Fahne blau, Flügel purpurn Bl. 6—7. — Gebaut.

II. Blättchen 2—3paarig.

422. V. faba L. Saubohne. Stengel aufrecht. Blätter mit krautiger Stachelspitze. Krone groß, meist weiß mit schwarzem Fleck auf den Flügeln. Bl. 5—7. — Angebaut.

I. Griffel außen bärtig.

Griffel an der Spitze ringsum fein behaart oder kahl, nicht bärtig.

423. V. hirsuta L. Blätter meist 6paarig. Hülsen 2—3samig. Freier Staubfaden in der Mitte stark verbreitert. Krone bläulichweiß. Bl. 6—7. — Äcker, Hecken, sandige Plätze, häufig.

424. V. tetrasperma L. Blätter 3—4paarig. Hülsen 4samig. Krone blaßviolett. Bl. 6—7. — Grasplätze Ackerränder, Hügel.

Gattung Lens (Tourn.) Moench, Linse.

425. L. esculenta Moench. Stengel aufrecht, ästig. Blättchen 5—7paarig. Kelch tief 5teilig, fast regelmäßig. Griffel flach, oberseits mit einer Haarlinie. Hülse 1—2samig. Krone bläulichweiß. Bl. 6—7. — Angebaut.

Fig. 19.
Pisum sativum.

Gattung Pisum (Tourn.) L., Erbse.

426. P. sativum L. Erbse, Schote. Stengel schlaff, kletternd. Blättchen 1—3paarig. Kelch tief 5spaltig. Griffel fast 3kantig, auf der oberen Seite bärtig, auf der unteren tiefrinnig. Hülse vielsamig. Krone weiß. Bl. 5—7. — Angebaut.

Gattung Lathyrus L., Platterbse.

Kelch kurz 5zähnig bis tief 5spaltig. Griffel gegen die Spitze flach zusammengedrückt, oberseits behaart. Hülse zusammengedrückt, 2= bis vielsamig.

A. Blattstiele in eine Wickelranke auslaufend.

I. Stengel ungeflügelt.

427. L. tuberosus L. Erdmandel. Wurzelstock an den Gelenken mit haselnußgroßen Knollen. Nebenblätter halbpfeilförmig, lineal. Krone purpurrot, wohlriechend. Bl. 7 bis 8. — Äcker, Dämme, stellenweise.

428. L. pratensis L. Nebenblätter pfeilförmig, breit lanzettlich. Krone gelb. Bl. 6—7. — Wiesen, Ufer, Gräben, häufig.

II. Stengel geflügelt.

429. L. sativus L. Kichererbse. Blätter 1paarig. Blüten einzeln. Hülsen kahl. Krone weiß, bläulich oder rötlich. Bl. 5—6. — Stellenweise gebaut.

430. L. hirsutus L. Blüten zu 2. Hülsen rauhhaarig. Krone violett bis blau. Bl. 6—7. — Äcker, Raine, unter Saat, zerstreut.

431. L. silvester L. Waldplatterbse. Blätter 1paarig. Blüten in 4—9blütigen Trauben. Flügel der Stengel fast doppelt so breit als die der Blattstiele. Krone grünlich=purpurn. Bl. 6—7. — Hügel, trockene Wälder, zerstreut.

B. Blattstiel ohne Wickelranke, mit Stachelspitzen.

432. L. vernus Bernhardi. Blättchen 2—4paarig, eiförmig, lang zugespitzt, glänzend grasgrün. Stengel kaum geflügelt. Krone purpurrot, später blau und grünlich. Bl. 4—5. — Schattige Laubwälder, verbreitet.

433. L. niger Bernh. Blättchen meist 6paarig, glanzlos, unterseits blaugrün. Stengel flügellos. Krone purpurrot, später blau. Bl. 6—7. — Trockene Laubwälder.

434. L. montanus Bernh. Stengel geflügelt. Blättchen meist 2—3paarig, glanzlos, unterseits blaugrün. Wurzelstock um den Gelenken knollenförmig. Krone purpurrot, später schmutzig-blau. Bl. 4—5. — Trockene Wälder.

Gattung Phaseolus (Tourn.) L., Bohne.

435. P. vulgaris L. Gemeine Bohne. Keimblätter sich über den Boden erhebend. Stengel meist windend. Blätter 3zählig, Kelch 2lippig. Hülse durch schwammige Scheidewände unvollkommen querfächerig. Blüten weiß oder rötlich. Bl. 6—8. — Angebaut, ebenso wie die türkische Bohne (Ph. multiflorus) mit scharlachroten Blüten.

Familie Geraniaceae D. C., Storchschnabelgewächse.

Kräuter mit gelappten oder geteilten Blättern, 5gliedrigen, meist regelmäßigen Zwitterblüten ohne Diskus. Staubblätter 10—15, worunter oft nur 5 fruchtbare Karpelle mit 1—2 Samenanlagen. Fruchtknoten bei der Reife in 5 geschnäbelte Teilfrüchte zerfallend.

Gattung Geranium L., Storchschnabel.

Kelch 5teilig. Staubblätter 10, meist alle fruchtbar. Grannen der Fruchtlappen kahl.

A. Pflanzen mehrzähnig. Kronblätter den Kelch weit überragend.

436. G. pratense L. Wiesenstorchschnabel. Blütenstiele 2blütig, drüsig-zottig. Kelchblätter lang begrannt. Staubblätter am Grunde fast kreisförmig. Krone meist blau. Bl. 6—8. — Zerstreut. Wiesen, Grabenränder, Grasgärten.

437. G. silvaticum L. Staubblätter lanzettlich. Krone violett, sonst der vorigen ähnlich. Bl. 6—7. — Gebirge, Waldwiesen, zerstreut.

438. G. palustre L. Blütenstiele nicht drüsig, rückwärts rauhhaarig. Staubblätter lanzettlich. Krone purpurrot. Bl. 6—8. — Sumpfige Wiesen und Wälder, zerstreut.

439. G. sanguineum L. Blütenstiele einblütig. Blätter tief 7teilig. Kronblätter ausgerandet, blutrot. Bl. 6—8. — Sonnige, steinige Abhänge.

B. Pflanzen einjährig. Kronblätter klein.

I. Kelchblätter zur Blütezeit ausgebreitet.

440. G. dissectum L. Blätter tief handförmig, 5 bis 6teilig, kurz behaart. Kelchblätter lang begrannt. Kronblätter rosenrot, verkehrt-herzförmig. Klappen glatt, aber mit abstehenden Drüsenhaaren. Bl. 5—10. — Äcker, Schutt, verbreitet.

441. G. pusillum L. Blätter bis zur Hälfte 5—9spaltig. Kelchblätter kurz begrannt. Krone blaßviolett oder blaßrosa. Bl. 5—10. — Äcker, Gartenland, Wege, gemein.

442. G. molle L. Kelchblätter sehr kurz begrannt. Klappen kahl, querrunzelig. Krone purpurrot. Bl. 5—10. — Wegränder, Hecken, Grasgärten, ziemlich häufig.

II. Kelchblätter zur Blütezeit aufrecht zusammenschließend.

443. G. Robertianum. Stengel und Blätter abstehend, drüsenhaarig. Blätter 3—5zählig. Blättchen gestielt, 3spaltig, fiederspaltig eingeschnitten. Krone rosenrot. Pflanze widerlich bockähnlich riechend. Bl. 6—10. — Gebüsche, Wälder, Schutt, häufig.

Gattung Erodium L'Héritier, Reiherschnabel.

444. E. cicutarium L'Héritier. Stengel niederliegend, rauhhaarig. Blätter gefiedert. Blättchen fiederspaltig, mit eingeschnitten gezähnten Abschnitten. Staubblätter nur 5. fruchtbar. Granne der Fruchtlappen lang behaart. Krone purpurrot. Bl. 3—10. — Grasplätze, Äcker, Wege, gemein.

Fig. 20.
Erodium cicutarium.

Familie Oxalidaceae D. C., Sauerkleegewächse.

Gattung Oxalis L., Sauerklee.

Kelch 5blättrig. Staubblätter am Grunde verwachsen. Kapsel länglich.

445. O. acetosella L. Blätter 3zählig, Blättchen verkehrt herzförmig. Blütenstiel 1blütig. Blüten weiß bis rötlich weiß, innen am Grunde gelb, purpurn geadert. Bl. 4—5. — Wälder, häufig.

446. O. stricta L. Blütenstiele 2—5blütig. Krone gelb. — Schutt, Äcker, Gartenland, bei uns verwildert.

Familie Linaceae D. C., Leingewächse.

Gattung Linum L., Lein.

Kelchblätter 5, ungeteilt. Kronblätter und Staubblätter je 5. Kapsel 5fächerig, jedes Fach in 2 einsamige Abteilungen geteilt.

447. L. usitatissimum L. Lein, Flachs. Blätter schmal lanzettlich, wechselständig. Krone blau oder weiß. Bl. 6 bis 7. — Gebaut.

448. L. catharticum L. Purgierlein. Blätter gegenständig, untere verkehrt eiförmig, obere lanzettlich. Krone weiß. Bl. 6—8. — Wiesen, Grasplätze, begraste Hügel, gemein.

Gattung Radiola (Dill.) Roth, Zwerglein.

449. R. linoides Roth. Stengel fadenförmig, vom Grunde an gabelig-vieläftig. Blätter gegenständig, eiförmig, sitzend. Kelch tief 4spaltig mit 2—3spaltigen Zipfeln. Blüten 4zählig. Krone weiß, klein. Bl. 7—8. — Feuchte Sandäcker, Grasplätze.

Fig. 21.
Linum catharticum.

Familie Polygalaceae Juss., Kreuzblumengewächse.

Gattung Polygala L., Kreuzblume.

Kelchblätter 5, bleibend, davon die beiden äußeren größer, gefärbt, als Flügel bezeichnet. Kronblätter meist 3, unter sich und mit den Staubblättern verwachsen, vorderes kahnförmig. Staubblätter 8.

450. P. vulgaris L. Natterblümchen. Untere Blätter klein, elliptisch, nicht rosettenartig. Deckblätter halb so lang als das Blütenstielchen. Blüten blau, rosenrot, weiß. Bl. 5—6. — Wiesen, gemein.

451. P. comosa Schkuhr. Von voriger Art durch die längeren Deckblätter unterschieden, welche die noch unentwickelten Blüten überragen. Krone weiß, blaßrot, vorn purpurn. Bl. 5—6. — Waldränder, trockene Wiesen, seltener als vorige.

452. P. amara L. Untere Blätter rosettenbildend, groß, verkehrt eiförmig. Blüten meist weiß bis bläulich-weiß. Bl. 5—6. — Wiesen, Raine, zerstreut.

Familie Euphorbiaceae Juss., Wolfsmilchgewächse.

Blüten regelmäßig, getrenntgeschlechtig, oft stark reduziert. Staubblätter 1—viele, oft so viel oder doppelt so viel als Blätter der einfachen, kelchartigen Blütenhülle. Fruchtblätter meist 3, synkarp. Frucht eine Kapsel mit 3 Teilfrüchten.

Gattung Euphorbia L., Wolfsmilch (Tithymalus Scop.).

Blüten 1häusig, 10 oder mehr männliche um eine zentrale weibliche gestellt und von einer gemeinschaftlichen 4—5spaltigen Hülle umgeben. Hülle glockig kreiselförmig. Männliche Blüten mit je 1 Staubblatt. Milchsaft führend.

A. Drüsen der Becherhülle rundlich oder queroval, ganzrandig.

I. Samen mit Grübchen.

453. E. helioscopia L. Blätter verkehrt eiförmig, vorn gesägt, Kapsel glatt. Bl. 6—10. — Häufig. Äcker, Gartenboden.

II. Samen glatt, Kapsel warzig.

454. E. stricta L. Blätter mit herzförmigem Grunde, sitzend, spitz, beiderseits kahl. Warzen der Kapsel kurz walzenförmig. Bl. 6—9. — Feuchte Wälder und Gebüsche, zerstreut.

455. E. platyphyllos L. Blätter unterseits fein behaart. Warzen der Kapsel fast halbkugelig. Bl. 7—9. — Äcker, Gräben, zerstreut.

456. E. dulcis Jacqu. Blätter am Grunde verschmälert, sehr kurz gestielt. Trugdolde wie bei den vorigen 3—5strahlig. Bl. 4—5. — Schattige Laubwälder, kalkliebend, zerstreut.

457. E. palustris L. Trugdolde vielstrahlig. Blätter lanzettlich, nach dem Grunde zu verschmälert, sitzend. Bl. 5—6. — Flußtäler, feuchte Wiesen, zerstreut.

B. Drüsen der Becherhülle halbmondförmig oder 2hörnig.

458. E. Cyparissias L. Blätter schmal-lineal, ganzrandig, kahl. Samen glatt. Bl. 4—5. — Wegränder, Sandfelder, häufig.

459. E. esula L. Blätter lineal-lanzettlich oder lanzettlich, über der Mitte am breitesten, nach dem Grunde keilförmig verschmälert, sonst wie vorige. Bl. 5—7. — Wie vorige, verbreitet.

460. E. peplus L. Blätter abgerundet stumpf, ganzrandig. Dolde 3strahlig, Äste wiederholt 2spaltig. Samen 6kantig, grubig. Bl. 6—10. Zäune, Äcker, Straßenränder, wüste Plätze, Gärten, gemein.

Gattung Mercurialis (Tourn.) L., Bingelkraut.

Blüten 1- oder 2häusig. Blütenhülle 3—4teilig. Staubblätter 4—12.

461. M. perennis L. Ausdauernd. Stengel einfach, stielrund. Weibliche Blüten langgestielt. — Bl. 4—5. — Laubwälder, im Gebirge, häufig.

462. M. annua L. Einjährig. Stengel ästig, 4kantig. Weibliche Blüten fast sitzend. Bl. 6—10. — Gartenland, Äcker, stellenweise lästiges Unkraut.

Familie Callitrichaceae Lk., Wassersterngewächse.

Gattung Callitriche L., Wasserstern.

Blüten eingeschlechtig, ohne Hülle, aus 1 Staubblatt oder 2 Fruchtblätter bestehend. Frucht in 4 Steinfrüchte zerfallend.

463. C. stagnalis Scop. Blätter meist sämtlich verkehrt-eiförmig oder spatelförmig. Frucht zusammengedrückt-kreisrund mit breitflügelig-gekielten Kanten. Bl. 6—10. — Bäche, Gräben, stehende Gewässer, häufig.

Fig. 22. Callitriche vernalis.

464. C. vernalis Kg. Untere Blätter lineal, obere verkehrt-eiförmig, oberste rosettig. Frucht mit sehr schmal geflügelten Kanten. Bl. 5—10. — Wie vorige, gemein.

465. C. hamulata Kg. Blätter sämtlich lineal, zart, vorn ausgerandet. Deckblätter sichelförmig gekrümmt. Griffel bald abfallend, sehr lang. Frucht kaum geflügelt. Bl. 6—9. — Wie vorige, aber weniger häufig.

Familie Celastraceae R. Br.

Gattung Evonymus (Tourn.) L., Pfaffenhütchen.

466. E. europaea L. Strauch mit gegenständigen elliptisch-lanzettlichen Blättern und in der Jugend 4kantigen Ästen. Blüten 4—5zählig. Kronblätter länglich, hellgrün. Reife Kapsel rosa, 4fächerig, Fächer in der Mitte aufspringend. Samen ganz von dem orangeroten Samenmantel eingehüllt. Bl. 5—6. — Wälder, Gebüsche, häufig.

Familie Aquifoliaceae D. C., Stechpalmengewächse.

Gattung Ilex L., Stechpalme.

467. I. Aquifolium L. Hülsdorn. Blätter eiförmig, glänzend, wintergrün, spitz, dornig-gezähnt oder ganzrandig. Blüten blattwinkelständig, 4gliederig, zwitterig, regelmäßig.

Krone weiß. Strauch. Bl. 5—6. — Wälder, nur im Westen und Nordwesten bis Rügen.

Familie Aceraceae D. C., Ahorngewächse.

Gattung Acer L., Ahorn.

Blüten meist 1häusig. Kelch 5teilig. Kronblätter meist vorhanden, 5. Staubblätter meist 8. Karpelle meist 2, mit je zwei Samenanlagen. Frucht mit geflügelten, meist einsamigen Fächern.

I. Staubblätter der männlichen Blüte doppelt so lang als die Krone.

468. A. pseudoplatanus L. Berg-Ahorn. Blätter handförmig-5lappig mit spitzen Buchten und stumpflichen Spitzen, unterseits graugrün. Krone klein, grün. Bl. 5—6. — Schattige Bergwälder.

II. Staubblätter der männlichen Blüte so lang als die Krone.

469. A. platanoides L. Spitzahorn. Blätter herzförmig, buchtig-gelappt, mit stumpfen Buchten und fein zugespitzten, 3—5zähnigen Lappen, beiderseits gleichfarbig, kahl. Krone gelbgrün. Bl. 4—5. — Wälder.

Fig. 23. Evonymus europaea.

470. A. campestre L. Feldahorn, Maßholder. Blätter handförmig-5lappig, mit spitzen Buchten und stumpfen, ganzrandigen oder gelappten Lappen, beiderseits gleichfarbig, unterseits weichhaarig. Krone grün. Bl. 5. — Wälder.

Fig. 24.
Acer campestre.

Familie Balsaminaceae Rich., Balsaminengewächse.

Gattung Impatiens Rivin., Springkraut.

471. I. noli tangere L. Rührmichnichtan, wilde Balsamine. Kraut mit aufrechtem, saftigem glänzendem, an den Knoten angeschwollenem Stengel, kahl.

Blätter eiförmig bis eiförmig-länglich, grob-gezähnt. Blüten zygomorph. Kelchblätter 5, das hintere innere viel größer, gespornt, die 2 vorderen klein oder fehlend. Narben 5, verwachsen. Kronblätter gelb, innen rot punktiert. Reife Kapseln beim Berühren aufspringend, weil die Klappen sich plötzlich nach innen rollen und die Samen ausschleudern. Bl. 6—8. — An feuchten, quelligen Waldstellen, schattigen

Gebüschen. — Die aus Ostasien stammende und jetzt vielfach als Unkraut in Gärten wachsende I. parviflora hat viel kleinere Blüten.

Familie Rhamnaceae R. Br., Kreuzdorngewächse.

Gattung Rhamnus L., Wegedorn, Kreuzdorn.

Kelch 4—5spaltig, abfällig mit glockiger oder kreiselförmiger Röhre, deren Rande Kronblätter und Staubblätter eingefügt sind. Karpelle 2—5. Frucht eine Steinfrucht mit 2—5 einsteinigen Fächern.

Fig. 25. Rhamnus Frangula.

472. Rh. cathartica L. Kreuzdorn. Strauch mit gegenständigen, eiförmigen, feinkerbig-gesägten Blättern. Blüten 4zählig, Kronblätter ohne Nagel, grün. Bl. 5—6. — Laubwälder, Gebüsche, häufig. — Zweige mit einem Dorn endend.

473. Rh. Frangula L. (Frangula Alnus Mill.) Faulbaum. Strauch ohne Dornen mit wechselständigen, elliptischen, ganzrandigen Blättern. Blüten 5zählig. Kronblätter mit Nagel, grünlichweiß. Bl. 5—6. — Wälder, Gebüsche, häufig.

Familie Vitaceae, Rebengewächse.

Der vorigen Familie nahe verwandt, aber meist durch Ranken kletternd. Frucht eine Beere.

Gattung Vitis L., Weinrebe.

474. V. vinifera L. Weinstock. Blätter meist 5lappig,

grob gezähnt. Kelch 5zähnig. Kronblätter 5, mützenförmig. Staubblätter 5. Fruchtknoten 2—3fächerig. — Viel gebaut, vielleicht im Donautal wild. Blüten gelbgrün. Bl. 6.

Gattung Ampelopsis Mich., Wilder Wein.

475. A. quinquefolia Mich. Blätter 3—5zählig, mit gestielten eiförmig-länglichen Blättchen. Bl. 7—8. — Aus Nordamerika, zur Bekleidung von Lauben, Mauern usw., gebaut.

Familie Tiliaceae Juss., Lindengewächse.

Gattung Tilia L., Linde.

Kelchblätter 5, am Grunde mit Honiggrube. Kronblätter 5, Staubblätter meist zahlreich, oft in 5 bis 10 vor den Kronblättern stehenden Bündeln. Fruchtblätter 2—viele, Griffel 1. Frucht eine 1—2samige Nuß.

476. T. platyphyllos Skop. Sommerlinde. Blätter schief-rundlich herzförmig, zugespitzt, gesägt, beiderseits gleichfarbig, unterseits kurzhaarig. Narbenlappen aufrecht. Kronblätter gelblich. Bl. 6. — Wälder, viel angepflanzt.

477. T. cordata Mill. Winterlinde. Blätter beiderseits kahl, unterseits meergrün, in den unteren Nervenwinkeln braunbärtig. Narbenlappen ausgebreitet. Kronblätter gelblich. Bl. 6—7, 14 Tage später als vorige. — Wälder, viel angepflanzt.

Familie Malvaceae R. Br., Malvengewächse.

Gattung Malva L., Malve, Käsepappel.

Kelch doppelt, der äußere am Grunde mit dem inneren verwachsen. Kronblätter 5. Staubblätter zahlreich mit monothecischen Antheren. Früchtchen zahlreich, 1samig, zu einer niedergedrückten kreisförmigen Frucht verbunden.

478. M. Alcea L. Stengelblätter handförmig, 5teilig, nebst Stengel und Kelch angedrückt sternhaarig. Krone rosenrot. Bl. 7—9. — Trockene Hügel, Wegränder, zerstreut.

479. M. silvestris L. Roßpappel. Blätter herzförmig-rundlich, 5—7 lappig wie bei den folgenden. Fruchtstiele abstehend oder aufrecht. Krone hellpurpurrot. Bl. 7—9. — Wegränder, Mauern, Zäune.

480. M. neglecta Wallr. Kronblätter hellrosa bis fast weiß, 2—3 mal länger als der Kelch, tief ausgerandet. Fruchtstiele abwärts gebogen. Bl. 6—9. — Wege, Mauern, Schutt, Grasplätze.

Fig. 26.
Malva rotundifolia.

481. A. rotundifolia L. Kronblätter nur so lang als der Kelch, weißlich. Fruchtstiel abwärts gebogen. Bl. 7—9. — Ackerränder, Wege, zerstreut.

Familie Hypericaceae D. C., Johanniskrautgewächse.

Gattung Hypericum L., Hartheu, Johanniskraut.

Kelch 5 blätterig oder 5 teilig. Kronblätter 5. Staubblätter am Grunde in meist 3 Bündel verwachsen. Staubbeutel unter der Spitze mit einer Drüse. Kapsel 3fächerig, 3klappig.

A) Kelchblätter ganzrandig und meist ganz drüsenlos.

1. Stengel aufrecht.

482. H. perforatum L. Löcherkraut. Stengel fest, 2kantig oberwärts ästig, nebst den eiförmigen, durchscheinend punktierten Blättern kahl. Kelchblätter lanzettlich, sehr spitz, doppelt so lang als der Fruchtknoten. Krone goldgelb. Bl. 7—9. — Sonnige Hügel, Wegränder, gemein.

483. H. tetrapterum Fr. Stengel hohl, geflügelt-vierkantig, Kelchblätter lanzettlich, zugespitzt, halb so lang als der Fruchtknoten. Kronblätter hellgelb. Bl. 7—8. — Teichränder, Gräben.

484. H. quadrangulum L. Stengel hohl, 4kantig, nicht geflügelt. Kelchblätter eiförmig-eliptisch, stumpf, unterseits schwarzdrüsig, halb so lang als der Fruchtknoten. Krone goldgelb. Bl. 6—8. — Gräben, feuchte Wiesen und Waldränder.

2. Stengel niederliegend, fadenförmig.

485. H. humifusum L. Stengel 2kantig. Kelchblätter länglich, stumpf, stachelspitzig. Krone hellgelb. Bl. 6—9. — Sandfelder, Heiden, sandige Brachen, zerstreut.

B) Kelchblätter am Rande drüsig gesägt, oder gefranst.

486. H. montanum L. Stengel stielrund, kahl. Blüten fast kopfartig gedrängt. Krone gelb. Bl. 7—8. — Trockene Wälder, Hügel.

487. H. hirsutum L. Stengel weichhaarig. Blüten in langgestreckter Rispe. Krone gelb. Bl. 7—8. — Laubwälder, Gebüsche.

Familie Cistaceae Dunal, Cistrosengewächse.

Gattung Helianthemum Tourn., Sonnenröschen.

488. H. Chamaecistus Mill. Pflanze halbstrauchig mit niederliegendem oder aufsteigendem Stengel, ästig neben den Blättern behaart. Kelchblätter 3—5. Kronblätter 5, gelb. Staubblätter zahlreich. Kapsel 1fächerig — 3 klappig. Bl. 6—9. — Sonnige, grasige Hügel, Raine, zerstreut.

Fig. 27.
Viola odorata.

Familie Violaceae D.C., Veilchengewächse.

Gattung Viola (Tourn.) L., Veilchen.

Kelchblätter 5, am Grunde mit Anhängseln. Kronblätter 5, ungleich, das untere gespornt. Staubblätter 5, zusammenneigend, die beiden unteren am Grunde mit spornartigem Anhängsel. Kapsel 3fächerig.

A) Pflanze ohne oberirdischen Stengel.

489. V. palustris L. Sumpfveilchen. Blätter nierenherzförmig, stumpf kahl. Narbe in ein schiefes Scheibchen ausgebreitet. Krone blaßlila. Bl. 5—6. — Torfmoore, sumpfige Wiesen.

490. V. colina Bess. Blätter breit — eiförmig — herzförmig mit tiefem engem Ausschnitt. Pflanze ohne Ausläufer. Narbe in ein herabgebogenes Schnäbelchen verlängert. Krone blaßlila. Bl. 4—5. — Hecken, Hügel, Felslehnen, zerstreut.

491. N. odorata L. Wohlriechendes Veilchen. Pflanze mit kriechenden Ausläufern. Blätter breit-eiförmig, tief-herzförmig. Blüten dunkelviolett wohlriechend. Bl. 3—4. — Gebüsche, Waldränder, Grasplätze, sehr verbreitet.

B) Mit Stengel, ohne Ausläufer.

I. Die beiden mittleren Kronblätter seitlich abstehend.

a) Wurzelstock mit zentraler Blattrosette.

492. V. silvatica Fries. Blätter tief herzförmig-nierenförmig, kurz zugespitzt. Nebenblätter gefranst-gesägt. Kapsel länglich, spitz, kahl. Krone violett, geruchlos. Bl. 4—6. — Wälder, häufig.

493. V. Riviniana Rchb. Blätter breit herzförmig, kurz zugespitzt, entfernt gezähnt oder fast ganzrandig. Krone bis doppelt so groß als bei vor., hellblau mit gelblich-weißem Sporn. Bl. 4—5. — Gebüsche, buschige Hügel, lichte Wälder.

b) Wurzelstock keine zentrale Blattrosette bildend.

494. V. canina L. Hundsveilchen. Blätter länglich-eiförmig, am Grunde herzförmig oder fast abgestutzt. Nebenblätter mehrmals kürzer als der ungeflügelte Blattstiel. Kapsel abgestutzt mit kurzem Spitzchen. Krone blau. Bl. 5—6. — Wiesen, Wälder, Grasplätze, häufig.

II. Die 4 oberen Kronblätter aufwärts gerichtet.

495. V. tricolor L. Stiefmütterchen. Stengel aufrecht oder aufsteigend. Blätter herz-eiförmig, obere länglich-lanzettlich. Nebenblätter leierförmig-fiederspaltig, groß. Blüten weißlichgelb oder 3 farbig. Bl. 4—10. — Brachacker, Grasplätze, Gartenland, häufig.

Familie Thymelaeaceae Adans, Seidelbastgewächse.

Gattung Daphne L., Kellerhals, Zeiland, Seidelbast.

496. D. mezereum L. Strauch mit abwechselnden, verkehrt länglich-lanzettlichen, unterseits graugrünen Blättern. Blüten meist zu 3, vor den Blättern erscheinend. Blütenhülle einfach, blumenkronartig, hellpurpurn, mit 4 teiligem Saume, röhrig. Staubblätter 8. Frucht Steinfrucht. Bl. 3—4. — Schattige Bergwälder.

Familie Lythraceae Juss., Weiderichgewächse.

Blätter ungeteilt, ganzrandig. Blüten 4—6 gliedrig, zwitterig. Kronblätter am Rande der hohlen Blütenachse. Staubblätter meist doppelt so viel als Kronblätter. Fruchtblätter 2—6.

Gattung Lythrum L., Weiderich.

497. L. salicaria L. Stengel aufrecht, kantig. Blätter mit herzförmigem Grunde lanzettlich. Kelchröhre zylindrisch-trichterförmig. Kronblätter purpurn. Bl. 7—9. — Bach- und Grabenränder, feuchte Wiesen, gemein.

Gattung Peplis L., Bachburgel.

498. P. Portula L. Stengel niedergestreckt ästig, meist rot überlaufen, kahl. Blätter gestielt, verkehrt-eiförmig, in den Blattstiel spatelförmig verschmälert. Kelchröhre glockenförmig. Kronblätter rosa, sehr klein. Bl. 6—10. — Gräben, Teichufer, überschwemmt gewesene Stellen.

Familie Oenotheraceae, Nachtkerzengewächse.

Blüten meist regelmäßig, zwitterig, Hülle in Kelch und Krone gegliedert, je 2—4 Kelch- und Kronblätter, 4—8 Staubblätter. Fruchtblätter meist 4, synkarp, mit der Achse vereint.

Gattung Epilobium (Dillen.) L., Weidenröschen.

Kronblätter 4. Kelchröhre länger als der Fruchtknoten. Griffel fadenförmig. Narben 4. Frucht eine Kapsel, Samen mit Haarschopf.

A) Blätter zerstreut. Staubfäden abwärtsgeneigt.

499. E. angustifolium L. Blätter lanzettlich, unterseits etwas graugrün. Traube verlängert. Kronblätter purpurrot, genagelt. Bl. 6—7. — Waldränder, lichte Waldstellen, häufig.

B) Untere Blätter gegenständig, obere abwechselnd. Staubblätter aufrecht.

a) Narben kreuzförmig abstehend bis zurückgerollt.

1. Stengel zottig behaart.

500. E. hirsutum L. Blätter stengelumfassend, etwas herablaufend. Krone groß, purpurrot. Bl. 6—9. — Ufer, feuchte Gebüsche.

501. E. parriflorum Schreb. Blätter sitzend, nicht stengelumfassend. Krone klein, hellviolett. Bl. 6—7. — Ufergebüsche, Gräben, gemein.

2. Stengel anliegend behaart.

502. E. montanum L. Stengel einfach oder wenig ästig. Blätter ziemlich groß, grasgrün. Krone rosenrot oder weiß, 8—12 mm lang. Bl. 6—9. — Gebüsche, Waldplätze.

503. E. collinum Gmel. Stengel meist vom Grunde an ästig. Blätter klein, bis höchstens 4 cm lang, graugrünlich. Krone 4—6 mm lang, weiß, später hellrosa. Bl. 6—9. — Steinige, feuchte Hügel, verbreitet.

504. E. lanceolatum Seb. & Mauri. Blätter graugrün, die unteren ziemlich langgestielt. Krone mittelgroß, weiß, später rosa. Bl. 6—8. — Bergwälder, zerstreut, stellenweise häufig, im Osten fehlend.

b) **Narben keulenförmig oder kopfig verbunden.**

505. E. roseum Schreb. Stengel kantig, aufrecht, sehr ästig. Blätter länglich, an beiden Enden spitz, dicht drüsig-gezähnelt. Krone klein, weißlich, später blaßrosa. Bl. 6—7. — Grabenränder, Bäche.

506. palustre L. Stengel stielrund. Blätter lanzettlich oder lineal, am Rande ganz oder gezähnelt, zurückgerollt, mit keilförmigem Grunde sitzend. Krone fleischfarbig. Bl. 7—8. — Nasse Wiesen.

Gattung Oenothera L., Nachtkerze.

Samen ohne Haarschopf.

507. O. biennis L. Kronblätter erheblich länger als die Staubblätter, groß, gelb. Bl. 6—8. — Verwildert auf Sandfeldern, an Flußufern.

508. O. muricata L. Kronblätter kaum länger als die Staubblätter, kleiner, gelb. Bl. 6—9. — Verwildert, sandige Flußniederungen.

Gattung Circaea (Tourn.) L., Hexenkraut.

509. C. lutetiana L. Stengel weichhaarig. Blätter eiförmig zugespitzt, am Grunde abgestutzt oder abgerundet. Ohne Deckblätter. Kelchsaum 2 spaltig. Kronblätter 2, 2 spaltig, weiß. Staubblätter 2. Frucht 2 fächerig mit hakenförmigen Haaren. Bl. 7—8. — Schattige Laubwälder.

Fig. 28. Circaea lutetiana.

Familie Halorrhagidaceae R. Br.

Gattung Myriophyllum Vaill., Tausendblatt.

510. M. spicatum L. Stengel ästig, flutend. Blätter zu 4, quirlförmig, kammartig gefiedert. Blüten quirlförmig in un-

unterbrochener aufrechter Ähre, obere weiblich, untere männlich; letztere mit 4teiligem Kelch, 4 hinfälligen, grünlichweißen Kronblättern, 8 Staubblättern. Weibliche Blüten mit sehr kleinen Kronblättern, 4 Narben. Bl. 5—8. — Teiche, Tümpel.

Gattung Hippuris L., Tannenwedel.

511. H. vulgaris L. Stengel aufrecht, einfach, röhrig gegliedert. Blätter zu 10—12, quirlförmig, lineal, wagerecht abstehend, Blütenhülle fehlt. Staubblätter 1. Fruchtknoten 2 mit 2 Griffeln. Blüten blattwinkelständig, sehr klein, sitzend, grün. Bl. 7—9. — Gräben, am Rande stehender Gewässer.

Familie Araliaceae Juss., Araliengewächse.

Gattung Hedera L., Efeu.

512. H. Helix L. Stengel kletternd, mit zahlreichen Klammerwurzeln. Blätter immergrün, kahl, glänzend. 5eckig lappig mit herzförmigem Grunde, die der blühenden Zweige eiförmig, zugespitzt. Blüten in traubig geordneten Dolden, 5zählig mit kurzem Kelchsaum, ausgebreiteten grünlichgelben Kronblättern und verwachsenen Griffeln. Frucht eine Beere. Bl. 9—10. — Wälder.

Familie Umbelliferae Juss., Doldengewächse.

Blätter meist vielfach geteilt. Blüten meist regelmäßig, 5gliedrig mit oft undeutlichem Kelch. Fruchtblätter 2 mit 2 Griffeln. Frucht eine Spaltfrucht, deren mit 5 Hauptrippen und oft vier Nebenrippen versehene Teilfrüchte am Fruchtträger hängen bleiben.

1. Gruppe. Frucht im Querschnitt fast kreisrund, mit Schuppen oder Stacheln besetzt.

Gattung Astrantia (Tourn.), Sterndolde.

513. A. major L. Grundblätter handförmig-5 teilig. Blüten in kopfförmig zusammengezogenen Dolden. Hüllblättchen so lang oder etwas länger als die Döldchen, weißlich mit 3 grünen Streifen, Krone weiß oder rötlich. Bl. 7—8. — Auf Waldwiesen, in Gebüsch, zerstreut.

Gattung Sanicula (Tourn.) L., Sanikel.

514. S. europaea L. Grundblätter handförmig geteilt mit keilförmigen, 2—3 spaltigen, eingeschnitten gesägten Abschnitten. Stengelblätter klein, 1—2. Dolden zusammengesetzt, Döldchen kopfförmig. Frucht fast kugelig. Kerne rötlichweiß. Bl. 5—6. — Schattige Wälder, zerstreut.

Gattung Eryngium (Tourn.) L., Mannstreu.

515. E. campestre L. Pflanze graugrün. Blätter 3zählig Blättchen doppeltfiederspaltig, dornig gezähnt, starr. Hüllblätter dornig zugespitzt. Dolden kopfförmig, auf halbkugeligem, mit Spreublättern besetztem Fruchtboden. Krone weißgrünlich. — Dürre Hügel und Wegränder, zerstreut.

2. Gruppe Ammineae. Frucht deutlich von der Seite zusammengedrückt. Dolden und Döldchen vollkommen. Früchtchen mit 5 Hauptrippen ohne Nebenrippen.

Gattung Cicuta L., Wasserschierling.

516. C. virosa L. Wurzelstock dick, fleischig, innen durch Querwände fächerig, hohl; Blätter 3fach fiederteilig mit lineal-lanzettlichen, spitzen, scharf gesägten Blättchen. Hülle fehlend oder 1—2 blätterig. Kelchsaum 3zähnig. Kronblätter mit eingebogener Spitze, weiß. Frucht zusammengedrückt-rundlich. Blattstiele hohl. Sehr giftig! Bl. 7—8. — Sümpfe, Gräben, Teichränder.

Gattung Apium L., Sellerie.

517. A. graveolens L. Wurzelstock dick, nicht fächerig. Blätter glänzend, untere gefiedert, obere 3zählig. Blättchen keilförmig oder fast rautenförmig. Dolden sehr kurz gestielt. Hüllen und Hüllchen fehlend. Kelchsaum undeutlich. Krone weißlich. Bl. 6—9. — Salzhaltige Orte, selten wild, meist angebaut.

Gattung Petroselinum Hoffm., Petersilie.

518. P. sativum Hoffm. Stengel stielrund, gestreift. Blätter glänzend, untere 3 fach gefiedert mit keilförmigen, eingeschnitten gesägten Blättchen, obere 3 zählig mit lanzettlichen Blättchen. Dolden langgestielt mit wenigblätteriger oder ohne Hülle. Hüllchen vielblätterig. Kelchsaum undeutlich. Kronblätter rundlich, grünlichgelb. Frucht rundlich. Bl. 6—7. — Angebaut.

Gattung Falcaria Rivin., Sichelmöhre.

519. F. vulgaris Bernh. Stengel nebst Blättern kahl, bläulichgrün. Blätter 3 zählig, grundständige auch einfach. Blättchen 2—3 spaltig mit lineal-lanzettlichen, scharf knorpelig-gesägten Abschnitten. Blüten teilweise männlich. Kelchsaum 5 zähnig. Kronblätter weiß, verkehrt-eiförmig mit eingebogener Spitze. Hülle und Hüllchen vielblätterig. Bl. 7—9. — Äcker, Wiesenränder, zerstreut.

Gattung Aegopodium L., Geißfuß.

520. A. Podagraria L. Stengel kantig gefurcht, röhrig; untere und mittlere Blätter doppelt 3 zählig mit eiförmigen, ungleich scharf gesägten Blättchen, oberste 3 zählig. Hülle und Hüllchen fehlend. Kelchsaum undeutlich. Kronblätter ausgerandet, weiß. Früchtchen länglich. Bl. 5—7. — Gartenland, Gebüsche, Bachufer, gemein.

Gattung Carum L., Kümmel.

521. C. carvi L. Blätter doppelt gefiedert, Blättchen fiederspaltig mit linealen spitzen Zipfeln, das unterste Paar am Hauptblattstiele kreuzweise gestellt. Dolde 3—5 strahlig. Hülle und Hüllchen fehlend. Kronblätter weiß mit eingebogener Spitze. Früchtchen länglich. Bl. 5—7. — Wiesen, Grasplätze, Wegränder, gemein.

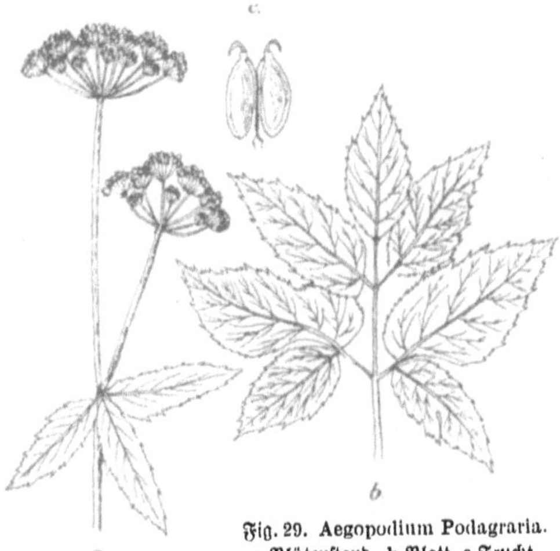

Fig. 29. Aegopodium Podagraria.
a Blütenstand, b Blatt, c Frucht.

Gattung Pimpinella L., Bibernell.

522. P. saxifraga L. Stengel stielrund, gestreift, unterwärts meist weichhaarig. Blätter gefiedert. Blättchen der Grundblätter sitzend, rundlich-eiförmig, stumpf, eingeschnitten, gekerbt-gesägt, die der Stengelblätter fiederspaltig mit lanzettlichen oder linealen Abschnitten. Kelchsaum undeutlich. Kronblätter weiß. Früchtchen eiförmig. Bl. 7—10. — Wiesen, Hügel, trockene Grasplätze, gemein.

Gattung Sium L., Merk.

Kronblätter umgekehrt herzförmig mit eingeschlagenem Endläppchen, weiß. Früchtchen mit 5 fädlichen gleichen Rippen, 2 knotig.

S. angustifolium L. Berle. Stengel stielrund, fein gestreift. Blätter gefiedert, Blättchen ungleich scharf gesägt, am Grunde oft eingeschnitten, die der unteren eiförmig bis länglich, die der oberen lanzettlich. Dolden kurz gestielt, Hülle und Hüllchen vielblättrig, mit lanzettlichen, fiederspaltigen Blättern. Kelchsaum 5 zähnig. Frucht eiförmig. Bl. 7—9. — An sumpfigen, quelligen Stellen, Bach- und Teichrändern häufig.

523. S. latifolium L. Stengel kantig gefurcht. Blätter gefiedert; Blättchen länglich-lanzettlich, öfters 2 spaltig. Kelchsaum 3 zähnig. Frucht eiförmig. Bl. 6—8. — Teiche, Tümpel, Gräben, zerstreut.

Gattung Bupleurum (Tourn.) L., Hasenohr.

Kelchsaum undeutlich. Kronblätter rundlich mit breitem, zurückgeschlagenem Läppchen.

524. B. falcatum L. Blätter nicht durchwachsen, mit starken Längsnerven, obere herzförmig, sitzend, oft sichelförmig gebogen, lanzettlich, an beiden Enden spitz, untere elliptisch oder länglich. Dolden 6—10 strahlig. Blätter der Hülle und Hüllchen lanzettlich, haarspitzig. Krone gelb. Bl. 7 bis 10. — Zerstreut, Kalkberge, Waldränder.

525. B. rotundifolium L. Blätter eiförmig, mittlere und obere durchwachsen und stengelumfassend. Dolden 5- bis 7 strahlig, ohne Hülle. Hüllchenblätter 2—5, rundlich-eiförmig, doppelt so lang als die Döldchen. Krone gelb. Bl. 6—7. — Äcker unter Saat, Raine, zerstreut.

3. Gruppe Seselineae. Frucht im Querschnitt kreisrund.

Gattung Oenanthe L., Rebendolde.

Kelchsaum 5 zähnig. Kronblätter eiförmig mit eingebogener Spitze. Frucht länglich oder kreiselförmig von dem langen Griffel gekrönt. Rippen stumpf, Tälchen 1 striemig.

526. O. fistulosa L. Wurzel büschelig, teilweise knollig verdickt. Stengel und Blattstiele weitröhrig. Blätter lang-gestielt, unter doppelt, obere einfach gefiedert. Früchte kreiselförmig. Krone weiß oder rötlich, strahlend. Bl. 6—7. — Wiesen, Gräben, Sümpfe, Teichränder, nicht überall.

528. O. aquatica Link. Blätter bis 3fach gefiedert. Wurzel spindelförmig mit nicht verdickten Fasern. Früchte länglich, stielrund. Krone weiß. Bl. 6—8. — Stehende Gewässer, häufig.

Gattung Aethusa L., Gleiße.

529. A. cynapium L. Hundspetersilie, Gartenschierling. Stengel stielrund, oft bereift. Blätter kahl, 2—3fach gefiedert. Blättchen oberseits glänzend, länglich, fiederspaltig. Hülle fehlend, Hüllchen 3blätterig. Kelchsaum undeutlich; äußere Kronblätter größer, weiß. Frucht kugelig-eiförmig. Rippen dick, scharf gekielt. Tälchen 1striemig. Bl. 6—10. — Äcker, Gartenland, Hecken, gemein. Wird für giftig gehalten.

Gattung Seseli L., Sesel.

Kelchsaum 5zähnig. Kronblätter verkehrt eiförmig mit zurückgebogenem Endläppchen. Frucht eiförmig oder länglich. Rippen dick, geflügelt oder ungeflügelt, Tälchen 1- bis 3striemig.

530. S. annuum L. Stengel stielrund, gestreift. Blätter 2—3fach gefiedert. Hülle fehlend, Hüllchen vielblätterig. Krone weiß. Bl. 7—10. — Trockene Hügel, Dämme, Raine, zerstreut.

531. S. Libanotis (L.) Koch. Stengel scharfkantig. Blätter blaugrün, untere meist doppelt, obere einfach gefiedert. Hülle und Hüllchen mehrblätterig. Krone weiß. Bl. 7—9. — Felsige, begraste Lehnen und Abhänge, zerstreut.

Gattung Silaus Bess., Silau.

532. S. pratensis Bess. Stengel oberwärts gefurcht. Grundblätter 3fach, Stengelblätter 1—2fach gefiedert mit lanzettlichen, sehr fein stachelig-gesägten Zähnen. Hülle fehlend oder 1—2 blätterig, Hüllchen vielblätterig. Kelchsaum undeutlich. Kronblätter mit eingebogenem Spitzchen, blaßgelb. Frucht rundlich-eiförmig mit gleichen, scharfen, fast geflügelten Rippen. Bl. 6—10. — Fruchtbare, feuchte Wiesen.

Gattung Meum (Tourn.) L., Bärwurz.

533. M. athamanticum Jacqu. Grundachse faserschopfig. Stengel gestreift-kantig, wenigblätterig. Grundblätter 2- bis 3fach gefiedert, Blättchen in viele haarfeine Zipfel geteilt. Hüllchenblätter 5—8. Kronblätter elliptisch, beiderseits spitz, gelblichweiß. Frucht länglich-eiförmig. Bl. 6—7. — Bergwiesen, zerstreut.

4. Gruppe Angeliceae. Frucht am Rücken zusammengedrückt, auf beiden Seiten 2flügelig.

Gattung Selinum L., Silge.

534. S. Carvifolia L. Stengel gefurcht, scharfkantig-geflügelt. Untere Blätter 3fach, obere 2fach gefiedert. Blättchen fiederspaltig mit schmal-lanzettlichen, weiß-stachelspitzigen Zipfeln. Hülle fehlend. Hüllchen vielblätterig. Kronblätter verkehrt eiförmig, weiß. Rippen der Frucht geflügelt, am Rande mit doppelt so breiten Flügeln. Bl. 7—9. — Wiesen, Bachränder, Gebüsche, meist häufig.

Gattung Angelica L., Brustwurz.

535. A. silvestris L. Stengel stielrund, gestreift, oberwärts kantig. Blätter kahl, 2—3fach gefiedert. Blättchen eiförmig bis länglich, gesägt. Hülle fehlend oder 1—3blätterig. Hüllchen vielblätterig. Kelchsaum undeutlich. Kronblätter lanzettlich, zugespitzt, weiß. Randständige Rippen breit geflügelt. Bl. 6—9. — Gräben, Bäche, feuchte Wiesen.

5. Gruppe Peucedaneae. Frucht vom Rücken flach zusammengedrückt. Früchtchen mit geflügeltem Rande.

Gattung Peucedanum L., Haarstrang.

Kelchsaum meist 5zählig, Kronblätter verkehrt eiförmig. Seitenrippen geflügelt, die des Rückens fadenförmig.

536. P. Oreoselinum (L.) Much. Stengel stielrund, gestreift. Grundblätter 3 fach gefiedert. Blättchen eiförmig, eingeschnitten bis fiederspaltig. Krone weiß. Bl. 7—9. — Raine, sonnige Hügel, trockene Wälder und Wiesen, zerstreut.

537. P. palustre (L.) Much. Stengel kantig gefurcht. Hülle und Hüllchen vielblätterig. Krone weiß. Bl. 7—8. — Sumpfige Wiesen, Erlenbrüche, Teichränder, zerstreut.

Gattung Anethum (Tourn.) L., Dill.

538. A. graveolens L. Stengel stielrund, feingestreift. Blätter 2—3 fach gefiedert. Blättchen bereift, mit lineal fadenförmigen Zipfeln. Hülle und Hüllchen meist fehlend. Kelchsaum undeutlich. Kronblätter rundlich, eingerollt, gelb. Seitenrippen der Frucht breitgeflügelt, Rückenrippen scharf gekielt. Bl. 7—9. — Angebaut, zuweilen verwildert.

Gattung Pastinaca (Tourn.) L., Pastinak.

539. P. sativa L. Stengel kantig gefurcht, kurzhaarig. Blätter gefiedert. Blättchen eiförmig bis länglich, gekerbt-gesägt, hellgrün, unterseits kurzhaarig, oberseits glänzend. Kelchsaum undeutlich, Kronblätter sattgelb, rundlich, eingerollt. Frucht mit sehr dünnen Rippen. Bl. 7—10. — Trockene Wiesen, Raine, häufig.

Gattung Heracleum L., Bärenklau.

540. H. Sphondylium L. Stengel kantig gefurcht, nebst den gefiederten Blättern steifhaarig. Blättchen breit eiförmig gelappt oder fiederspaltig. Hülle oft fehlend. Kelchsaum 5 zähnig. Blüten strahlend, äußere Kronblätter größer, tief 2 spaltig, die übrigen verkehrt eiförmig mit eingebogenem Läppchen, weiß. Rippen der Frucht sehr dünn. Bl. 6—9. — Wiesen, Waldränder, gemein.

C. Gruppe Thapsieae. Frucht mit 5 Haupt- und 4 Nebenrippen. Frucht zusammengedrückt. Nebenrippen geflügelt.

Gattung Laserpitium (Rivin.) L., Laserkraut.

Kelchsaum 5zähnig. Kronblätter verkehrt-eiförmig mit eingebogenem Läppchen. Früchte 8flügelig.

541. L. latifolium L. Stengel stielrund. Untere Blätter 3zählig-doppelt-fiederteilig. Blättchen eiförmig, am Grunde herzförmig, ungeteilt. Krone weiß. Bl. 7—8. — Bergwälder, zerstreut.

542. L. prutenicum L. Blätter doppelt-fiederteilig. Blättchen fiederspaltig. Stengel gefurcht. Bl. 7—7. — Wiesen, trockene Wälder, zerstreut.

7. Gruppe Dauceae. Nebenrippen mit Stacheln.

Gattung Daucus (Tourn.) L., Möhre.

543. D. Carota L. Mohrrübe. Stengel und Blätter steifhaarig. Blätter 2—3fach gefiedert. Blättchen mit länglich-lanzettlichen stachelspitzigen Zipfeln. Kelchsaum 5zähnig. Kronblätter weiß, ungleich, äußere größer. Bl. 6—10. — Trockene Wiesen, Brachen, viel gebaut.

8. Gruppe Caucalideae. Eiweiß auf der Fugenseite rinnig bis eingerollt. Früchtchen mit Haupt und Nebenrippen.

Gattung Torilis Adans., Kletterkerbel.

Kelchsaum 5zähnig. Kronblätter verkehrt-eiförmig mit eingebogenem Läppchen. Hauptrippen borstig, Nebenrippen flach.

544. T. Anthriscus (L.) Gmel. Blätter doppelt, obere einfach gefiedert. Hülle und Hüllchen vielblätterig. Krone weiß oder rötlich. Bl. 6—8. — Gebüsche, Hecken, Zäune, gemein.

545. T. infesta Koch. Hülle fehlend oder 1blätterig. Bl. 7—8. — Zerstreut, Äcker, Wegränder.

9. Gruppe Scandiceae. Frucht von der Seite zusammengedrückt, ohne Nebenrippen, meist geschnäbelt.

Gattung Anthriscus Hoffm., Kerbel.

Kelchsaum undeutlich Kronblätter verkehrt-eiförmig mit eingebogenem Läppchen. Rippen nur am Schnabel deutlich.

546. A. silvestris Hoffm. Stengel kantig, unterwärts meist rauhhaarig, oberwärts kahl. Bl. 2—3 fach fiederteilig, glänzend. Früchte meist länger als der Stiel. Griffel länger als das Stempelpolster. Krone weiß. Bl. 4—7. - Zäune, Grasgärten, Hecken, Wälder, Wiesen, gemein.

547. A. nitida Garcke. Stengel tiefgefurcht. Blätter 3 zählig. Früchte kürzer als der Stiel. Bl. 6—8. — Gebirgsschluchten, zerstreut.

548. A. vulgaris Pers. Stengel kahl. Blätter 3 fach fiederteilig, Griffel sehr kurz, fast fehlend. Bl. 5—6. — Wege, Gräben, zerstreut.

Gattung Chaerophyllum L., Kälberkropf.

Früchte ungeschnäbelt. Rippen erst beim Austrocknen der Früchte hervortretend.

549. Ch. temulum L. Stengel am Grunde steifhaarig, oberwärts kurzhaarig. Blätter doppelt fiederteilig. Hüllchen vielblätterig, gewimpert. Krone weiß. Bl. 5—6. — Gebüsche, Laubwälder, Hecken, Zäune, gemein.

550. Ch. bulbosum L. Stengel am Grunde steifborstig, oberwärts kahl. Kronblätter wie bei voriger wimperlos. Hüllchen 4—6 blätterig, kahl. Bl. 6—7. — Gebüsche, Flußufer, zerstreut.

551. Ch. hirsutum L. Stengel meist rauhhaarig. Blätter doppelt 3 zählig. Hüllchen krautig, breit lanzettlich. Kronblätter ringsum gewimpert, weiß oder rötlich. Bl. 6—7. — Feuchte, namentlich quellige Waldplätze, zerstreut.

10. Gruppe Smyrneae. Früchte ungeschnäbelt, Hauptrippen deutlich.

Gattung Conium L., Schierling.

552. C. maculatum L. Pflanze völlig kahl. Stengel rundlich-kantig, zartgerillt, am Grunde rotgefleckt. Blätter 2—3fach gefiedert. Blättchen fiederspaltig, oft mit eingeschnittenen Zipfeln. Hülle und Hüllchen 3—5 blätterig. Kelchsaum undeutlich. Kronblätter mit sehr kurzem eingebogenem Läppchen, weiß. Früchte eiförmig, ungeschnäbelt, mit wellig gekerbten Rippen. — Getrocknet und zerrieben nach Mäusen riechend. Sehr giftig! Bl. 7—8. — In Dörfern an Zäunen, Schutt, auf Gartenland.

Familie Cornaceae D. C., Hartriegelgewächse.

Gattung Cornus (Tourn.) L., Hartriegel.

Kelchsaum sehr kurz. Griffel ungeteilt mit kopfförmiger Narbe. Steinfrucht, meist 2fächerig.

553. C. sanguinea L. Strauch mit aufrechten, im Herbst blutroten Ästen und eiförmigen, zugespitzten, beiderseits grünen und kurzhaarigen Blättern. Krone weiß. Bl. 5—6. — Gebüsche, Hecken, häufig.

554. C. mas L. Kornelkirsche. Äste grün. Blätter fast kahl. Blüten gelb, vor den Blättern erscheinend. Bl. 3—4. — Trockene Hügel, viel in Anlagen angepflanzt.

II. Abteilung. Sympetalae. Blütenhülle doppelt, meist verwachsenblätterig.

Familie Pirolaceae Lind., Wintergrüngewächse.

Kräuter mit spiralig gestellten Blättern. Blüten 4—5 gliederig regelmäßig, zwitterig, obdiplostemon. Staubblätter hypogyn. Fruchtblätter 4—5, synkarp.

Gattung Pirola (Tourn.) L., Wintergrün.

Pflanzen mit immergrünen, glänzenden Laubblättern. Staubbeutelhälften getrennt, am Grunde mit einem Loche aufspringend. Kelch 5teilig. Kronblätter 5. Staubblätter 10. Fruchtknoten ohne unterständige Scheibe.

A. Stengel einblütig.

555. P. uniflora L. Stengel einfach. Blätter grundständig, rundlich, gekerbt-gesägt. Blüten einzeln, groß, nickend, weiß, wohlriechend. Bl. 5—6. — Schattige, moosige, feuchte Nadelwälder, zerstreut.

B. Blüten traubig.

a) Traube allseitswendig.

556. P. rotundifolia L. Stengel am Grunde mit breiten scheidigen Niederblättern. Deckblätter so lang oder länger als die Blütenstiele. Staubblätter aufwärts, Griffel abwärts gekrümmt. Blüten weiß, wohlriechend. Bl. 6—7. — Feuchte, schattige Wälder, zerstreut.

557. P. chlorantha Sw. Niederblätter schmal lineal. Deckblätter kürzer als die Blütenstiele. Krone gelblichgrün. Bl. 6—7. — Trockene Nadelwälder, zerstreut.

558. P. minor L. Griffel nicht gekrümmt, Staubblätter zusammenneigend. Krone klein, weiß oder blaßrosa. Bl. 6—7. Laub- u. Nadelwälder, zerstreut.

Fig. 30.
Pirola secunda.

b) Traube einseitswendig.

559. P. secunda L. Blätter eiförmig, spitz, gesägt. Fruchtknoten am Grunde mit 10 pfriemförmigen Spitzen. Krone klein, glockenförmig, gelblichgrün. Bl. 6—7. — Wälder, zerstreut.

Gattung Chimaphila Pursh, Winterlieb.

560. P. umbellata Nutt. Blätter lanzettlich-keilförmig, scharfgesägt, dick, stark glänzend. Krone rosenrot, glockig-offen. Fruchtknoten von einer Scheibe umgeben. Bl. 6—7. — Trockene, schattige Wälder, zerstreut.

Gattung Monotropa L., Fichtenspargel.

561. M. Hypopitys L. Pflanze blaßgelb, fleischig, nur mit Schuppenblättern. Blüten in endständiger Traube, blaßgelb. Bl. 6—8. — Schattige Wälder, zwischen modernden Blättern und Nadeln.

Familie Ericaceae Lindl., Heidekrautgewächse.

Holzgewächse, Sträucher oder Halbsträucher mit meist immergrünen Blättern, 4—5 gliederigen, zwitterigen, obdiplostemonen Blüten. Kronblätter meist verwachsen. Staubblätter auf einer Scheibe mit freien Staubbeuteln.

Gattung Ledum Rupp., Porst.

562. L. palustre L. Wilder Rosmarin. Strauch mit lineal-lanzettlichen am Rande umgerollten, dicken, lederartigen, oberseits glänzenden, unterseits rostrotfilzigen Blättern. Kelch klein, 5zähnig. Krone weiß oder rosa, aus 5 freien Blättern bestehend. Frucht eine 5klappige Kapsel. Bl. 5—6. — Sumpfige, torfige Orte, selten.

Gattung Vaccinium L., Heidelbeere.

Krone glockenförmig-krugförmig, 4—5 zählig, Staubblätter 8—10. Frucht eine Beere.

563. V. Myrtillus L. Blaubeere, Heidelbeere. Blätter abfallend, krautig, kleingesägt, beiderseits grün. Äste scharfkantig. Krone hellgrün-rötlich. Bl. 5—6. — Wälder, Heiden, häufig.

564. V. uliginosum L. Rauschbeere. Pflanze größer. Blätter unterseits bläulichgrün. Äste stielrund. Krone weißrötlich. Bl. 5—6. — Torfsümpfe, moorige Heidegegenden, stellenweise.

565. V. Vitis idaea L. Preißelbeere. Blätter immergrün. Blumenkrone glockig, weiß oder rötlich. Bl. 5—6 und 7—8. — Wälder, Heiden, oft massenhaft, stellenweise fehlend.

566. V. Oxycoccus Moorbeere. Blätter immergrün, klein, eiförmig-länglich. Kronblätter tief 4teilig, Zipfel schmal, zurückgeschlagen, rot. — Moore, gern auf Moosen kriechend.

Gattung Andromeda L., Gränke.

567. A. poliifolia L. Wilder Rosmarin. Blätter schmal lanzettlich, am Rande zurückgerollt, oberseits glänzend, unterseits bläulichgrün bis fast weiß. Krone eiförmig-glockig, weiß oder rötlich. Kapsel oberständig. Bl. 5—6. — Torfsümpfe, moorige Stellen.

Fig. 31. Andromeda poliifolia.

Gattung Calluna Salisb., Heide.

568. C. vulgaris (L.) Salisb. Heidekraut. Blätter 4reihig dachziegelig, lineal. Blüten in etwas einseitswendigen Trauben. Krone glockenförmig tief 4spaltig, kürzer als der gefärbte Kelch, blaßrosenrot, selten weiß. Kleiner, sehr ästiger Strauch. Bl. 7—9. — Trockene Hügel, Heiden, gemein.

Gattung Erica (Tourn.) L., Glockenheide.

569. E. tetralix L. Blätter zu 3—4, quirlig, lineal, am Rande umgerollt, steifhaarig-wimperig. Blüten zu 5—12 in endständiger Dolde. Krone 4zähnig, länger als der Kelch, fleischfarben, selten weiß. Bl. 7—8. — Torfige Heiden, im Norden und Nordwesten des Gebietes.

Familie Primulaceae, Primelgewächse.

Kräuter mit spiralig gestellten Blättern ohne Nebenblätter, mit meist regelmäßigen 5gliedrigen Zwitterblüten, nur einem Kreis Staubblätter (Kronstamina). Fruchtknoten meist oberständig.

Gattung Lysimachia L., Felberich.

Blüten meist 5zählig; Krone radförmig oder vertieft; Staubblätter des äußeren Kreises oft rudimentär als Nebenkrone entwickelt. Kapsel 5klappig. Krone gelb.

Fig. 32.
Lysimachia nummularia.

570. L. thyrsiflora L. Grundachse kriechend, mit Ausläufern, Stengel einfach, aufrecht, stielrund. Blätter gegenständig oder zu 3—4, quirlig. Blüten klein, in dichten blattwinkelständigen Trauben, meist 6—7zählig. Bl. 6—7. — Sümpfe, sumpfige Ufer, nicht überall.

571. L. vulgaris L. Gilbweiderich. Stengel aufrecht, schwachkantig. Blüten zu 1—4, achselständig, 5zählig. Staubblätter den Fruchtknoten verdeckend. Bl. 6—9. — Gräben, Sümpfe, gemein.

572. L. nummularia L. Pfennigkraut. Stengel niederliegend, wurzelnd. Staubblätter den Fruchtknoten nicht bedeckend. Bl. 6—8. — Gräben, feuchte Wiesen, häufig.

Gattung Anagallis (Tourn.) L., Gauchheil.

Blüten 5zähnig mit radförmiger, sehr kurzröhriger, bald abfallender Krone.

573. A. arvensis L. Stengel ausgebreitet, ästig, 4kantig, kahl. Blätter gegenständig, sitzend, eiförmig, ganzrandig. Blüten einzeln, achselständig, gestielt. Krone mennigrot. Bl. 6—10. — Brachäcker, häufig.

574. A. coerulea Schreb. Blumenkrone blau. — Auf Kalkboden, seltener als vorige.

Gattung Primula L., Himmelschlüssel, Schlüsselblume.

Kelch röhrenförmig 5zähnig oder 5spaltig. Krone stieltellerförmig mit langer zylindrischer oben erweiterter Röhre.

Fig. 33. Anagallis arvensis.

575. P. elatior Jacqu. Blätter eiförmig, unterseits kurzhaarig. Kelch trichterförmig mit langen breit-lanzettlichen zugespitzten Zähnen. Kronsaum flach, schwefelgelb. Geruchlos. Bl. 3—4. — Wiesen, feuchte Wälder, häufig.

576. P. officinalis Jacqu. Blätter unterseits sammetfilzig. Kelch bauchig aufgeblasen, mit kurzen, breit-eiförmigen, stumpfen Zähnen. Kronsaum glockig vertieft, hochgelb. Blüten wohlriechend. Bl. 4—5. — Wälder, Wiesen, häufig.

Gattung Hottonia Boerh., Wasserfeder.

577. H. palustris L. Blätter kammförmig-fiederspaltig, untergetaucht. Blüten gestielt, quirlig an endständiger Traube, 2häusig-vielehig, weiß oder blaßrosa. Kelch 5teilig. Krone stieltellerförmig. Bl. 5—6. — Gräben, Sümpfe, zerstreut.

Familie Oleaceae Lindl., Ölbaumgewächse.

Holzgewächse mit gegenständigen oder quirligen Blättern und regelmäßigen Blüten; Krone zuweilen fehlend. Staubblätter meist 2. Fruchtblätter 2 mit 2 Samenanlagen.

Fig. 34. Ligustrum vulgare.

Gattung Ligustrum (Tourn.) L., Rainweide.

578. L. vulgare L. Liguster, Rainweide, Hartriegel. Strauch mit elliptischen, spitzen, ganzrandigen, derben, kahlen Blättern. Blüten in gedrängter endständiger Rispe. Kelch abfallend, Krone weiß mit verlängerter Röhre. Beere schwarz. Bl. 6—7. — Wälder, Gebüsche, oft angepflanzt.

Gattung Fraxinus (Tourn.) L., Esche.

579. F. excelsior L. Esche. Baum mit dicken Zweigen und schwarzbehaarten Knospenschuppen. Blätter unpaarig gefiedert, Blättchen länglich-lanzettlich, spitz, gesägt. Blüten ohne Kelch und Krone, vor den Blättern erscheinend. Bl. 4—5. — Wälder, viel angepflanzt.

Auch der in Anlagen viel angepflanzte Flieder (Syringa) gehört in diese Familie.

Familie Gentianaceae Juss., Enziangewächse.

Kräuter mit gegenständigen Blättern ohne Nebenblätter. Blüten meist 4—5gliederig, zwitterig, regelmäßig. Kronblätter verwachsen, in der Knospe meist gedreht. Fruchtblätter meist 2, synkarp, vielsamig.

Gattung Menyanthes (Tourn.) L., Bitterklee, Fieberklee.

580. M. trifoliata L. Grundachse kriechend, gegliedert. Blätter grundständig, langgestielt, 3zählig mit verkehrt-eiförmigen Blättchen. Blüten in endständiger Traube. Krone trichterförmig, weißlich-rosa, etwas fleischig mit innen bärtigen Zipfeln. Bl. 5—6. — Sümpfe, Brüche, Gräben.

Gattung Gentiana (Tourn.) L., Enzian.

Kelch röhren- oder glockenförmig, Krone mit meist 5spaltigem Saume und oft noch Zähnen in den Buchten, meist glockenförmig. Staubblätter 4—5.

A. Schlund der Krone bärtig.

581. G. baltica Murb. Stengel aufrecht mit wenigen eiförmig-großen Grundblättern. Kelch bis fast zum Grunde 4teilig. Krone violett. Bl. 8—10. — Sandige Weiden, Hügel.

582. G. uliginosa Willd. Kelch und Krone 5spaltig. Kelchzipfel ungleich. Krone klein, röhrig-zylindrisch, schmutzig-violett. Kapsel sitzend. Bl. 8—10. — Feuchte Weiden, zerstreut.

583. G. germanica Willd. Stengel unten einfach, oberwärts mit kurzen Ästen. Blütenstand traubig. Stengelblätter eiförmig-3eckig. Krone groß, violett. Kapsel gestielt. Bl. 8—10. — Wiesen, Hügel, zerstreut.

B. Schlund der Krone kahl.

a) Blüten in den Blattwinkeln quirlig gehäuft.

584. G. lutea L. Gelber Enzian. Pflanze groß, bis meterhoch, mit aufrechtem Stengel und elliptischen Blättern.

Blüten gelb. Bl. 7—8. — Selten, und nur noch in den süddeutschen Gebirgen.

585. G. cruciata L. Pflanze kleiner, mit lanzettlichen 3nervigen Blättern. Kerne blau. Bl. 6—8. — Trockene Wiesen und Hügel, stellenweise.

b) Blüten einzeln in den Blattwinkeln oder zu 1—2 endständig.

Fig. 35. Gentiana Pneumonanthe.

586. G. Pneumonanthe L. Blätter lineal-lanzettlich, stumpf, 1nervig. Krone keulig-glockig, blau. Pflanze ohne grundständige Blattrosette. Bl. 7—10. — Feuchte Wiesen, zerstreut.

587. G. verna L. Untere Blätter rosettig, elliptisch oder lanzettlich, spitz. Krone himmelblau mit flach ausgebreitetem Saume und walziger Röhre. Stengel einblütig. Bl. 4—5. — Wiesen im Gebirge, selten in der Ebene.

Gattung Erythraea Rich., Tausendgüldenkraut.

Kelch röhrig, 5kantig. Krone trichterförmig, im Schlunde zusammengeschnürt, mit 5spaltigem, zuletzt über der Kapsel zusammengedrehtem Saume.

588. E. centaureum Pers. Gemeines Tausendgüldenkraut. Stengel 4kantig, meist nur im Blütenstand verzweigt. Untere Blätter rosettig. Stengelblätter oval-länglich, meist 5nervig. Blüten in endständigen, gleichhoch bleibenden Trugdolden, fleischrot. Bl. 7—9. — Trockene Wiesen, Raine.

589. E. pulchella Fries. Stengel sehr ästig, ohne grundständige Blattrosette. Blüten fleischrot. Bl. 7—9. — Wegränder, Äcker, feuchte Wiesen, zerstreut.

Familie Apocynaceae R. Br., Hundsgiftgewächse.

Gattung Vinca L., Immergrün.

590. V. minor L. Stengel kriechend, mit aufrechten Ästen. Blätter gegenständig, elliptisch, ganzrandig, glänzend. immergrün. Blüten einzeln, achselständig. Kelchzipfel lanzettlich. Krone stieltellerförmig, mit 5 kantigem Schlunde und 5 teiligem Saume, groß, blaßblau. Bl. 4—5. — Wälder, Felsen, Gebüsche, meist angepflanzt.

Fig. 36. Vinca minor.

Familie Asclepiadaceae R. Br., Seidenpflanzengewächse.

Gattung Vincetoxicum Moench, Schwalbenwurz.

591. V. officinale Moench. Grundachse kriechend, knotig, Stengel aufrecht, gelegentlich windend, oberwärts einreihig behaart. Blätter gegenständig, kurz gestielt, ganzrandig, herzeiförmig, zugespitzt. Blüten in blattwinkelständigen Trugdolden. Krone weiß, radförmig, 5 teilig. Staubblätter napfförmig. Bl. 6—8. — Felsen, buschige Hügel, Wälder, zerstreut.

Familie Convolvulaceae Vent., Windengewächse.

Kräuter mit dünnem, meist linkswindendem Stengel. Blüten 4—5 gliederig, meist regelmäßig, zwitterig. Fruchtblätter meist 2.

Gattung Convolvulus L., Winde.

Krone glockig-trichterförmig. Griffel 1 mit 2 lappiger Narbe.

592. C. sepium L. Zaunwinde. Blätter 3 eckig-eiförmig,

am Grunde pfeilförmig. Blüten weiß, sehr groß. Bl. 7—9. — Feuchte Gebüsche, Flußufer, Zäune.

593. C. arvensis L. Blätter länglich-eiförmig bis lanzettlich, am Grunde spieß- oder pfeilförmig. Krone kaum halb so groß, rötlichweiß. Bl. 6—10. — Äcker, Wegränder, Grasplätze, gemein.

Fig. 37. Convolvulus arvensis.

Gattung Cuscuta (Tourn.) L., Seide, Teufelszwirn.

Pflanzen ohne grüne Laubblätter. Stengel dünn, fadenförmig, rötlich. Krone glockenförmig. Griffel 2.

594. C. europaea L. Stengel ästig. Krone rötlich, länger als der Kelch, mit aufrechten, der Röhre angedrückten Schuppen. Staubblätter nicht aus der Röhre herausragend. Bl. 6—9. — Schmarotzt auf Weiden, Pappeln, Brennesseln, Hopfen, Hanf und anderen Pflanzen.

595. C. epithymum L. Stengel sehr dünn, fadenförmig. Krone kleiner, durch die großen zusammenneigenden Schuppen geschlossen, weißlich oder rötlich. Staubblätter aus der Kronröhre herausragend. Bl. 7—9. — Schmarotzt auf Klee (Kleeseide), Heidekraut, Ginster und verschiedenen niederen Pflanzen.

Familie Borraginaceae Desv., Borretschgewächse.

Pflanzen rauhhaarig. Blüten 5gliederig, zwitterig, regelmäßig. Fruchtblätter 2 mit je 2 Samenanlagen. Fruchtknoten 2fächerig oder - 4lappig mit einem zwischen den Fächern stehenden Griffel. Fruchtstein fruchtartig oder in 4 Klausen zerfallend.

Gattung Asperugo (Tourn.) L., Sonnenwende.

596. A. procumbens L. Scharfkraut. Stengel schlaff, niederliegend mit rückwärts-stachligen Kanten. Blätter länglich, fast stachlig-borstig. Kelch ungleich 5spaltig, nach der Blüte sehr vergrößert, 2klappig-zusammengedrückt Blumenkrone fast trichterförmig, violettblau, klein. Bl. 5—6. — Mauern, Schutt, Wegränder.

Fig. 38. Cuscuta europaea.

Gattung Lappula Rupp. Moench, Igelsame.

597. L. Myosotis L. Stengel steif, oberwärts ästig, nebst den länglich lanzettlichen Blättern graugrün angedrückt-steifhaarig. Blüten klein, blau in lockern, vielblütigen Wickeln. Krone stieltellerförmig mit kurzer Röhre. Nüßchen 3kantig, außen wiederhackig-stachelig. Bl. 6—9. — Mauern, Steinhaufen.

Gattung Anchusa L., Ochsenzunge.

Krone trichter- oder stieltellerförmig mit 5spaltigem zuweilen unregelmäßigem Saume und durch behaarte Hohlschuppen verschlossener Röhre.

598. A. officinalis L. Pflanze steifhaarig, Haare auf Knötchen stehend. Blätter ganzrandig länglich bis lineal lanzettlich, obere sitzend. Krone mittelgroß mit gerader Röhre rot, violett bis blau. Bl. 5—9. — Dämme, Wegränder häufig.

599. A. arvensis (L.) M. B. Blätter ausgeschweift gezähnelt.

Krone klein mit knieförmig gebogener weißer Röhre, hellblau. Bl. 6—9. — Äcker, verbreitet.

Gattung Symphytum (Tourn.) L., Beinwell.

600. S. officinale L. Schwarzwurz. Wurzel spindelig, außen schwarz. Stengel ästig. Blätter lang herablaufend, untere groß, eiförmig-lanzettlich, obere länglich-lanzettlich, lang zugespitzt. Krone röhrig-glockig, am Grunde des 5 zähnigen Saumes mit spitzen, lanzettlichen, drüsig-gezähnten, zusammenneigenden Hohlschuppen. Blüten schmutzig-violettrot. Bl. 5—7. — Wiesen, Grabenränder verbreitet.

Gattung Pulmonaria (Tourn.) L., Lungenkraut.

Kelch zur Fruchtreife aufgeblasen. Krone trichterförmig mit offenem aber mit 5 Haarbüscheln versehenem Schlunde.

Fig. 39. Pulmonaria officinalis.

601. P. angustifolia L. Grundblätter lanzettlich bis länglich lanzettlich, allmählich in den breitgeflügelten Blattstiel übergehend. Krone himmelblau. Bl. 4—5. — Laubwälder, zerstreut.

602. P. officinalis L. Grundblätter herz-eiförmig mit schmal geflügeltem Blattstiel. Krone erst rot, später violettblau. Bl. 3—5. — Laubwälder, Gebüsche, verbreitet.

Gattung Echium (Tourn.) L., Natterkopf.

603. E. vulgare L. Borstig-steifhaarig. Stengelblätter schmal lanzettlich mit abgerundetem Grunde sitzend. Röhre der Krone kürzer als der Kelch,

Saum blau, ungleich 5lappig, Schlund kahl, offen. Bl. 5—9. — Wegränder, Dämme, verbreitet.

Gattung Lithospermum (Tourn.) L., Steinsame.

604. L. arvense L. Bauernschminke. Stengel meist einfach oder nur oberwärts ästig, entfernt beblättert mit den länglich lanzettlichen Blättern kurzhaarig, rauh. Krone röhrig-trichterförmig, weiß, selten himmelblau, offen, ohne Hohlschuppen, aber mit 5 behaarten Längsleisten im Schlunde. Bl. 4—6. — Äcker, Wegränder, häufig.

Gattung Myosotis (Dill.) L., Vergißmeinnicht.

Krone stieltellerförmig mit kurzer Röhre. Schlund durch 5 kahle, meist undeutlich 2lappige Hohlschuppen geschlossen.

I. Kelch angedrückt behaart, zur Fruchtzeit offen.

605. M. palustris (L.) With. Stengel durch die ganz herablaufenden Blätter kantig, glanzlos. Kelch höchstens so lang als die Kronröhre, Griffel so lang als der Kelch. Krone hellblau, Hohlschuppen gelb. Bl. 5—9. — Feuchte Wiesen, Bachränder, Ufer, häufig.

606. M. caespitosa Schultz. Blätter wenig herablaufend, Stengel stielrund, glänzend. Kelch länger als die Kronröhre. Griffel winzig. Krone himmelblau, Hohlschuppen gelb. Bl. 5—10. — Wie vorige, doch seltener.

Fig. 40. Myosotis palustris.

II. Kelch mit abstehenden hakig gekrümmten Haaren.

a) **Fruchtstiel kürzer als der Kelch.**

607. M. arenaria Schrad. Kronröhre kürzer als der Kelch, klein, blau. Bl. 4—6. — Sandige Äcker, gemein.

608. M. versicolor Smith. Kronröhre bis doppelt so lang als der Kelch. Blüten klein, erst gelb, später blau. Bl. 5—6. — Wie vorige, doch seltener.

b) **Fruchtstiel so lang oder länger als der Kelch.**

609. M. hispida Schldl. Saum der Krone flach. Fruchtstiele ungefähr so lang als der Kelch. Krone hellblau. Bl. 5—6. — Sonnige Abhänge, Wegeränder, Dämme, Waldblößen, gemein.

610. M. intermedia Lk. Saum der Krone vertieft. Fruchtstiel doppelt so lang als der Kelch. Krone dunkelblau. Bl. 6—8. — Wälder, buschige Dämme, Äcker, gemein.

Familie Verbenaceae Juss., Eisenhartgewächse.

Gattung Verbena (Tourn.) L., Eisenhart.

611. V. officinalis L. Blätter gegenständig, mittlere 3spaltig, obere eingeschnitten gegerbt. Blüten klein in vielblütigen, fadenförmigen Ähren. Krone blaßblau, violett, stieltellerförmig, zygomorph mit schiefem, fast 2lippigem Saum. Staubblätter 4, 2 längere und 2 kürzere. Fruchtknoten in 2 Teilfrüchte zerfallend. Bl. 6—8. — Wegeränder, Dorfstraßen, häufig.

Familie Labiatae Juss., Lippenblütler.

Blätter gegenständig oder quirlig, Stengel 4kantig. Blüten zwitterig, zygomorph. Krone 2lippig. Staubblätter meist 4, 2 längere und 2 kürzere. Fruchtknoten 4samig, 4 Klausen bildend.

Gattung Mentha (Tourn.) L., Minze.

Blüten vielehig-zweihäusig. Krone trichterförmig, fast gleichmäßig 4spaltig. Staubblätter 4, oberwärts auseinander tretend, Staubbeutelhälften getrennt.

612. M. aquatica L. Wasserminze. Blätter gestielt, eiförmig, gesägt. Kelch röhrig-trichterförmig, stark gefurcht, Kelchzähne pfriemlich, starr. Krone rötlichlila. Bl. 7—8. — Ufer, Sümpfe, gemein.

613. M. arvensis L. Kelch glockig, schwach gefurcht, Zähne rundlich bis spitz, lanzettlich, so lang als breit. Krone lila. Bl. 7—10. — Ufer, Gräben, feuchte Äcker, gemein.

614. M. pulegium L. Blätter ziemlich klein, eiförmig, stumpf, schwach gezähnt. Kelch röhrig — 2lippig am Schlunde mit Haarkranz, die 3 oberen Zähne zurückgekrümmt. Krone rötlichlila. Bl. 7—9. — Trockene Wiesen und Triften, Ufer, zerstreut.

Gattung Lycopus (Tourn.) L., Wolfstrapp.

615. L. europaeus L. Stengel ästig. Blätter länglich-lanzettlich, eingeschnitten-gesägt. Krone trichterförmig, gleichmäßig 4spaltig, weiß, rot punktiert. Nur 2 Staubblätter. Bl. 7—9. — Gräben, Ufer, Sümpfe, verbreitet.

Gattung Salvia L., Salbei.

Kelch 2lippig. Oberlippe der Krone helmförmig. Staubblätter 2, kurz, oft nur mit einer fruchtbaren Hälfte.

616. S. glutinosa L. Stengel oberwärts nebst Deckblättern und Kelchen drüsig-zottig, klebrig. Blätter herz-spießförmig. Kronröhre ohne Haarkranz. Oberlippe des Kelches kaum gezähnt. Krone schwefelgelb, braun punktiert. Bl. 6—8. — Zerstreut, Bergabhänge, lichte Wälder.

617. S. pratensis L. Blätter eiförmig bis länglich. Oberlippe des Kelches 3zähnig. Kronröhre ohne Haarkranz.

Blüten dunkelblau. Bl. 5—7. — Trockene Wiesen, Dämme, Wegränder, verbreitet.

618. S. verticillata L. Blätter fast 3eckig-herzförmig. Blütenquirle reichblütig. Krone klein, violett, Röhre innen mit Haarkranz. Bl. 7—8. — Hügel, Raine, Wegränder, zerstreut.

Gattung Origanum (Tourn.) L., Dost.

619. O. vulgare. Blätter eiförmig, spitz, fast kahl. Kelch 5zähnig. Krone weiß, oder schmutzig purpurrot, 2lippig. Staubblätter 4. Staubbeutelhälften oben getrennt. Bl. 7 bis 9. — Buschige, steinige Hügel, Waldränder, zerstreut. O. Majorana, Meiran, mit ungezähntem Kelch wird vielfach als Küchenkraut angebaut.

Gattung Thymus (Tourn.) L., Quendel.

620. Th. serpyllum L. Stengel niederliegend oder aufstrebend. Blätter rundlich elliptisch bis lineal, flach. Oberlippe der Blumenkrone ausgerandet, eiförmig, fast viereckig. Kelch glockenförmig; 2lippig; Oberlippe 3zähnig. Krone hellpurpurn, seltener weiß. Bl. 6—10. — Trockene, sonnige Hügel, Triften, lichte, trockene Wälder, gemein. — Sehr formenreich.

Gattung Calamintha Rivin.

Kelch zylindrisch, 13nervig, 2lippig. Oberlippe 3zähnig. Unterlippe 2spaltig. Krone mit flacher, ausgerandeter Oberlippe und gleichmäßig 3spaltiger Unterlippe.

621. C. Acinos (L.) Clairv. Blätter eiförmig bis länglich, rautenförmig, gleichfarbig. Blütenquirle sitzend. Kelch unter den Zähnen eingeschnürt, Schlund durch einen Haarkranz geschlossen. Krone lila, selten weiß. Bl. 6—9. — Sonnige, steinige Hügel, Felsen, trockene Brachen.

622. C. Clinopodium. Blätter unterseits blasser. Halbquirle kurz gestielt. Kelch gekrümmt, nicht verengt, mit kahlem

Schlund. Krone purpurn. Bl. 7—9. — Buschige Hügel, Wälder, häufig.

Gattung Nepeta N., Katzenminze.

623. N. Cataria L. Stengel grau, weichhaarig. Blätter gestielt, herz-eiförmig, fast 3 eckig, spitz, grobgesägt, unterseits graufilzig. Kelch fast gleichmäßig 5 zähnig. Krone 2 lippig, Oberlippe flach, 2 spaltig, Unterlippe abstehend mit rundlichem, vertieftem Mittellappen. Obere Staubblätter länger. Krone gelblichweiß, rot punktiert. Bl. 6—8. — Zäune, Schutt, häufig.

Gattung Glechoma L., Gundermann.

624. G. hederaceum L. Stengel niederliegend, wurzelnd. Blätter gestielt, nierenförmig, grobgekerbt, obere fast herzförmig; Blumenkrone meist 3 mal länger als der Kelch, blauviolett; Mittelzipfel der Unterlippe flach. Bl. 4—5. — Triften, Grasplätze, Wegränder, Äcker, gemein.

Gattung Lamium (Tourn.) L., Taubnessel, Bienensaug.

Kelch glockenförmig, 5 zähnig. Oberlippe der Blumenkrone helmförmig, Unterlippe abstehend, Seitenabschnitte 2 kurze, pfriemförmige Zähne bildend.

625. L. amplexicaule L. Untere Blätter rundlich-herzförmig, gestielt, gekerbt, obere größer, nierenförmig halbstengelumfassend. Krone klein, purpurn, mit gerader Röhre. Bl. 4—10. — Äcker, Gartenland, gemein.

626. L. purpureum L. Sämtliche Blätter gestielt. Krone hellpurpurn, klein, Röhre schwach gekrümmt, innen mit einer Haarleiste. Bl. 3—10. — Zäune, Äcker, Gärten, gemein.

627. L. maculatum L. Blätter sämtlich gestielt. Krone groß, purpurn, Röhre über dem Grunde deutlich gekrümmt. Bl. 4—6. — Gräben, Hecken, schattige Stellen, häufig.

628. L. album L. Der vorigen ähnlich, aber mit großen, weißen Blüten. Bl. 4—10. — Straßenränder, Zäune, Hecken, gemein.

Fig. 41.
Lamium album.

Gattung Galeobdolon Huds., Goldnessel.

629. G. luteum Huds. Stengel mit kriechenden Ausläufern. Blätter rundlich-eiförmig, gestielt, grobgekerbt, oft weißgefleckt. Blüten groß, goldgelb, Unterlippe 3spaltig. Bl. 4—6. — Laubwälder, Gebüsche, verbreitet.

Gattung Galeopsis L., Hohlzahn.

Kelch röhrenförmig mit 5 stechenden Zähnen. Oberlippe der Krone helmförmig, Unterlippe 3spaltig mit größerem Mittelgipfel und 2 hohlen Zähnen am Grunde.

I. Stengel unter den Gelenken nicht verdickt.

630. G. Ladanum L. Blätter lanzettlich bis länglich-lanzettlich. Oberlippe schwach gezähnelt. Krone purpurrot. Bl. 7—10. — Äcker, Brachen, verbreitet.

II. Stengel unter den Gelenken verdickt.

1. Stengel kahl, nur unter den Gelenken steifhaarig.

631. G. Tetrahit L. Blätter länglich-eiförmig, zugespitzt, Kronröhre höchstens so lang als der Kelch. Mittelgipfel der Unterlippe fast flach, viereckig, gezähnelt. Krone rot oder weißlich, am Grunde gelbrot gefleckt. Bl. 7—10. — Äcker, Gebüsche, Zäune, häufig.

632. G. bifida Bönningh. Der vorigen sehr ähnlich, doch mit länglichem, deutlich ausgerandetem Mittelabschnitt der Unterlippe. Krone klein, fleischrot, Mittelgipfel violettbraun, weißlich gerandet. Bl. 7—8. — Äcker, Gebüsche.

633. G. speciosa Mill. Kronröhre doppelt so lang als der Kelch. Blüten groß, hellgelb mit violettem Mittelabschnitt. Bl. 7—9. — Äcker, Zäune, feuchte Waldstellen.

2. Stengel weichhaarig, unter den Gelenken steifhaarig.

634. G. pubescens Bess. Kronröhre viel länger als der Kelch. Krone meist purpurn, am Grunde gelb. Bl. 7—10. — Wegränder, Hecken, Gebüsche, häufig.

Gattung Stachys (Tourn.) L., Ziest.

Kelch glockig-röhrenförmig. Röhre der Blumenkrone innen mit Haarring. Oberlippe meist haarförmig. Die 2 unteren längeren Staubblätter nach dem Verstäuben auswärts gedreht.

635. St. germanica. Stengel dichtwollig-zottig. Blätter herz-eiförmig, wollig-filzig. Quirle reichblütig. Deckblätter fast so lang als der Kelch. Krone hellpurpurn. Bl. 7—10. — Zerstreut, Zäune, wüste Plätze, sonnige Hügel.

636. St. silvatica L. Unterirdische Ausläufer nicht verdickt. Stengel rauhhaarig, wie die herz-eiförmigen Blätter. Quirle wie bei den folgenden wenigblütig (2—5). Deckblätter meist sehr klein. Krone rot. Bl. 6—9. — Gebüsche, Wälder.

637. St. palustris L. Ausläufer im Herbst am Ende

keulig verdickt. Blätter länglich bis lanzettlich, obere halbstengelumfassend. Kronröhre über der Einschnürung erweitert. Krone purpurn. Bl. 7—9. — Feuchte Äcker, Ufer, häufig.

638. St. arvensis L. Stengel niederliegend-aufsteigend. Blätter gestielt, herz-eiförmig, stumpf. Krone blaßrötlich. Bl. 7—10. — Feuchte Äcker und Brachen.

Gattung Betonica (Tourn.) L., Betonie.

639. B. officinalis L. Stengel einfach, kurzhaarig, am Grunde beblättert, sonst nur mit 1—2 Blattpaaren. Blätter herzförmig-länglich, gekerbt. Kelch rauhhaarig. Kronröhre innen ohne Haarring. Staubblätter nach dem Verblühen nicht nach außen gebogen. Krone purpurn. Bl. 6—9. — Lichte Wälder, buschige Hügel, verbreitet.

Gattung Ballota L., Gottesvergeß.

640. B. nigra L. Pflanze kurzhaarig. Blätter gestielt, eiförmig, grob kerbig-gesägt. Kelch trichterförmig mit 3eckig lanzettlichen, allmählich in lange Grannen zugespitzten Zähnen. Krone schmutzigrosa, Röhre innen mit Haarring. Staubblätter nach dem Verstäuben nicht nach außen gedreht. Bl. 7—10. — Wegränder, Mauern, Zäune, Dorfstraßen, gemein.

Gattung Leonurus L., Herzgespann.

641. L. cardiaca L. Untere Blätter meist handförmig, 5—7spaltig, obere 3spaltig mit eingeschnittenen Abschnitten. Kelch kreiselförmig, 5zähnig, die 2 unteren Zähne zurückgeschlagen. Krone rosa, zottig, weit aus dem Kelche vorragend, Oberlippe etwas vertieft. Staubblätter weit aus der Krone vorragend, die längeren nach dem Verstäuben nach außen gedreht. Bl. 7—10. — Zäune, Hecken, Mauern, häufig.

Gattung Scutellaria L., Helmkraut.

Kelch kurz, glockenförmig, 2lippig, bei der Fruchtreife geschlossen, Lippen ungeteilt, obere auf dem Rücken mit einer vertieften Schuppe. Oberlippe der Krone 3spaltig, Unterlippe ungeteilt.

642. S. galericulata L. Blätter am Grunde herzförmig oder gestutzt, entfernt gekerbt-gesägt. Kelch kahl oder weichhaarig. Krone blauviolett. Bl. 6—9. — Feuchte Wiesen, Ufer, nicht selten.

643. S. hastifolia L. Blätter am Grunde spießförmig, ganzrandig. Kelch drüsig-kurzhaarig. Krone blauviolett. Bl. 7—8. — Wiesen, Gebüsche, seltener als vorige.

Gattung Brunella (Tourn.) L., Braunelle.

644. B. vulgaris L. Kurzhaarig. Blätter gestielt, eiförmig bis länglich, ungeteilt, ganzrandig. Kelch röhrig-glockenförmig, 2lippig, bei der Fruchtreife geschlossen; Oberlippe 3zähnig, Unterlippe 2spaltig. Krone violett mit ungeteilter, kielloser Oberlippe und 3spaltiger Unterlippe. Röhre innen mit Haarring. Bl. 5—10. — Trockene Wiesen, begraste Hänge, häufig.

Gattung Ajuga L., Günsel.

Kelch 5zähnig. Krone welkend, bleibend. Röhre mit Haarring. Oberlippe sehr kurz, 2lappig, Unterlippe 3spaltig.

645. A. reptans L. Kuckucksblume. Stengel am Grunde mit beblätterten Ausläufern, 2reihig behaart. Grundblätter groß. Hochblätter ungeteilt, stumpf. Krone blau. Bl. 4—6. — Wiesen, Gebüsche, häufig.

646. A. genevensis L. Stengel ohne Ausläufer, zottig. Mittlere Hochblätter 3lappig, mit spitzen Lappen. Krone himmelblau. Bl. 5—6. — Wiesen, Dämme, Waldränder.

Gattung Teucrium L., Gamander.

647. T. scordium L. Blätter sitzend, länglich-lanzettlich, grobgesägt, weichhaarig. Quirle meist 4blütig. Krone hellpurpurn, abfallend; Röhre kurz ohne Haarring. Oberlippe tief 2spaltig. Bl. 7—9. — Feuchte, sumpfige Wiesen, Ufer, zerstreut. Nach Knoblauch riechend.

Familie Solanaceae Juss., Nachtschattengewächse.

Kräuter oder Sträucher mit spiralig gestellten Blättern. Blüten meist regelmäßig 5gliedrig. Fruchtblätter 2, synkarp mit 1—vielen Samen. Frucht Beere oder Kapsel.

Gattung Solanum L., Nachtschatten.

Kelch 5teilig oder 5spaltig. Krone radförmig mit gefaltetem 5spaltigem Saume. Staubbeutel zusammenneigend, an der Spitze der Fächer mit einem Loche aufspringend.

I. Blätter meist ungeteilt.

648. S. nigrum L. Schwarzer Nachtschatten. Pflanze krautig, zerstreut behaart oder fast kahl. Stengel ästig mit kantigen Zweigen. Blätter eiförmig bis fast 3eckig, buchtig

Fig. 42.
Solanum dulcamara.

gezähnt. Blüten ziemlich klein, weiß. Bl. 6—10. — Schuttplätze, Gartenland, Äcker, gemein. — Giftig.

649. S. dulcamara L. Bittersüß. Pflanze halbstrauchig, mit kletterndem Stengel. Blätter am Grunde herzförmig bis spießförmig. Krone violett. Bl. 6—8. — Feuchte Gebüsche, Ufer.

II. Blätter unterbrochen gefiedert.

650. S. tuberosum L. Kartoffel. Grundachse mit knollentragenden Ausläufern. Krone groß, weiß oder blaßviolett. Bl. 6—8. — Aus Südamerika (Anden), überall gebaut.

Gattung Atropa L., Tollkirsche.

651. A. Belladonna L. Stengel ästig. Blätter eiförmig in den Stiel herablaufend, zu 2 zusammenstehend, von dem das eine kleiner ist. Kelch 5teilig, nach der Blüte vergrößert. Krone röhrig-glockig, 5lappig, violettbraun, am Grunde gelbbraun; Frucht schwarz. Bl. 6—8. — Lichte Waldstellen, zerstreut. Sehr giftig!

Gattung Hyoscyamus (Tourn.) L., Bilsenkraut.

652. H. niger L. Stengel und Blätter, klebrig, zottig. Blätter eiförmig oder länglich, buchtig gezähnt, untere gestielt, obere sitzend, halbstengelumfassend. Blüten fast sitzend. Kelch krugförmig, 5zähnig. Krone trichterförmig mit gefaltetem, 5lappigem Saume, schmutziggelb, violett geadert. Bl. 6—9. — Schutt, Dorfstraßen, Wege. Sehr giftig!

Gattung Datura L., Stechapfel.

653. D. Stramonium L. Stengel gespreizt, gabelästig. Blätter gestielt, eiförmig, zugespitzt, buchtig gezähnt. Blüten einzeln, sehr groß. Kelch röhrenförmig, 5spaltig. Krone weiß, trichterförmig gefaltet, 5lappig. Bl. 7—9. — Zäune, Dorfstraßen, wüste Plätze, zerstreut. Sehr giftig!

Fig. 43.
Datura Stramonium.

Familie Scrophulariaceae R. Br., Braunwurzgewächse.

Meist Kräuter mit zygomorphen Zwitterblüten. Blüten 5gliedrig; Staubblätter 4, seltener 2. Fruchtblätter 2, synkarp, mit vielen Samenanlagen. Frucht Kapsel oder Beere.

Gattung Verbascum L., Wollkraut, Königskerze.

Kelch 5teilig. Krone radförmig mit fast gleichmäßig 5teiligem Saum. Staubblätter 5, oft ungleich, die 3 oberen meist wollig behaart.

654. V. thapsiforme Schrader. Pflanze kräftig, bis 1,50 m hoch. Blätter deutlich gekerbt, beiderseits dicht wollfilzig, untere länglich oder länglich verkehrt-eiförmig, obere länglich-elliptisch, ganz herablaufend. Die beiden längeren unteren Staubfäden 2mal so lang als ihre Staubbeutel. Krone groß, gelb. Bl. 7—8. — Hügel, steinige Orte, verbreitet.

— Bei dem ähnlichen V. thapsus sind die längeren Staubfäden 4 mal so lang als ihre Staubbeutel.

655. V. Lychnites L. Blätter weißfilzig, Staubfäden fast gleich, weißwollig. Krone weiß. Bl. 7—8. — Sandfelder, Kiesige Flußränder.

Gattung Scrophularia (Tourn.) L., Braunwurz.

656. S. nodosa. Stengel scharf 4 kantig, nebst den Blattstielen ungeflügelt. Blätter eiförmig länglich bis herzförmig, spitz, doppeltgesägt. Kelch 5 teilig. Kronröhre fast kugelig, unter dem kurzen Saume eingeschnürt. Unterlippe 3 lippig, Mittellappen zurückgeschlagen. Staubblätter 4, 2 längere. Blüten rotbraun oder grünlichgelb. Bl. 6—9. — Gebüsche, Grabenränder, häufig. — Bei der ähnlichen S. alata ist der Stengel breit geflügelt.

Gattung Antirrhinum L., Löwenmaul.

657. A. Orontium L. Feldlöwenmaul. Stengel am Grunde mit abstehenden Haaren. Blätter lineal-lanzettlich. Blüten einzeln, achselständig, sehr kurz gestielt, mittelgroß, rosa. Kelch 5 teilig. Krone am Grunde mit sackartigem Höcker, Schlund durch den Gaumen geschlossen. Bl. 6—10. — Äcker.

Gattung Linaria (Tourn.) L., Leinkraut.

Krone am Grunde der Röhre gespornt. Gaumen den Schlund meist schließend.

658. L. Cymbalaria (L.) Mill. Pflanze kahl, sehr ästig. Stengel fadenförmig, niederliegend. Blätter langgestielt, herzförmig-rundlich, 5 lappig. Kelchzipfel lineal-lanzettlich. Krone hellviolett, Gaumen gelb gefleckt. Bl. 6—9. — An Felsen, Mauern, steinigen Flußufern verwildert.

659. L. vulgaris Mill. Frauenflachs. Blätter lineal bis lineal-lanzettlich, spitz, am Rande umgerollt. Blüten in endständiger Traube, hellgelb, mit orangefarbigem Saume, ziemlich groß. Bl. 6—9. — Dürre Hügel, Sandfelder, gemein.

Gattung Digitalis L., Fingerhut.

Kelch 5teilig. Krone röhrenförmig mit schiefem, fast 2lippigem Saume. Staubblätter 4.

660. D. purpurea L. Roter Fingerhut. Stengel und Unterseite der Blätter graufilzig. Blätter eiförmig-lanzettlich, gekerbt. Krone außen kahl, hellpurpurn, innen mit dunklen, weiß gesäumten Flecken. Bl. 6—9. — Auf Hauungen und lichten Stellen der Gebirgswälder. Giftig!

661. D. ambigua L. Stengel weichhaarig bis kahl. Blätter nur kurzhaarig, gesägt. Krone ockergelb, innen bräunlich geadert. Bl. 6—7. — Bergwälder, zerstreut.

Gattung Veronica (Tourn.) L., Ehrenpreis.

Kelch meist 4teilig. Saum der Krone 4lappig, oberer Lappen meist größer. Staubblätter 2.

A. Blütentrauben blattwinkelständig.

a) Stengel und Blätter kahl.

662. V. scutellata L. Blätter sitzend, lineal-lanzettlich, spitz, entfernt rückwärts gezähnt. Trauben nur in einem der gegenständigen Blätter. Blüten weißlich mit rötlichen Adern. Bl. 6—9. — Gräben, sumpfige Wiesen, Ufer.

663. V. Anagallis L. Blätter sitzend, halbstengelumfassend, länglich bis eiförmig, spitz, schwach gesägt. Trauben in beiden gegenständigen Blättern. Krone hellblau mit dunkleren Adern. Bl. 5—8. — Gräben, Lachen, Ufer.

664. V. Beccabunga L. Bachbunge. Blätter kurz gestielt, elliptisch oder länglich, stumpf, gekerbt, gesägt. Krone blau. Bl. 5—8. — Gräben, Lachen, Bachränder.

b) Stengel und Blätter behaart.

1. Blätter eiförmig.

665. V. Chamaedrys L. Gamander-Ehrenpreis. Blätter fast sitzend, eiförmig, gekerbt gesägt. Krone blau, dunkler geadert, selten rosa oder weiß. Kapsel klein, kürzer als der Kelch. Bl. 4—6. — Grasplätze, Wiesen, Wälder, gemein.

2. Blätter verkehrt eiförmig-keilförmig.

666. V. officinalis L. Ehrenpreis. Stengel am Grunde kriechend, rauhhaarig. Blätter kurz gestielt, gesägt. Krone hellblau. Kapsel länger als der Kelch. Bl. 6—8. — Trockene Wiesen, Triften, Wälder, gemein.

B. Blütentrauben endständig oder Blüten einzeln.

I. Blüten am Stengel und an den Zweigen endständig.

a) Samen flach schildförmig.

1. Blütenstielchen so lang oder länger als der Kelch.

667. V. serpyllifolia L. Blätter eiförmig oder länglich, schwach gekerbt. Kapsel zusammengedrückt, stumpf ausgerandet. Krone weißlich, bläulich gestreift. Bl. 5—9. — Feuchte Wiesen, Äcker, Wegränder, gemein.

2. Blütenstielchen kürzer als der Kelch.

668. V. arvensis L. Blätter herz-eiförmig, gekerbt, obere lanzettlich, ganzrandig. Kapsel zusammengedrückt, verkehrt herzförmig 2lappig, gewimpert. Krone blau. Bl. 4—9. — Äcker, Grasplätze, gemein.

669. V. verna L. Pflanze kurzhaarig, oberwärts drüsig, untere Blätter eiförmig, gestielt, mittlere fiederspaltig, am Grunde keilförmig. Krone sehr klein, blau. Bl. 4—5. — Sandige Äcker, verbreitet.

b) Samen vertieft, beckenförmig.

670. V. triphyllos L. Unterste Blätter eiförmig, mittlere fingerförmig, 3—5 teilig, oberste lanzettlich. Krone blau. Bl. 3—5. — Äcker, häufig.

II. Blüten einzeln, blattwinkelständig.

671. V. polita Fries. Blätter rundlich-eiförmig, gekerbt, gesägt. Kelchzipfel breit-eiförmig. Kapselfächer bis 12 samig. Krone dunkelblau, selten rosa oder weiß. Bl. 3—10. — Äcker, Gartenland, Schuttplätze, häufig.

672. V. hederifolia L. Blätter rundlich-herzförmig, 5- bis 7 lappig, kurzhaarig. Kapselfächer 1—2 samig. Krone klein hellbläulich oder lila. Bl. 3—5. — Äcker, Gebüsche, gemein.

Gattung Melampyrum (Tourn.) L., Wachtelweizen.

Kelch röhrenförmig, 4 zähnig. Oberlippe der Krone zusammengedrückt, mit umgeschlagenen Rändern. Unterlippe am Schlunde mit 2 Höckern.

I. Ähren gedrungen, allseitswendig.

673. M. arvense L. Deckblätter eilanzettförmig, borstenförmig, gezähnt, purpurrot, unterseits schwarz punktiert. Krone trübpurpurn. Bl. 6—9. — Äcker, sonnige Hügel.

II. Ähren locker, einseitswendig.

674. M. nemorosum L. Tag und Nacht. Deckblätter herzförmig-lanzettlich, gezähnt, oberste schopfig, meist blauviolett. Kelch wollig-zottig, halb so lang als die Krone. Krone gelb, Röhre braunrot. Bl. 6—9. — Gebüsche, Laubwälder.

675. M. pratense L. Deckblätter lanzettlich, beiderseits mit 1—3 pfriemformigen Zähnen, grün. Kelch kahl, viel kürzer als die blaßgelbe Krone, mit lanzettlichen in eine pfriemliche Spitze zurückgebogenen Zähnen. Bl. 6—8. — Laubwälder, Waldwiesen.

676. M. silvaticum L. Deckblätter meist ganzrandig, selten am Grunde mit kurzen Zähnen, grün. Kelch ungefähr so lang als die Krone mit lanzettlichen, fast wagerecht abstehenden Zähnen. Krone klein, goldgelb. Bl. 6—8 Bergwälder.

Gattung Pedicularis (Tourn.) L., Läusekraut.

677. P. palustris L. Stengel einzeln, verlängert, ästig. Blätter gefiedert, Abschnitte lineal länglich, eingeschnitten, gezähnt, die unteren fast fiederspaltig. Kelch bauchig, 2 spaltig, 10—15 kantig mit krausen, blattartigen Abschnitten. Krone hellpurpurn, Oberlippe vorn 2 zähnig und beiderseits mit je 1 Zahn. Unterlippe oberseits mit 2 vorspringenden Leisten. Bl. 5—7. — Torfige, sumpfige Wiesen.

Gattung Alectorolophus (Haller) L., Klappertopf.

Kelch aufgeblasen-zusammengedrückt, 4 zähnig, netzadrig. Oberlippe der Blumenkrone zusammengedrückt, 2 zähnig.

678. A. minor (Ehrh.) W. & Gr. Stengel einfach, grün. Pflanze kahl. Blätter gegenständig, schmal-lanzettlich, gesägt, am Rande umgerollt. Deckblätter grün, oft bräunlich oder rötlich überlaufen. Röhre der goldgelben Krone fast gerade, kürzer als der Kelch. Bl. 5—6. — Wiesen.

679. A. major (Ehrh.) Rchb. Stengel schwarz gestrichelt. Blätter länglich oder länglich-lanzettlich. Deckblätter bleich. Röhre der hellgelben Krone gekrümmt, länger als der Kelch. Bl. 5—7. — Wiesen, Grasplätze.

680. A. angustifolius (Gmel.) Heynh. Blätter lineal bis lineal lanzettlich, gesägt. Deckblätter blaßgrün mit schmalen langen, fast grannig zugespitzten Zähnen. Krone goldgelb, sonst wie vor. Bl. 7—9. — Wiesen, steinige sonnige Abhänge.

Gattung Euphrasia (Tourn.) L., Augentrost.

Kelch röhren- oder glockenförmig, 4spaltig. Unterlippe der Krone 3spaltig, flach.

A. Oberlippe der Krone 2lappig, an den Rändern umgeschlagen.

I. Blüten meist unter 8mm lang.

681. E. stricta Host. Stengel steif aufrecht, unten ästig. Blätter grasgrün, jederseits 3—5zähnig, ganz kahl, Zähne begrannt. Kapsel am Rande borstig. Krone blaßblau, violett gestreift, am Grunde gelb gefleckt. Bl. 6—10. — Grasplätze, Holzschläge.

682. E. nemorosa Pers. Blätter trocken graugrün, glanzlos, unterseits gefaltet beiderseits 4—7zähnig, Zähne unbegrannt, Kapsel am Rande lang gewimpert. Krone blaßblau oder weiß, bläulich gestreift, auf der Unterlippe gelbgefleckt. Bl. 8—10. — Wiesen, Grasplätze, Waldstellen, gemein.

683. E. gracilis Fr. Stengel meist einfach, schlank. Blätter kahl, trocken, glänzend, nicht gefaltet, beiderseits mit 3—4 nicht begrannten Zähnen. Krone blaulila selten weißlich. Bl. 6—8. — Dürre Hügel, felsige Lehnen.

II. Blüten groß, meist über 8mm lang.

684. E. montana Jordan. Stengel aufrecht, weichhaarig, meist einfach. Blätter entfernt grobgesägt, beiderseits mit 3—5 stumpflichen Zähnen. Krone weiß, violettgestreift, mit gelbem Fleck auf der Unterlippe. Bl. 5—6. — Wiesen, gemein.

B. Oberlippe der Krone mit nicht zurückgeschlagenen Rändern.

685. E. verna Bellardi. Stengel meist verzweigt. Blätter dünn, durchscheinend, lanzettlich, kerbig, gezähnt. Krone schmutzig-rosa. Bl. 6—8. — Äcker.

Familie Orobanchaceae Richard, Sommerwurzgewächse.

Im Blütenbau den **Scrophulariaceen** ähnliche chlorophyllose Schmarotzer mit Schuppenblättern, Fruchtknoten einfächerig.

Gattung Orobanche L., Sommerwurz.

Krone nach dem Verblühen sich von dem bleibenden Grunde quer abtrennend. Fruchtknoten am Grunde mit angewachsener Drüse.

686. O. minor Sutton. Deckblätter fehlen. Kelchblätter mehrnervig. Krone gelblichweiß, röhrig, sanft gekrümmt. Lippen stumpf gezähnelt, aderig, wellig. Oberlippe 3lappig, vorwärts gerichtet. Bl. 6. — Schmarotzt auf Kleearten, zerstreut.

687. O. ramosa L. Hanfwürger. Blüte mit 2 Deckblättern. Stengel ästig. Kelch 4zähnig mit eiförmig=3eckigen Zähnen. Krone klein, bläulich oder gelblich. Staubbeutel kahl. — Auf Hanf und Tabak, stellenweise gemein. — Die meisten der zahlreichen Orobanchearten sind sehr selten und in ihrem Vorkommen ganz unbeständig.

Gattung Lathraea L., Schuppenwurz.

688. L. squammaria L. Stengel bleichrosa, mit fleischigen Schuppenblättern besetzt, einfach. Blüten in dichter, einseitswendiger, anfangs nickender Traube, purpurrosa. Kelch glockenförmig, 4spaltig. Krone nach dem Verblühen sich ganz ablösend, etwas fleischig. Oberlippe helmförmig, Unterlippe 3lappig. Bl. 3—5. — Der dicht mit weißen Schuppenblättern besetzte verzweigte Wurzelstock schmarotzt auf Wurzeln von Laubhölzern, besonders Haselnuß in feuchten Wäldern.

Familie Lentibulariaceae Rich., Wasserhelmgewächse.

Ebenfalls den **Scrophulariaceen** verwandte meist am Wasser oder zwischen feuchtem Moos wachsende Pflanzen mit zygomorphen Zwitterblüten. Staubblätter 2, mit einfächerigen Antheren.

Gattung Utricularia W., Wasserhelm.

Kelch tief, 2teilig, mit ungeteilten Abschnitten. Röhre der Blumenkrone sehr kurz. Oberlippe ungeteilt oder ausgerandet. Unterlippe länger, mit vorspringendem Gaumen.

689. U. vulgaris L. Blätter untergetaucht, fein zerteilt, mit haarförmigen, entfernt borstig-gewimperten Zipfeln, meist alle Blätter kleine, blasenförmige Schläuche tragend. Blütenstiele 3mal so lang als das Deckblatt. Oberlippe rundlich-eiförmig, kaum länger als der 2lappige Gaumen. Unterlippe mit zurückgeschlagenem Rande. Krone dottergelb, Gaumen dunkler. Bl. 6—8. — Stehende Gewässer, zerstreut.

690. U. neglecta Lehmann. Blütenstiele 4—5mal so lang als das Deckblatt. Oberlippe eiförmig-länglich, 2—3mal länger als der rundliche Gaumen. Unterlippe fast flach. Krone zitronengelb, Gaumen dunkler. Bl. 6—9. — Wie vor.

691. U. minor L. Zipfel der Blätter lineal, ungewimpert. Oberlippe so lang als der Gaumen, ausgerandet. Krone blaßgelb, Gaumen dunkler. Bl. 6—8. — Wie vor.

Familie Plantaginaceae Juss., Wegerichgewächse.

Gattung Plantago L., Wegerich.

Blüten zwitterig. Kelch 4teilig. Krone röhrenförmig mit 4teiligem Saume. Staubblätter der Krone eingefügt. Frucht eine Kapsel.

692. P. major L. Wegebreite. Blätter grundständig, eiförmig, plötzlich in langen Stiel verschmälert, 5—9nervig, kahl oder zerstreut behaart. Ähren verlängert, walzenförmig. Kapselfächer 4—8samig. Krone bräunlich, Staubfäden weiß. Bl. 6—9. — Wegränder, Wiesen, Brachen, gemein.

693. P. media L. Blätter elliptisch, in einem kurzen, breiten Stiel verschmälert, kurzhaarig. Kapselfächer meist

2samig. Krone durchscheinend. Staubfäden lila. Bl. 5—6. — Wiesen, Wegränder, Grasplätze, häufig.

694. P. lanceolata. Blätter lanzettlich. Ähren eiförmig-länglich. Krone durchscheinend. Staubfäden gelblichweiß. Bl. 5—9. — Wege, Wiesen, Grasplätze, gemein.

Fig. 44.
Plantago lanceolata.

Familie Rubiaceae D. C., Rötelgewächse.

Zwitterblüten regelmäßig, 4—5 gliederig. Fruchtknoten unterständig, gefächert, aus 2 Fruchtblättern gebildet.

Gattung Sherardia Dillen., Ackerröte.

695. S. arvensis L. Stengel niederliegend, ästig, an den Kanten wie die Blattränder stachelig-rauh. Blätter lanzettlich, stachelspitzig, zu 4—7 quirlig. Kelchsaum 6zähnig mit 2 kleineren Zähnen, an der Frucht vergrößert. Krone trichterförmig, 4spaltig, lila. Bl. 5—10. — Äcker, Brachen.

Gattung Asperula L., Meier.

696. A. odorata L. Waldmeister. Stengel aufrecht meist einfach. Blätter zu 6—8, lanzettlich, stachelspitzig, am Rande feinstachelig-rauh. Blüten langgestielt in endständiger Trugdolde. Kelchsaum undeutlich, an der Frucht nicht erkennbar. Krone röhrig-glockenförmig, 4spaltig, weiß. Bl. 5—6. — Schattige Laubwälder.

Fig. 45.
Asperula odorata.

Gattung Galium L., Labkraut.

Krone radförmig, flach oder wenig vertieft, meist 4spaltig. Kelchsaum undeutlich. Früchtchen nußartig.

A. Blätter eiförmig-rundlich bis lanzettlich, 3nervig, zu 4.

697. G. cruciatum Smith. Stengel rauhhaarig. Krone goldgelb. Bl. 4—6. — Laubwälder, Gebüsche.

698. G. boreale L. Stengel meist kahl. Blätter lanzettlich bis lineal-lanzettlich, derb. Krone weiß. Bl. 6—9. — Trockene Wiesen, Waldblößen, nicht selten.

B. Blätter lineal bis lanzettlich, 1nervig, meist zu 5—9.

a) Trugdolden achselständig.

699. G. Aparine L. Klebkraut. Stengel niederliegend oder kletternd, nebst Blattrand und Blattnerven rückwärts stachelig-rauh, anhaftend. Blüten klein, weiß. Bl. 5—9. — Hecken, Gebüsche, gemein.

b) Blütenstand endständig, rispig.

I. Zipfel der Blumenkrone spitz.

700. G. uliginosum L. Stengel niedergestreckt oder aufsteigend, schlaff. Blätter zu 6—8 spitz, stachelspitzig, rückwärts rauh. Krone weiß. Bl. 6—9. — Feuchte, sumpfige Wiesen, nicht überall.

701. G. palustre L. Stengel zahlreich, niederliegend, ausgebreitet-ästig. Blätter zu 4—5, lineal-länglich, stumpf, ohne

Stachelspitze. Krone weiß. Bl. 5—9. — Teichränder, feuchte Wiesen.

702. G. saxatile L. Stengel sehr ästig, fast flügelig-4kantig, nicht rückwärts rauh. Blätter meist zu 6, am Rande vorwärts rauh. Früchtchen dicht spitzwarzig. Krone weiß. Bl. 6—9. — Steinige, rasige Stellen im Gebirge.

703. G. silvestre Poll. Stengel 4kantig gerippt. Blätter meist zu 8, am Rande rauh. Früchtchen undeutlich feinkörnig. Krone weiß. Bl. 6—8. — Trockene Wälder, Hügel, stellenweise.

II. Zipfel der Krone stumpflich.

704. G. verum L. Stengel stielrundlich. Blätter zu 8—12, lineal, am Rande stark umgerollt, unterseits kurzhaarig-weißlich. Krone zitronengelb. Bl. 6—7. — Trockene Wiesen, dürre Hügel, verbreitet.

705. G. Mollugo L. Stengel 4kantig. Blätter zu 8, beiderseits grün. Krone weiß bis gelblichweiß. Bl. 6—9. — Gebüsche, Hecken, Äcker, Wiesen, sonnige dürre Orte, häufig.

706. G. silvaticum L. Wurzelstock fast knollig verdickt. Stengel stielrund. Blätter zu 8, länglich, stumpf, unterseits blaugrün. Krone beckenförmig vertieft, weiß. Bl. 6—7. — Schattige Laubwälder, nicht überall.

Familie Caprifoliaceae Juss., Geißblattgewächse.

Blüten zwitterig. Kelchsaum 2—5spaltig. Krone röhrenförmig oder radförmig, meist 5spaltig, in der Knospenlage meist dachziegelig. Staubblätter meist 5, frei; Fruchtknoten meist 2—5fächerig.

Gattung Adoxa L., Bisamkraut.

707. A. moschatellina L. Stengel 2blätterig. Grundblätter doppelt 3zählig, Blättchen eingeschnitten mit stumpfen stachelspitzigen Zipfeln. Blüten meist zu 5 in einem fast würfelförmigen Köpfchen. Kelchsaum halboberständig 2 bis 3spaltig. Krone grünlich mit 5teiligem flachem Saume. Staubblätter 5, fast bis zum Grunde 2teilig. Griffel 5. Bl. 3—4. — Hecken, feuchte Gebüsche, Laubwälder.

Gattung Sambucus (Tourn.) L., Holunder.

Kelchsaum halboberständig. Krone radförmig mit 5teiligem Saume. Narben 3.

708. S. nigra L. Holunder. Strauch. Mark der Äste weiß. Blätter unpaarig gefiedert, Blättchen eiförmig, lang zugespitzt, gesägt. Blüten in nach dem Verblühen hängenden flachen Doldenrispen, weißgelblich. Blütenstiele kahl. Beeren schwarz. Bl. 6—7. — Gebüsche, Wälder, Flußufer, Anlagen.

709. S. racemosa L. Mark der Äste bräunlich. Blüten in aufrechten dichten Rispen. Blütenstiele behaart. Früchte scharlachrot, sonst wie vorige. Bl. 4—5. — Wie vorige.

710. S. Ebulus L. Stengel krautig, gefurcht. Blättchen länglich-lanzettlich. Blüten in flachen Doldenrispen, weiß, außen rötlich. Frucht schwarz. Bl. 7—8. — Waldränder, wüste Äcker, Steinbrüche, zerstreut.

Gattung Viburnum L., Schneeball.

Kelchsaum oberständig, 5zähnig, bleibend. Krone radförmig 5spaltig. Narbe 3lappig.

711. V. Lantana L. Schlinge. Blätter elliptisch, gezähnelt, gesägt, unterseits runzelig, graufilzig, oberseits flaumig. Blüten alle gleich, weiß. Bl. 5. — Bergwälder, kalkliebend.

712. V. Opulus L. Schneeball. Blätter 3—5lappig mit zugespitzten, gezähnelten Lappen, unterseits grün. Randblüten strahlend, geschlechtslos. Krone weiß. Bl. 5—6. — Wälder, feuchte Gebüsche.

Gattung Lonicera L., Heckenkirsche.

Kelchsaum 5zähnig. Krone röhrenförmig, nach oben erweitert, fast 2lippig-5spaltig. Narbe kopfförmig.

713. L. Caprifolium L. Geißblatt, Jelängerjelieber. Obere Blätter am Grunde breit zusammengewachsen, rundlich elliptisch, unterseits blaugrün, die der nicht blühenden Äste gestielt. Stengel windend. Blüten gelblich oder rötlichweiß, stark duftend. Bl. 5—6. — Meist angepflanzt.

714. L. Xylosteum L. Stengel aufrecht, nicht windend. Blättchen und jüngere Ästchen weichhaarig. Krone behaart, gelblichweiß. Bl. 5—6. — Wälder, Gebüsche.

Fig. 46. Lonicera Xylosteum.

Familie Valerianaceae D.C., Baldriangewächse.

Blüten unregelmäßig. Kelch undeutlich, später sich zu einem Haarschopf vergrößernd. Staubblätter 1—4, Karpelle 3, zu einem einsamigen Fruchtknoten verwachsen.

Gattung Valeriana L., Baldrian.

Kelchsaum an der Blüte eingerollt, an der Frucht eine federige, abfallende Haarkrone bildend. Krone am Grunde mit Höcker.

715. V. officinalis L. Blätter fiederteilig, 5—11paarig. Krone fleischrot; alle Blüten gleich, zwitterig. Bl. 6—8. — Feuchte Wiesen, Gebüsche, Wälder. — Liefert den offizinellen Baldrian.

716. V. dioica L. Untere Blätter langgestielt, ungeteilt, mittlere und obere leierförmig-fiederteilig. Blüten weiß oder rötlich, auf den verschiedenen Individuen ungleich, teils größere zwitterige oder männliche, teils kleinere weibliche. Bl. 5—6. — Feuchte Wiesen, verbreitet.

Gattung Valerianella (Tourn.) L., Rapünzchen.

Kelchsaum gezähnt oder undeutlich, bleibend. Krone ohne Höcker.

717. V. olitoria L. Stengel gabelästig. Blätter spatelförmig, obere länglich. Kelchsaum undeutlich 3zähnig. Krone bläulichweiß. Bl. 4—5. — Hecken, Wege, Äcker, auch als Salat gebaut.

718. V. dentata Poll. Kelchsaum deutlich 4—5zähnig. Krone bläulichweiß. Fruchtbares Fach des Fruchtknotens größer als die leeren. Bl. 6—8. Auf Äckern, verbreitet.

Familie Dipsacaceae D. C., Kardengewächse.

Der vorigen Familie im Blütenbau ähnlich, aber mit nur 2 Fruchtblättern.

Gattung Dipsacus (Tourn.) L., Karde.

719. D. silvester Mill. Stengel steif, gefurcht, auf den Kanten mit starken Stacheln. Stengelblätter am Grunde breit verwachsen, länglich-lanzettlich, gekerbt gesägt, am Rande kahl. Blüten in Köpfchen. Hüllblätter der Köpfchen mehrere, stachelspitzig. Außenkelch 4kantig, 8furchig. Krone lila. Bl. 7—9. — Unbebaute Stellen, Waldränder, Feldwege, nicht überall.

Gattung Knautia L., Knautia.

720. K. arvensis (L.) Coult. Läusebl ume. Stengel oberwärts kurzhaarig-grau, unterwärts steifhaarig. Untere Blätter meist ungeteilt, obere fiederspaltig. Köpfchen halbkugelig, äußere Blüten strahlend. Hüllblätter zahlreich, krautig, Außenkelch ungefurcht. Krone blau oder rötlich-violett. Bl. 7—9. — Wiesen, Triften, lichte Waldstellen, häufig.

Gattung Succisa M. u. K., Abbiß.

721. S. pratensis Moench. Teufelsabbiß. Grundachse kurz, wie abgebissen. Grundblätter eiförmig-länglich, Stengelblätter lanzettlich. Hülle vielblätterig. Außenkelch mit krautigem, 4lappigem Saume, 8furchig. Krone meist blau. Bl. 7—9. — Feuchte, torfige Wiesen, häufig.

Gattung Scabiosa L., Skabiosa.

722. S. Columbaria L. Untere Stengelblätter leierförmig, obere fiederteilig mit fiederspaltigen Abschnitten und linealen Zipfeln. Krone violett (f. genuina) oder hellgelb (f. ochroleuca). Außenkelch mit trockenhäutigem Saume. Bl. 7—10. — Trockene Hügel, Wiesen, Raine.

Fig. 47. Succisa pratensis.

Familie Cucurbitaceae Russ., Kürbisgewächse.

Gattung Bryonia L., Zaunrübe.

723. Br. alba L. Wurzel rübenartig verdickt. Stengel kletternd, kurzborstig-rauh, wie die tiefherzförmig-handförmig 5lappigen Blätter. Blüten 1häufig in Doldenrispen. Krone trichterförmig, gelblichweiß. 4 Staubblätter verwachsen, das fünfte frei. Fruchtblätter 3, vielsamig. Bl. 6—8. — Zäune, Hecken, zerstreut.

Familie Campanulaceae Juss., Glockenblumengewächse.

Blüten regelmäßig 5gliederig. Staubblätter vereint oder frei. Fruchtblätter 2—5, mit zahlreichen Samen, synkarp.

Fig. 42.
Jasione montana.

Gattung Jasione L., Jasione.

724. J. montana L. Stengel meist zu mehreren, unterwärts nebst den sitzenden, am Rande welligen, länglich-linealen, fast ganzrandigen, stumpfen Blättern, rauhhaarig. Blüten in kopfförmigen von Hüllblättern umgebenen Dolden, klein, himmelblau. Staubbeutel am Grunde verwachsen. Narben 2. Bl. 6—8. — Trockene sandige Hügel und Wälder, Raine, häufig.

Gattung Phyteuma L., Teufelskrallen.

725. Ph. spicatum L. Grundblätter langgestielt, herzeiförmig-rundlich, oberste sitzend lineal. Blüten in zuletzt walzenförmigen Köpfchen, gelblichweiß. Staubbeutel frei. Krone röhrenförmig. Narben meist 2. Bl. 5—6. — Laubwälder, Gebüsche.

Gattung Campanula L., Glockenblume.

Krone glockenförmig. Staubblätter am Grunde verbreitert. Narben 3—5, fadenförmig.

I. Kapsel überhängend, am Grunde aufspringend.

726. C. rotundifolia L. Blätter der nicht blühenden Sprosse rundlich-nierenförmig bis herz-eiförmig. Stengelblätter lineal-lanzettlich. Stengel rispig-vielblütig. Kelchzipfel schmal lineal-pfriemförmig. Krone blau. Bl. 6—9. Trockene Wiesen, Triesten, dürre Hügel, häufig.

727. C. rapunculoides L. Wurzelstock kriechend, ausläufertreibend. Stengel stumpfkantig. Blätter herzförmig. Stengelblätter lanzettlich, kerbig gesägt. Kelchzipfel eiförmig-lanzettlich. Krone violettblau, groß mit gewimperten Zipfeln. Bl. 6—8. Gartenland, Wegränder, Hecken.

728. C. Trachelium L. Wurzelstock ohne Ausläufer, Stengel scharfkantig, kurz-steifhaarig. Blätter grob-doppelt-gesägt. Krone violettblau, selten weiß, noch größer als bei vor. Bl. 7—8. — Gebüsche, Laubwälder, büschige Hügel.

II. Kapsel aufrecht.

729. C. patula L. Blätter gekerbt, untere länglich verkehrt-eiförmig, obere lineal-lanzettlich. Kelchzipfel pfriemlich. Krone trichterförmig-glockig, violettblau. Bl. 5—9. — Wiesen, Gebüsche.

730. C. persicifolia L. Blätter entfernt, klein gesägt, untere länglich-keilförmig, obere lanzettlich-lineal. Traube armblütig. Kelchzipfel lanzettlich. Krone groß, halbkugelig-glockig, blau, selten weiß. Bl. 6—9. — Wälder, buschige Hügel.

Fig. 40. Campanula patula.

Familie Compositae Adans., Korbblütler.

Blüten in Köpfchen oder verkürzten Ähren, von einer Hülle aus Hochblättern (Involucrum) umgeben. Blüten 5gliederig, regelmäßig oder zygomorph, zwitterig oder eingeschlechtig. Kelchblätter undeutlich, an ihrer Stelle meist ein aus Haaren oder Borsten bestehender, bei der Fruchtreife sich verlängernder Schopf (Pappus) vorhanden. Krone oft 2lippig oder zungenförmig. Staubfäden meist frei, doch die Staubbeutel zu einer Röhre verklebt, nach innen sich öffnend. Frucht aus 2 Fruchtblättern gebildet, 1fächerig mit 1 Samenanlage. Griffel oben 2spaltig.

I. Unterfamilie Tubuliflorae. Krone der Scheibenblüten (mittlere Blüten des Köpfchens) nicht zungenförmig.

Gattung Eupatorium (Tourn.) L., Wasserdosten.

731. E. cannabinum L. Blätter kurzgestielt, 3teilig, mit lanzettlichen, grob-gesägten Abschnitten. Köpfe klein, wenigblütig, in dichten Doldenrispen. Hüllblätter wenige, 2—mehrreihig, dachziegelig. Kelchsaum aus rauhen Haaren gebildet. Krone röhrig-trichterförmig, trübrötlich. Bl. 7—8. — Grabenränder, feuchte Wiesen, Gebüsche.

Gattung Aster L., Aster.

Hüllblätter dachziegelig. Strahlblüten einreihig. Blütenboden grubig. Haarkrone einfach.

732. A. Amellus L. Stengel behaart. Blätter kurzsteifhaarig, untere elliptisch, obere länglich-lanzettlich. Strahlblüten weiblich, violettblau, Scheibenblüten gelb. Bl. 7—9. — Sonnige, steinige Hügel, zerstreut.

733. A. salicifolius Scholler. Stengel fast kahl. Blätter lanzettlich. Strahlblüten weiblich, weißlich oder blaßlila. Bl. 8—9. — Zerstreut an Flußufern.

Gattung Bellis (Tourn.) L., Gänseblümchen, Maßlieb.

734. B. perennis L. Stengel unbeblättert, 1köpfig. Blätter rosettenförmig, spatelförmig, gekerbt. Hüllblätter 2reihig. Strahlblüten 1reihig, weiblich, zungenförmig, weiß, oft purpurn überlaufen. Frucht ohne Haarkrone. Bl. das ganze Jahr hindurch. — Wiesen, Grasplätze, gemein.

Gattung Erigeron L., Berufskraut.

Hülle mehrreihig, dachziegelig. Randblüten mehrreihig, weiblich, schmal, zungenförmig. Haarkrone der Früchte 1reihig, aus rauhen Haaren.

735. E. canadensis L. Stengel steifhaarig, oberwärts traubig-ästig. Blätter lineal-lanzettlich, borstig-gewimpert.

Köpfe klein, sehr zahlreich. Randblüten kaum länger als die Hülle, gelblichweiß. Bl. 6—9. — Stammt aus Nordamerika, überall auf dürren Plätzen, verwildert.

736. E. acer L. Stengel und Blätter rauhhaarig. Blätter länglich-lanzettlich. Köpfe mittelgroß. Randblüten fast doppelt so lang als die Hülle, rosa oder blaßviolett. Bl. 6—9. — Trockene Hügel, Dämme, Triften, Wegränder, häufig.

Gattung Solidago L., Goldrute.

737. S. Virga aurea L. Zerstreut, behaart. Untere Blätter länglich-elliptisch, obere lanzettlich. Köpfe mittelgroß mit dachziegeligen Hüllblättern, allseitswendig-traubig. Strahlblüten 1reihig, weiblich, goldgelb, schmal, lineal-zungenförmig. Bl. 7—9. — Trockene Wälder, Hügel, häufig.

Gattung Inula L., Alant.

Strahlenblüten 1reihig, weiblich. Haarkrone aus einer Reihe rauher Haare gebildet.

738. I. Helenium L. Blätter ungleich gezähnt, unterseits filzig; Grundblätter länglich, Stengelblätter herz-eiförmig, stengelumfassend, zugespitzt. Krone goldgelb. Bl. 7—8. — Grasgärten, oft gebaut.

739. I. salicina L. Blätter länglich-lanzettlich mit herzförmigem Grunde, stengelumfassend, gezähnelt, kahl. Äußere Hüllblätter lanzettlich, an der Spitze zurückgebogen. Krone goldgelb. Bl. 7—9. — Wiesen, lichte Laubwälder, Hügel.

Gattung Pulicaria Gärtn., Flohkraut.

740. P. vulgaris Gärtn. Stengel oberwärts fast wollig-zottig. Blätter länglich-lanzettlich, obere mit abgerundetem Grunde sitzend. Köpfe klein, doldenrispig. Krone gelb. Zunge der Randblüten aufrecht, die Hüllblätter nicht überragend. Haarkrone doppelt, äußere ein borstig-zerschlitztes Krönchen bildend. Bl. 7—9. — Feuchte Plätze, Teichränder, häufig.

Gattung Galinsoga Ruiz. & Pav., Knopfkraut.

741. G. parviflora Cav. Blätter gegenständig, zugespitzt, gezähnelt, unterseits zerstreut behaart, obere länglich. Köpfe klein, langgestielt, in armblütigen Doldenrispen. Hülle 1reihig, Strahlblüten weiblich, weiß, Scheibenblüten dottergelb. Blütenboden mit lineal-lanzettlichen, oft dreiteiligen Spreublättern. Bl. 6—9. — Aus Südamerika, auf Äckern, an Zäunen, Wegen, verwildert.

Gattung Bidens (Tourn.) L., Zweizahn.

Hüllblätter 2reihig, innere Reihe gefärbt. Strahlblüten geschlechtslos, oft fehlend. Blütenboden mit abfallenden Spreublättern.

742. B. cernuus L. Pflanze gelbgrün. Blätter gegenständig, lanzettlich, gesägt. Köpfe flach. Krone dottergelb. Frucht länger als ihre 4 Grannen. Bl. 7—9. — Fluß- und Teichufer, Gräben.

743. B. tripartitus L. Pflanze dunkelgrün. Blätter meist 3teilig, Abschnitte mit groben, meist geraden Zähnen. Krone gelbbraun. Früchte mit 2—3 Zähnen. Bl. 7—8. — Gräben, Sümpfe, Torfstraßen, Wegränder, gemein.

Gattung Filago L., Schimmelkraut.

Äußere Hüllblätter krautig. Randblüten weiblich, fadenförmig, am Grunde mit Spreublättern, mehrreihig. Scheibenblüten zwitterig, röhrenförmig, ohne Spreublätter.

744. F. arvensis L. Pflanze dicht weißwollig. Stengel oberwärts traubig-ästig. Köpfe walzenförmig. Hüllblätter nicht gekielt, bis zur Spitze weißwollig. Blüten gelblichweiß. Bl. 7—8. — Trockene, steinige Hügel, Brachen.

745. F. minima Fr. Pflanze dünn, wollig-filzig. Köpfe bauchig-kegelförmig. Hüllblätter gekielt, innere mit trockenhäutiger Spitze. Blüten gelblichweiß. Bl. 7—9. — Äcker, Sandfelder, dürre Hügel.

Gattung Gnaphalium (Tourn.) L., Ruhrkraut.

Hüllblätter trockenhäutig, dachziegelig. Blütenboden ohne Spreublätter. Randblüten weiblich, mehrreihig. Scheibenblüten zwitterig, seltener 2häusig. Kelchsaum haarig.

I. Pflanzen 2häusig.

746. G. dioicum L. Katzenpfötchen. Wurzelstock mit kriechenden beblätterten Ausläufern. Stengel weißfilzig. Grundständige Blätter gestielt, spatelförmig, stumpf, stachelspitzig, stengelständige angedrückt, lineal, spitz. Hüllblätter rosa oder weiß. Bl. 5—6. — Waldwiesen, Triften, Nadelwälder.

II. Scheibenblüten zwitterig.

747. G. silvaticum L. Pflanze ausdauernd. Stengel steif aufrecht, einfach rutenartig. Köpfchen ährenförmig. Krone gelblichweiß. Bl. 7—8. — Wälder, Heiden, trockene Grasplätze.

748. G. uliginosum L. Stengel vom Grunde an ästig, weißwollig. Köpfchen knäuelartig gehäuft, beblättert. Krone gelbweiß. Bl. 6—10. — Teichränder, feuchte Äcker, gemein. Auch das Edelweiß G. Leontopodium (Alpen) gehört hierher.

Gattung Helichrysum D.C., Immerschön, Sonnengold.

749. H. arenarium D.C. Strohblume. Blätter wolligfilzig, untere verkehrt-eiförmig, obere lineal-lanzettlich. Köpfe dicht doldenrispig. Innere Hüllblätter strahlend. Randblüten weiblich, 1reihig, oft fehlend. Blütenboden flach. Haarkrone rauhhaarig. Köpfchen gelb-orange. Bl. 7—9. — Trockene Wälder, Sandfelder, Hügel.

Gattung Artemisia L., Beifuß.

Randblüten fadenförmig, oft fehlend. Blütenboden ohne Spreuschuppen. Staubblätter mit lanzettlichem Anhängsel. Kelchsaum fehlend.

750. A. vulgaris L. Stengel rispig-ästig. Blätter unterseits weißfilzig, oberseits kahl, fiederteilig. Köpfe eiförmig, Hüllblätter filzig. Krone gelb oder rötlich. Bl. 8—9. — Gebüsche, Hecken, Zäune.

751. A. campestris L. Stengel halbstrauchig. Blätter dünnfilzig, zuletzt fast kahl, 2—3fach fiederteilig. Köpfe eiförmig. Hüllblätter kahl, glänzend. Krone rötlich. Bl. 8 bis 10. — Trockene Hügel, Sandplätze.

Gattung Achillea L., Garbe.

Randblüten meist mit rundlicher Zunge. Blütenboden mit Spreublättern. Staubblätter mit länglich-eiförmigen, abgerundeten Anhängseln.

752. A. Ptarmica L. Stengel oberwärts doldenrispig. Blätter lineal-lanzettlich, gesägt. Strohblüten etwa 10, weiß, Scheibenblüten gelblichweiß. Bl. 7—9. — Feuchte Wiesen, Gebüsche, Ufer.

753. A. Millefolium L. Schafgarbe. Blätter im Umriß lanzettlich-lineal, 2—3fach fiederteilig. Strahlblüten 4—5, weiß, seltener blaßrosa, Scheibenblüten gelblichweiß. Bl. 6 bis 9. — Grasplätze, Wiesen, Wegränder, gemein.

Gattung Anthemis L., Hundskamille.

Randblüten mit länglicher Zunge. Blütenboden mit Spreublättern. Staubblätter mit länglich-eiförmigen Anhängseln.

754. A. tinctoria L. Blätter doppelt-fiederspaltig. Fiederchen kammförmig gestellt, gesägt. Spreublätter schmal rautenförmig, in die Stachelspitze verschmälert. Blütenboden fast halbkugelig. Blüten pomeranzengelb. Bl. 7—9. — Steinige, sonnige Hügel, trockene Brachen, Wegränder, zerstreut.

754. A. arvensis L. Blätter doppelt fiederteilig mit lineal-lanzettlichen Zipfeln. Spreublätter lineal-lanzettlich.

Blütenboden zur Fruchtzeit verlängert kegelförmig. Strahlblüten weiß, zuweilen fehlend. Bl. 6—8. — Äcker, gemein.

Gattung Matricaria L., Kamille.

Randblüten zungenförmig oder fehlend. Blütenboden gewölbt bis kugelförmig, ohne Spreublätter. Staubbeutel mit länglich-eiförmigem Anhängsel.

756. M. inodora L. Pflanze kahl, ästig. Blätter 2-bis 3fach fiederteilig mit lineal-fadenförmigen, unterseits gefurchten Zipfeln. Blütenboden nicht hohl. Strahlblüten weiß. Bl. 6—8. — Wüste Plätze, Äcker, Wegränder, gemein.

757. M. Chamomilla L. Echte Kamille. Blätter doppelt-fiederteilig mit schmal-linealen, flachen Zipfeln. Blütenboden hohl. Strahlblüten weiß, Scheibenblüten gelb. Bl. 5—8. — Wegränder, Äcker, Gärten, häufig.

Gattung Tanacetum (Tourn.) Schultz, Rainfarn.

758. T. vulgare L. Pflanze kahl. Blätter fiederteilig mit länglich-lanzettlich gesägten Zipfeln. Früchte sämtlich mit kronenförmigem Kelchsaum. Blüten gelb, Randblüten nicht zungenförmig. Bl. 7—10. — Wegränder, Flußufer.

Gattung Chrysanthemum Tourn. L., Wucherblume.

759. C. segetum L. Blätter kahl, blaugrün, ungeteilt gezähnt, untere fast fiederspaltig. Früchte der Randblüten 3seitig, Seitenkanten flügelig-gezähnt. Strahl- und Scheibenblüten dottergelb. Bl. 6—8. — Oft sehr lästiges Unkraut unter Getreide.

Gattung Leucanthemum (Tourn.) L., Johannisblume.

760. L. vulgare Lm. Stengel meist 1köpfig; untere Blätter langgestielt, verkehrt-ei-spatelförmg, gekerbt, obere sitzend, länglich-lineal, entfernt gesägt. Köpfe groß. Früchte wenigstens der Scheibenblüten ohne Kelchsaum. Strahlblüten weiß. Bl. 6—8. — Trockene Wiesen, Wälder, Triften, gemein.

Gattung Tussilago L., Huflattich.

761. T. Farfara L. Schaft 1köpfig, mit zahlreichen, länglichen Schuppenblättern, vor den Blättern erscheinend. Grundblätter rundlich-herzförmig, eckig, gezähnt, unterseits weißfilzig. Hüllblätter 1reihig. Randblüten weiblich, zungenförmig, mehrreihig, fruchtbar, innere Blüten röhrenförmig, unfruchtbar. Haarkrone der Randblüten mehrreihig. Blüten gelb. Bl. 3—4. — Äcker, Hügel, gern an Ziegeleien.

Gattung Petasites (Tourn.) L., Pestwurz.

762. P. officinalis Moench. Blätter herzförmig, eckig, ungleich gezähnt, unterseits weichhaarig-graugrün. Blütenköpfe in Trauben, vor den Blättern erscheinend. Blüten 2häusig-vielehig. Krone trübpurpurn. Bl. 3—4. — Sumpfige Wiesen, Bachränder. — Die ähnliche P. albus hat weißliche Blüten.

Gattung Arnica L., Wohlverleih.

763. A. montana L. Arnika. Pflanze drüsig-flaumig, mit meist nur wenigen Blütenköpfchen. Grundblätter rosettenförmig, länglich verkehrt-eiförmig, Stengelblätter gegenständig, lanzettlich, klein, alle sitzend. Hülle glockig, Hüllblätter lanzettlich, 2reihig, gleich. Randblüten weiblich, zungenförmig. Früchte mit 1reihiger Haarkrone. Blüten orange, stark aromatisch riechend. Bl. 6—7. — Bergwiesen.

Gattung Senecio (Tourn.) L., Baldgreis, Kreuzkraut.

Hülle walzig-glockig, Hüllblätter 1reihig, oft mit schmalblätteriger Außenhülle. Randblüten weiblich, zungenförmig. Haarkrone mehrreihig.

A. Blätter geteilt.

I. Blüten sämtlich röhrenförmig.

764. S. vulgaris L. Gemeines Kreuzkraut. Blätter fiederspaltig. Schuppen des Außenkelches meist 10, zur Hälfte schwarz. Blüten gelb. Blüht fast das ganze Jahr. — Äcker, Gartenland, gemein.

II. Randblüten zungenförmig.

1. Randblüten meist zurückgeschlagen.

765. S. viscosus L. Blätter tief fiederspaltig, klebrig-drüsig, behaart. Außenkelch an der Spitze gefleckt, halb so lang als der Hüllkelch. Blüten hellgelb. Bl. 6—10. — Sandfelder, Waldblößen.

766. S. silvaticus L. Blätter drüsenlos, spinnwebig-weichhaarig. Außenkelch sehr kurz, ungefleckt. Blüten gelb. Bl. 7—9. — Lichte Waldstellen, Sandfelder.

2. Randblüten flach abstehend.

767. S. Jacobaea L. Untere Blätter fast ungeteilt oder leierförmig-fiederspaltig, obere mit vielteiligen Öhrchen stengelumfassend, fiederteilig, Fiedern gezähnt oder fast fiederspaltig, vorn breiter. Zweige des Blütenstandes aufrecht. Blüten goldgelb. Bl. 7—10. — Wegränder, Raine, Wiesen, trockene Hügel.

768. S. aquaticus Huds. Untere Blätter ungeteilt, oder leierförmig-fiederspaltig, obere fiederspaltig, Fiedern länglich-lineal, schief abgehend. Blütenstand mit aufrechtabstehenden Zweigen. Bl. 7—8. — Feuchte Wiesen, nicht überall.

769. S. eraticus Bert. Blätter leierförmig; seitenständige Fiedern weit abstehend, verkehrteiförmig-länglich, Endzipfel der unteren Blätter sehr groß, herz-eiförmig. Äste des Blütenstandes gespreizt abstehend. Bl. 7—8. — Feuchte Wiesen, Gebüsche.

B. Blätter ungeteilt.

770. S. paludosus L. Blätter sitzend, lang-lanzettlich. Strahlblüten meist 13, goldgelb. Bl. 7—8. — Flußufer, zerstreut.

771. S. fluviatilis Wallr. Untere Blätter länglich-lanzettlich, gestielt, Strahlblüten 7—8, goldgelb. Bl. 7—8. — Flußufer, zerstreut.

Gattung Cirsium (Tourn.) L., Kratzdistel.

Hüllblätter meist mit stechender Spitze. Anhängsel der Staubbeutel lineal-lanzettlich, spitz. Haare der Haarkrone gefiedert.

I. Blüten 2geschlechtig.

a) Blätter oberseits dornig.

772. C. lanceolatum Scop. Stengel von den herablaufenden Blättern lappig-stachlig geflügelt. Blätter buchtig-fiederspaltig. Krone purpurn. Bl. 7—9. — Wegränder, Brachen, Triften.

b) Blätter oberseits nicht stachlig.

773. C. palustre Scop. Stengel bis oben beblättert. Blätter herablaufend, zerstreut behaart. Krone purpurn, Bl. 7—8. — Nasse Wiesen.

774. C. heterophyllum All. Blätter ungeteilt oder die mittleren mit vorwärts gerichteten Zipfeln, nicht herablaufend, unterseits weißfilzig. Krone purpurrot. Bl. 6—7. — Feuchte Gebirgswiesen.

775. C. acaule (L.) All. Stengel sehr kurz. Blätter grundständig, zerstreut kurzhaarig, fiederspaltig. Krone purpurrot. Bl. 7—9. — Trockene Wiesen, Triften, Hügel, stellenweise.

776. C. oleraceum Scop. Blätter kahl, nicht herablaufend. ungleich dornig gewimpert, untere fiederspaltig, obere ungeteilt, stengelumfassend. Krone gelblichweiß. Bl. 7—8, — Feuchte Wiesen.

II. Blüten 2häusig.

777. C. arvense Scop. Stengel blattreich, ästig. Blätter wenig herablaufend, ungeteilt bis fiederspaltig-buchtig, länglich-lanzettlich, dornig gewimpert. Köpfchen klein, violettrot. Bl. 7—9. — Äcker, wüste Plätze, Wegränder, gemein.

Gattung Carduus (Tourn.) L., Distel.

Haarkrone aus einfachen, gezähnelt rauhen Haaren bestehend.

778. C. acanthoides L. Stacheldistel. Blätter herablaufend, beiderseits grün, tief-fiederspaltig mit meist 2lappigen, gezähnten, dornig gewimperten Fiedern. Köpfchen meist einzeln, mittelgroß, aufrecht. Krone purpurn oder weiß. Bl. 6—9. — Wüste Plätze, Brachen, Wegränder.

779. C. crispus L. Blätter unterseits wollig-filzig. Köpfchen aufrecht. Krone purpurrot. Bl. 7—8. — Flußufer, Wiesen, Gebüsche.

780. C. nutans L. Blätter kurzhaarig, derbstachlig. Köpfchen einzeln, groß, nickend. Krone rot. Bl. 7—8. — Trockene Triften, Raine.

Gattung Onopordon (Vaill.) L., Eselsdistel.

Hüllblätter mit stechender Spitze. Staubbeutel ungeschwänzt mit lineal-pfriemförmigem Anhängsel. Haarkrone aus gewimperten, am Grunde ringförmig verwachsenen Haaren bestehend.

781. O. Acanthium L. Stengel durch die breit herablaufenden Blätter geflügelt, nebst den länglichen, buchtiggezähnten, stachligen Blättern grau-spinnweb-filzig. Köpfchen groß. Blüten hellpurpurn. Bl. 7—9. — Wegränder, Schuttplätze.

Gattung Lappa (Tourn.) Link, Klette.

Hüllblätter meist mit langer hakenförmiger Spitze. Blüten zwitterig. Staubbeutel meist am Grunde geschwänzt. Haarkrone aus mehrreihigen einzeln abfallenden Haaren.

782. L. officinalis All. Blätter sehr groß, schwach herzförmig-rundlich, obere eiförmig, unterseits graufilzig. Köpfchen alle fast gleich hoch, ebensträußig. Hüllkelch grün. Krone purpurn. Bl. 7—8. — Gebüsche, Zäune, Dorfstraßen.

783. L. tomentosa Link. Hüllkelch spinnwebig-wollig, Blättchen völlig mit kurzer gerader Stachelspitze. Krone purpurn. Bl. 7—8. — Wie vorige, meist gemein.

784. L. minor D. C. Blütenstand traubig. Köpfchen klein. Blüten länger als der Hüllkelch, purpurn. Bl. 7—8. — Wie vorige.

Gattung Carlina (Tourn.) L., Eberwurz.

Äußere Hüllblätter blattartig, stachlig gezähnt, innere länger, gefärbt, trockenhäutig, strahlend. Anhängsel der Staubblätter lanzettlich. Haare des Pappus gefiedert, am Grunde zu Blattschuppen verwachsen.

785. C. vulgaris L. Stengel aufrecht, mehrköpfig, fast ebensträußig. Blätter länglich bis lanzettlich, ungleich stachlig gezähnt. Innere Hüllblätter lineal-lanzettlich, blaßgelb. Bl. 7—9. — Trockene sonnige Hügel, steinige Abhänge.

786. C. acaulis L. Stengellos oder sehr kurzstenglig, 1köpfig. Blätter tief-fiederspaltig mit eckig gelappten, stachligen Zipfeln. Innere Hüllblätter strahlend, weiß, am Grunde mit purpurnem Mittelstreif. Bl. 7—8. — Steinige, dürre Hügel, Wegränder. Kalkliebend.

Gattung Serratula L., Scharte.

787. S. tinctoria L. Blätter länglich, scharfgesägt, ungeteilt bis fast fiederteilig, die unteren langgestielt, die oberen sitzend. Köpfe doldenrispig, klein. Hüllblätter ohne stechende Spitze. Blüten zwitterig oder 2häutig. Staubbeutel ungeschwänzt. Haarkrone ungleich, innerste Reihe am längsten. Krone purpurviolett. Bl. 7—9. — Lichte Gebüsche, Wiesen.

Gattung Centaurea L., Flockenblume.

Hüllblätter dachziegelig, an der Spitze mit trockenhäutigem, oft dornigem Anhängsel. Randblüten meist größer, strahlend, geschlechtslos. Haarkrone bleibend, aus gezähnten, freien Haaren bestehend.

I. Blättchen der Hülle an der Spitze mit deutlich abgesetztem, trockenhäutigem Anhängsel.

788. C. Jacea L. Pflanze grün. Zweige kurz, dick. Hüllkelch kugelig mit glanzlosen, braunen, oft fast schwarzen Blättchen. Krone hellpurpurn. Federkrone meist fehlend. Bl. 6—10. — Wiesen, Triften.

789. C. serotina Boreau. Pflanze weißwollig. Zweige verlängert, schlank. Hüllkelch eiförmig mit hellbraunen, gelben bis fast weißen Blättchen. Krone purpurn. Bl. 8—10. — Wege, trockene Stellen.

II. Blättchen der Hülle krautig mit breitem, trockenhäutigem Saume.

790. C. montana L. Stengel meist breit-geflügelt. Blätter herablaufend, länglich-lanzettlich. Hüllblätter schwarzberandet, gefranst, Fransen kürzer als der Rand. Randblüten azurblau, Scheibenblüten violett. Bl. 5—10. — Gebirgswiesen.

791. C. Cyanus L. Kornblume. Blätter nicht herablaufend, lineal-lanzettlich, die untersten am Grunde gezähnt. Blüten azurblau. Bl. 6—7. — Unter der Saat, gemein.

Fig. 50.
Centaurea cyanus.

Gattung Lampsana (Tourn.) L., Milchkohl.

792. L. communis L. Rainkohl, Hasenkohl. Stengel rispig-ästig mit kleinen, wenigblütigen, hellzitronengelben Köpfchen. Untere Blätter leierförmig-fiederteilig mit sehr großem Endabschnitt, obere länglich-lanzettlich, entfernt gezähnt. Hüllblätter 8—10, 1reihig mit kurzer Außenhülle. Frucht mit undeutlichem Kelchsaum. Bl. 7—10. — Gebüsche, Hecken, Zäune, Wegränder.

Gattung Cichorium (Tourn.) L., Wegwarte.

793. C. Intybus L. Cichorie. Stengel ästig. Untere Blätter buchtig-fiederspaltig, obere lanzettlich, halbstengelumfassend. Hüllblätter drüsig-borstig, 2reihig, äußere 5 kürzer, abstehend, eiförmig-lanzettlich, innere 8 am Grunde verwachsen. Frucht mit abfallendem Kelchsaum. Krone hellblau. Bl. 7—9. — Wegränder, Hügel, Triften.

Gattung Leontodon L., Löwenzahn.

Früchte geschnäbelt, die randständigen, oft ungeschnäbelten Haare der Krone gefiedert, bleibend.

794. L. autumnalis L. Stengel meist mehrköpfig. Blätter buchtig oder fiederspaltig-gezähnt. Strahlen der Federkelche sämtlich federig. Krone gelb. Bl. 7—10. — Wiesen, Raine, Triften.

795. L. hastilis L. Stengel blattlos, stets 1köpfig. Äußere Strahlen des Federkelches kurz, rauh, innere federig. Blüten gelb. Vielgestaltig. Bl. 6—10. — Wiesen, Waldplätze, trockene Hügel, Wegränder, gemein.

Gattung Picris L., Bitterkraut.

796. P. hieracioides L. Stengel sehr rauhhaarig, doldenrispig-ästig. Blätter länglich-lanzettlich, buchtig gezähnt bis fast ganzrandig, mittlere halbstengelumfassend-sitzend. Hüllblätter dachziegelig, lanzettlich, dunkelgrün mit steifhaarigem Mittelstreifen, am Rande kahl, äußere abstehend. Frucht kurz geschnäbelt. Innere Haare der abfallenden Krone gefiedert, äußere kurz, rauh. Krone gelb. Bl. 7—9. — Gebüsche, Hügel, Wiesen, Raine.

Gattung Tragopogon L., Bocksbart.

797. T. pratensis L. Blätter schmal, lang, grasartig, am Grunde breiter, bauchig, halbstengelumfassend. Köpfchenstiele gleich dick. Hülle 8blätterig, Blättchen 1reihig, am Grunde verwachsen und quer eingedrückt, bei der Reife zurückgeschlagen. Frucht langgeschnäbelt. Haare der Haarkrone sämtlich gefiedert, 5 Haare länger. Blüten gelb. Bl. 6—7. — Wiesen, Grasplätze, häufig.

Gattung Scorzonera L., Schwarzwurz.

Hüllblätter dachziegelig. Frucht nicht geschnäbelt, auf kurzem Stielchen. Haare gefiedert, Fiedern verflochten.

798. S. humilis L. Stengel einfach, meist 1köpfig. Hülle wollig, halb so lang als die Blüten. Früchte glatt. Krone gelb. Bl. 5—6. — Feuchte Wiesen und Wälder, zerstreut.

799. S. hispanica L. Schwarzwurzel. Stengel ästig, Äste 1köpfig. Hülle kahl. Randständige Früchte fein-weich-stachlig. Krone gelb. Bl. 5—6. — Zerstreut, Grasplätze, sonnige Hügel, viel als Gemüse angebaut.

Gattung Hypochoeris L., Ferkelkraut.

Hüllblätter dachziegelig, Frucht geschnäbelt, die randständigen auch schnabellos. Haarkrone bleibend, 2reihig, die der inneren Reihe gefiedert, die der äußeren gezähnt.

800. H. glabra L. Blüten so lang als der Hüllkelch. Randständige Früchte schnabellos. Blütenschaft ästig, kahl. Blätter buchtig gezähnt. Krone gelb. Bl. 7—8. — Sandfelder, Grasplätze.

801. H. radicata L. Blüten länger als der Hüllkelch. Alle Früchte geschnäbelt. Blüten gelb. Bl. 6—10. — Wiesen, Raine, gemein.

Gattung Taraxacum Hall, Kuhblume.

802. T. officinale Web. Schaft einköpfig, weitröhrig. Blätter grundständig, länglich bis lineal-lanzettlich, schrotsägeförmig bis fast ganzrandig. Früchte an der Spitze weichstachlig mit langem, oben weißem Schnabel. Hüllblätter mehrreihig, die äußeren viel kürzer, dachziegelig. Blüten gelb. Bl. 4—9. Sehr formenreich! — Wiesen, Gräben, Grasplätze, Wegränder, eine der gemeinsten Pflanzen.

Gattung Prenanthes (Vaill.) L., Hasenlattich.

803. P. purpurea L. Kahl, rispig, ästig. Blätter mit herzförmigem Grunde, untere länglich-lanzettlich, tief-buchtig-gezähnt, obere lanzettlich. Köpfe klein. Hüllblätter 6—8, 2reihig, äußere sehr kurz. Früchte schnabellos mit weichen schneeweißen Haaren. Blüten purpurviolett. Bl. 7—8. — Schattige Gebirgswälder.

Gattung Lactuca L., Lattich.

Hülle bei der Fruchtreife am Grunde meist bauchig. Hüllblätter 2- bis mehrreihig, äußere kürzer, ungleich. Frucht plötzlich in einen Schnabel verschmälert. Haare der Haarkrone weich.

804. L. Scariola L. Blätter am Grunde pfeilförmig, fast scheitelrecht, meist schrotsägeförmig. Stengel fest. Blüten gelb. Bl. 7—10. — Wegränder, Schuttplätze, Mauern, Zäune.

805. L. muralis L. Stengel hohl. Blätter leierförmig-fiederteilig, Zipfel rundlich, eckig-gezähnt. Blüten gelb. Bl. 7—8. — Gebüsche, Laubwälder, Mauern.

Gattung Sonchus L., Saudistel.

Hüllblätter zahlreich, mehrreihig. Frucht länglich, ungeschnäbelt. Haare der Haarkrone weich, schneeweiß.

806. S. oleraceus L. Wurzel senkrecht, spindelförmig. Blätter oberseits glanzlos, länglich, stachelspitzig-gezähnt, untere meist leierförmig-fiederspaltig, obere pfeilförmig stengelumfassend mit abstehenden Öhrchen. Früchte querrunzelig. Krone schwefelgelb. Bl. 6—10. — Äcker, Schutt, gemein.

807. S. asper All. Blätter glänzend, ungeteilt, obere dornig-gezähnt, am Grunde herzförmig mit angedrückten Öhrchen. Früchte glatt. Sonst wie vorige. Bl. 6—10. — Schutt, Gartenland, häufig.

808. S. arvensis L. Hauptwurzel wagerecht. Blätter lanzettlich, schrotsäge-fiederspaltig, obere ungeteilt. Hüllkelch gelb, drüsenhaarig. Früchte querrunzelig. Krone gelb. Bl. 7—8. — Äcker, Wiesen, Gräben, gemein.

Gattung Crepis L., Pippau.

Hüllblätter 2reihig, die äußeren meist kürzer. Früchte oberwärts verjüngt oder in einen kürzeren oder längeren Schnabel verschmälert. Haarkrone schneeweiß, weich, zerbrechlich.

A) Blütenboden behaart.

809. C. biennis L. Blätter schrotsägig-fiederspaltig, flach. Hülle grauflaumig, innere Blättchen auf der Innenseite weißfilzig. Griffel gelb. Krone goldgelb. Bl. 6—8. — Wiesen, Raine, Gräben.

810. C. tectorum L. Untere Blätter lanzettlich, buchtig-gesägt am Rande umgerollt. Innere Hüllblätter auf der Innenseite angedrückt behaart. Krone hellgelb. Bl. 6—10. — Sandäcker, Mauern.

B) Blütenboden kahl.

811. C. virens Villars. Pflanze grasgrün, kahl. Blätter buchtig-gezähnt oder schrotsäge-fiederspaltig, obere lineal, flach. Äußere Hüllblätter angedrückt, alle innen kahl. Krone gelb. Bl. 7—10. — Äcker, Triften, Wege, häufig.

Gattung Hieracium (Tourn.) L., Habichtskraut.

Hüllblätter mehr oder weniger dachziegelig, seltener 2reihig. Früchte nicht geschnäbelt. Haare der Haarkrone schmutzigweiß, steif, zerbrechlich,

A) Pilosella. Früchte klein, am oberen Rande kerbig-gezähnt. Haare der Haarkrone fein, fast gleichlang.

812. H. Pilosella L. Stengel blattlos, 1köpfig. Blätter verkehrt-eilanzettlich, borstig behaart, unterseits graufilzig. Hülle kurz-walzenförmig. Krone hellgelb. Bl. 5—10. — Trockene Plätze, Triften, Kiefernwälder, gemein.

813. H. Auricula L. Stengel 2—5köpfig. Blätter bläulichgrün, zungenförmig, fast ganz kahl, am Grunde gewimpert. Hülle eikegelförmig. Krone gelb. Bl. 5—10. — Wiesen, Triften, Dämme, häufig.

814. H. cymosum L. Lebhaft grün, im Alter gelblich, rauhhaarig. Blätter verkehrt-eiförmig bis lanzettlich, fast kahl. Hülle walzlich, grün, weiß behaart. Krone hell-dottergelb. Bl. 6—7. — Hügel, Waldwiesen, zerstreut.

B) Archhieracia. Früchte größer, am oberen Rande mit ungekerbtem, wulstigem Ringe. Haare der Haarkrone ungleich.

1. Blattrosette zur Blütezeit meist vorhanden, oder im Vertrocknen.

815. H. murorum L. Stengel blattlos oder 1blätterig. Blätter blaßgrün, untere eiherzförmig, am Grunde gezähnt. Federkelch weiß. Krone hellgoldgelb. Bl. 5—7. — Lichte Wälder, Gebüsche, Felsen.

816. H. vulgatum Fries. Stengel 3—mehrblättrig. Blätter meist grasgrün, eiförmig-länglich, spitzlich, vorwärts gezähnt. Federkelch schmutzigweiß. Krone goldgelb. Bl. 6—7. — Wälder, Bergwiesen, Gebüsche.

2. Grundständige Blattrosette zur Blütezeit meist fehlend.

817. H. laevigatum Willd. Stengel steif. Blätter nicht stengelumfassend, länglich-lanzettlich, wenig gezähnt. Hüllen walzenförmig, Hüllblätter wenigreihig. Sehr formenreich. Krone gelb. Bl. 7—9. — Wälder, Gebüsche.

818. H. silvestre Tausch. Stengel reich beblättert. Obere Blätter eiförmig-lanzettlich mit abgerundetem Grunde sitzend. Hüllblätter vielreihig, dachziegelig, stumpf, dunkelgrün bis schwärzlich, angedrückt, mit aufrechter Spitze. Krone goldgelb. Bl. 8—10. — Gebüsche, Waldränder, häufig.

819. H. umbellatum L. Stengel dicht beblättert, Blätter gleichgestaltet, derb, mit verschmälertem Grunde, fast sitzend. Blättchen des Hüllkelches dunkelgrün, etwas spitz, an der Spitze zurückgekrümmt, die innersten stumpf. Krone goldgelb. Bl. 7—10. — Trockene Wiesen, Triften, Wälder, häufig.

Register.